Hello 라오스

저자 소개 **이리**

십 수 년째 잡지사에 근무했고 여전히 이리저리 싸돌아다니며 여행 기사를 쓰고 있다. 이십 대에 멋모르고 인도로 다녀온 첫 번째 배낭여행을 계기로 물가 저렴하고 인심 좋은 나라를 위주로 떠돌아다녔다. 그중 라오스는 질펀했던 이십대 중반 무렵부터 꾸준히 발길이 닿은 곳. 연휴에 갈 곳 없을 때, 회사에 사표를 냈을 때, 실연했을 때, 실컷 자고 싶을 때 간다. 한곳에 주구장창 머물며 현지인들과 어울려 조용히 살다오는 게 나름의 여행 방식. 그렇게 라오스를 만난 지 어언 10년이 다되어 간다.

국립중앙도서관 출판예정도서목록(CIP)

Hello 라오스 / 지은이: 이리. -- 서울 : 북웨이, 2016
p. ;   cm. -- (Hello guide)

색인수록
ISBN 978-89-94291-50-5 14980 : ₩16000
ISBN 978-89-94291-36-9 (세트) 14980

해외 여행 안내[海外旅行案內]
라오스(국명)[Laos]

981.4202-KDC6
915.9404-DDC23   CIP2016020211

Hello Guidebook

Hello 라오스

대자연 속에서 즐기는
휴식과 액티비티
라오스 핵심 코스 안내

이리 글, 사진

북웨이

이 책의 활용법

Hello Laos Manual

《Hello 라오스》는 직관적인 가이드북입니다. 여행자가 알기 쉽고 보기 쉽게 만들어졌지만, 혹시 모를 불편함을 덜고자 활용법을 안내합니다.

2016년 9월을 기준으로 라오스에 대한 최신 정보를 실었습니다. 하지만 교통비, 숙박비, 음식값 등은 여행자의 여행 시점이나 라오스 현지 사정에 따라 변동될 수 있습니다. 여행을 떠나시기 전에 반드시 해당 매장 사이트를 방문하시거나 라오스 여행 전문 커뮤니티에서 확인하실 것을 권장합니다. 변동된 사항이 있다면 북웨이 편집부 앞으로 메일 보내 주시면 개정판을 만드는 데 큰 도움이 됩니다.

북웨이 편집부_ editor@bookway.kr

일러두기

❶ 라오어를 제외한 나머지 외국어는 기본적으로 국립국어원의 외래어 표기법을 따랐습니다. 단, 우리에게 이미 굳어진 외래어는 관용을 존중해 표기했습니다.

예) 위앙짠 → 비엔티안

❷ 라오어는 되도록 현지 발음을 살려 표기했습니다.

예) 탓 광시 폭포 → 땃 꽝씨 폭포

❸ 외래어 표기법 제4장 제5항에 근거하여 지명에 산, 폭포, 강, 동굴 등의 뜻이 들어 있더라도 '산', '폭포', '강', '동굴' 등을 중복 표기했습니다.

예) 탐 꽁로 → 탐 꽁로 동굴

❹ 라오어의 한글 표기 시 외자가 겹치는 경우, 붙여 쓰는 것을 허용했습니다.

예) 남 쏭 강 → 남쏭 강

본문 보는 법

라오스를 중부, 북부, 남부로 나눈 뒤 행정 구역별 소지역으로 구분했습니다.

하늘색 중부
분홍색 북부
민트색 남부

방비엥
Vang Vieng

Access

해당 지역으로 가는 교통수단과 소요 시간을 안내합니다.

Model Course

아침부터 시작하는 해당 지역 추천 일정입니다.

기본 정보
INFORMATION
Welcome to Vang Vieng

해당 지역 여행 시 필요한 기본 정보를 소개합니다. 현 위치를 파악하기 쉬운 랜드마크부터 각종 투어 예약 안내를 받을 수 있는 여행자 안내소, 시내 교통수단, 최적 여행 시기 등을 알 수 있습니다.

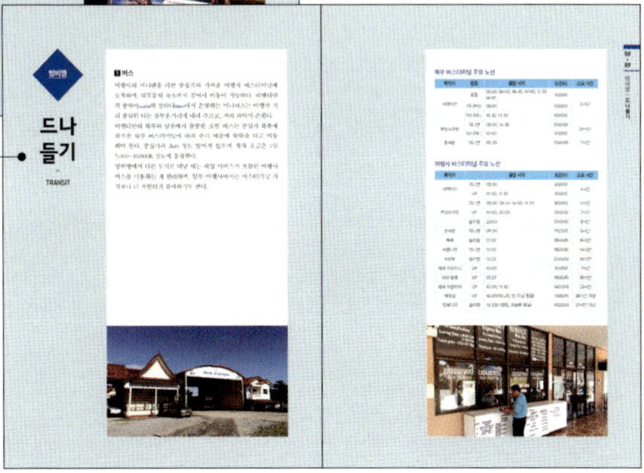
드나들기
TRANSIT

해당 지역에서 다른 지역으로 이동하기 위한 시외 교통수단을 안내합니다.

Attraction 관광지

Leisure 액티비티

Shopping 숍/쇼핑

Restaurant 음식점

Hotel 숙소

색깔별로
스폿의 카테고리를
구분했습니다.

Shopping
Restaurant
Attraction \ Leisure

스폿 넘버 보는 방법

Attraction

하위 스폿

추천도

강력 추천

시간이 나면
가볼 만한 곳

안 가봐도
무방한 곳

본문 기호

주소, 위치 설명

전화번호

오픈 시간

가격대(예산)

홈페이지

지도 보는 법

- N 0 100m 방위 및 축척
- 1 스폿 넘버
- A A A 관광지(추천도순)
- L L L 액티비티(추천도순)
- S S S 숍/쇼핑(추천도순)
- R R R 음식점(추천도순)
- H H H 숙소(추천도순)
- B 버스터미널/정류장
- i 여행자 안내소
- 기타 스폿
- 사람만 통행 가능한 길
- 계단
- 특수 지역/거리
- 지시선

씬닷 거리 20
Sin Dad Strret
버기카
Bugicar
15
41
주막
Juma
31
미스터 치킨 하우스
Mr. Chicken House
39
애비 부티크 게스트하우스
Abby Boutique G. H.
짠탈라 게스트하우스
Chanthala G. H.
44
아미고즈 25
Amigo's
리버 뷰 방갈로 36
River View Bungalows
아더사이드 레스토랑 27
Otherside Restaurant
23 바게트 샌드위치
노점 거리
그랜드 뷰 게스트하우스 37
Grand View G. H.
K마트
바이크 렌트
35
룽나콘 방비엥 팰리스
Roung Nakhon Vangvieng Palace
튜브 렌트
12
46
비엥빌라이
백패커스 호스텔
Viengvilay B. H.
루앙프라방 베이커리
Luang Phrabang Bakery
26
왓깡 Wat Kang
나짐
Nazim
21
14 17
13
그린 디스커버리
Green Discovery
BECL 은행
Thanon Kangmuong
남쏭 강
Nam Song
바이크 렌트
우체국
약국
28
노께오 Norkeo
센트럴 클라이머 스쿨
Central Climber School
18
호핑 버거
Whopping Burger
32
24
푸반 커피
Phubarn Coffee
자전거 렌트
게리스
아이리시 바
Garys Irish Bar
22
Thanon Luang Prabang
45 센트럴 백패커스
Central Backpackers
19 폰 트래블
Phone Travel
사쿠라 바 30
Sakura Bar
대나무다리
(무료/건기에만 운영)
40
바나나 방갈로
Banana Bungalows
16
마사지
마트
V. L. T 투어
7 마트
실버 나가
Silver Naga
33 쌀국숫집 거리
Noodle Shop
43 말라니 호텔
Malany Hotel
ATM
농업 진흥 은행
Agricultural Promotion Bank

Contents

목차

Section 2

라오스 주요 지역 가이드북

Outro

Laos *Plus α*

Intro

About
Laos

메콩 강이 국토를 남북으로 크게 가로지르는 라오스는
동남아시아 중 유일하게 바다와 면한 곳이 없는 내륙국가다.
IMF 기준에 따르면 '후발발전도상국'으로 분류되며,
국민의 78% 이상이 농업에 종사한다.
이 말은 동남아시아 바닷가의 이국적인 정취나
안락하고 화려한 여행은 기대하기 힘들다는 것을 의미한다.
하지만 라오스에는 보물찾기처럼
다양한 매력이 곳곳에 숨어 있다.
어떻게 하면 라오스를 좀 더 쉽게 이해하고,
짧은 일정 동안 가장 잘 즐길 수 있을까?
먼저 라오스에 대한 기본 정보부터 파악해 보자.

라오스

기본 정보

국기 위아래는 붉은색, 가운데는 파란색의 넓은 줄무늬가 있다. 빨간색은 혁명 투쟁에서 흘린 피를, 파란색은 국가 번영을 뜻한다. 국기 한가운데 커다란 하얀색 원은 메콩 강 위에 떠오른 커다란 보름달처럼 라오스 국민의 단결과 빛나는 미래에 대한 약속을 의미한다.

시차 우리나라보다 2시간 느리며, 태국과 베트남 등이 동일한 시간대를 사용한다. 따라서 현지 시각에 +2를 하면 한국 시각을 알 수 있다.

화폐 공식 화폐는 낍Kip, 이 책에서는 K로 표기으로, 현재 500, 1000, 2000, 5000, 10000, 20000, 50000, 100000권의 지폐가 있으며 동전은 없다. 지폐가 훼손되었거나 더러울 경우 환전 및 지불이 불가하므로 상태가 깨끗한지 항상 확인한다.

20000

환전 및 신용카드 한국에서는 라오스 돈으로 직접 환전이 되지 않는다. 미국 달러나 유로, 태국 바트로 환전한 후 라오스 현지 은행이나 공항 또는 사설 환전소에서 환전해야 한다. 대도시의 ATM에서 현지 화폐로 출금이 가능하지만 은행에 따라 수수료가 다르게 부과된다.

환율 변동에 따라 달라지긴 하지만 US$1는 약 8,000K, 라오스 10,000K은 우리 돈 1,400원 정도로 계산하면 편리하다2016년 9월 말 기준, US$1=8,115K 10,000K=1,445원: kr.fxexchangerate.com 참조.

대형 호텔과 고급 음식점에서 비자VISA 등의 신용카드를 쓸 수 있지만 그 외에는 카드 사용이 거의 불가능하다.

국경일

1월 1일 신년
3월 8일 여성의 날
4월 중순(3일간) 삐 마이(Pi Mai, 라오스 새해)
5월 1일 노동절
12월 2일 건국기념일

언어 공식 언어는 라오어ພາສາລາວ:파사라오이지만 주요 관광지에서는 영어와 프랑스어로 소통하는 데 불편함이 없다. 각 소수민족은 고유한 언어를 사용하며, 국경 인접 국가인 태국과 베트남의 언어로도 간단한 의사소통이 가능하다.
라오스 사람들은 '놉Nop'이라는 전통 인사법을 사용하는데, 이는 합장한 두 손을 가슴 앞에 놓는 것이다. 마주한 손이 높을수록 더 깊은 존경을 나타내지만 코의 높이를 넘어서는 안 된다. 공손하게 인사할 때는 고개를 살짝 숙여 두 손을 모은 상태에서 "싸바이디Sa Bai Dee."라고 말하면 된다.

전기 수도인 비엔티안을 비롯한 주요 도시에서 24시간 전력이 공급된다. 라오스는 230V, 50Hz로, 우리나라의 220V, 60Hz와 조금 차이가 나지만 정밀기계가 아니면 노트북이나 휴대전화 충전 등은 큰 장애 없이 작동한다. 다만, 저렴한 숙소 등에서는 간혹 예전에 우리나라에서 사용하던 11자 형태의 플러그가 혼용되므로 멀티 플러그를 챙겨 가면 요긴하다.

인터넷 대도시의 여러 호텔과 게스트하우스, 식당에서 인터넷 접속이 가능하다. 무선 인터넷 아이디와 패스워드는 데스크에 문의하면 친절하게 알려 준다.

병원 사고가 나거나 크게 아프면 시간이 걸리더라도 국경을 넘어 태국에 있는 병원에 가는 게 낫다. 방콕에 있는 사미티벳 수쿰윗Samitivej Sukhumvit, 방콕 병원Bangkok Hospital, 방콕 크리스천 병원The Bangkok Christian Hospital 등에는 한국인 통역사가 있다. 정말 위급하거나 태국까지 갈 수 없는 경우에는 열악하지만 라오스의 현지 병원을 찾을 수밖에 없다. 각 지역마다 지도에 병원과 약국을 별도 표시해 두었으니 참고할 것.

식수 라오스에서는 수돗물을 마시면 안 된다. 편의점이나 슈퍼에서 파는 생수를 사서 마실 것. 작은 병은 보통 3,000K이며 큰 병은 5,000K이다. 병을 재활용하는 경우가 많으므로 뚜껑이 제대로 밀봉되어 있는지 확인하고 구입하도록 한다.

전화 라오스에서 국제전화를 걸 때에는 라오 텔레콤이나 우체국에 설치된 전화기를 사용하면 된다. 통화가 끝나면 시간과 요금이 찍혀 나온다.

현지 심 카드 구입 및 사용법

요즘은 스마트폰에 라오스 현지 심 카드SIM Card를 삽입해 사용하는 이들이 늘고 있다. 한국처럼 빠른 속도를 기대하기는 힘들지만 구글 맵이나 인터넷 서핑, SNS를 하는 데에는 지장이 없는 정도. 가장 큰 장점은 우리나라 통신사 데이터 로밍 요금이 10,000원인 것에 비할 때 가격 대비 만족도가 높다는 것이다.

라오 텔레콤Lao Telecom, 유니텔Unitel, 비 라인Bee Line, 이티엘ETL 등의 통신사가 있으며 이 중 라오 텔레콤이나 유니텔을 많이 사용한다. 왓따이 국제공항으로 입국할 경우, 출국장 바로 앞 택시 부스 옆에 유니텔 부스가 있으며 라오 텔레콤 부스는 유니텔에서 20m 왼편으로 직진하면 나타난다. 공항 내 부스는 보통 오전 10시부터 오후 8시까지만 업무를 보기 때문에 이 시간 외에 도착했다면 비엔티안 시내의 라오 텔레콤 고객센터나 핸드폰 판매점, 마트 등에서 구매해야 한다.

라오 텔레콤을 기준으로 데이터만 사용하는 넷 심 카드Net Sim Card는 보통 10,000K이며, 7일 동안 1,500MB 사용이 가능한 10,000K 패키지를 가장 많이 구매한다. 여러 옵션 중에 자신에게 맞는 것을 선택하면 된다. 심 카드 구입 후 스마트폰에 삽입한 뒤, 충전 카드 뒷면을 긁어 나오는 번호로 전화를 걸어 요금을 충전하면 된다.

이때 주의할 사항이 몇 가지 있다. 우선, 한국 출국 전 통신사에 문의해 컨트리 록Country Lock을 해제해야 한다. 또한 스마트폰의 기종에 따라 심 카드 설치가 어렵거나 요금 충전 등이 불가한 경우가 있으므로 라오스 공항 내 판매소나 라오 텔레콤 고객센터를 이용하는 게 여러모로 편리하다. 사용하고자 하는 상품을 고르면 현지 직원이 알아서 세팅부터 충전까지 해 주며 간단한 사용방법도 알려 준다. 한국에서 사용하던 기존의 심 카드는 귀국 후 다시 사용해야 하므로 잘 보관하자. 마지막으로 현지 심 카드로 교체하는 순간, 국내에서 쓰던 전화번호로는 통화, 문자 착발신 모두 불가능하므로 가족이나 지인에게 미리 연락해 두는 게 좋다.

주의사항

사원이나 개인 주택에 들어갈 때는 우리나라처럼 신발을 벗는 것이 예의다. 특히 여성은 사원 출입 시 민소매나 짧은 바지를 입어서는 안 되며, 승려의 몸에 손을 대지 않도록 한다.

라오스 사람들은 신체 부위 중 머리를 가장 중요하게 여기기 때문에 어린아이라도 함부로 남의 머리를 만져서는 안 된다.

공공장소에서 남녀 간의 지나친 애정 행위는 금물이며, 물놀이를 할 때도 노출은 자제하는 것이 좋다.

사회주의국가라서 치안은 좋은 편이지만 대도시에서는 오토바이를 이용한 날치기 사고가 종종 일어나며, 남쪽 씨판돈 등지에는 좀도둑이 성행하므로 개인 물품 보관에 주의한다.

출입국

한국 ➜ 라오스

한국인은 비자 없이 15일까지 체류 가능하다. 그 이상 체류할 목적이라면 주한 라오인민민주공화국대사관에서 비자를 별도로 발급받은 후 입국한다. 유효 기간이 6개월 이상 남은 여권과 되돌아가는 항공권 혹은 연계되는 항공권을 소지하고 있어야 입국할 수 있다. 한국 출국 절차는 간단하며, 라오스 입국 시에는 출국 절차의 역순으로 생각하면 된다. 아래의 순서를 참고할 것.

출입국 수속 절차

1. 항공사 데스크 체크인 ➜
2. 출국 심사 ➜
3. 보안 검색대 통과 ➜
4. 탑승 ➜
5. 입국신고서 작성 ➜
6. 라오스 입국 심사 ➜
7. 세관 통과 ➜
8. 시내로 가는 교통편 이용

라오스의 출입국 신고서는 가로로 긴 형태로, 입국신고서와 출국신고서를 함께 나눠 준다. 라오어와 영어가 병기되어 있어 작성에 큰 어려움은 없다. 자신의 여권과 탑승한 항공 티켓을 보며 차근차근 작성하는 것이 요령. 숙소는 예약한 호텔 이름을 적으면 된다. 입국신고서만 제출하면 별문제 없이 입국이 가능하며, 세관 검사를 요구할 경우 가방을 열어 보여 주면 된다. 입국 심사를 마치면 출국신고서를 여권에 별도로 붙여 주므로, 잘 보관해 두었다가 라오스를 출국할 때 제출한다.

출입국 신고서 작성 방법

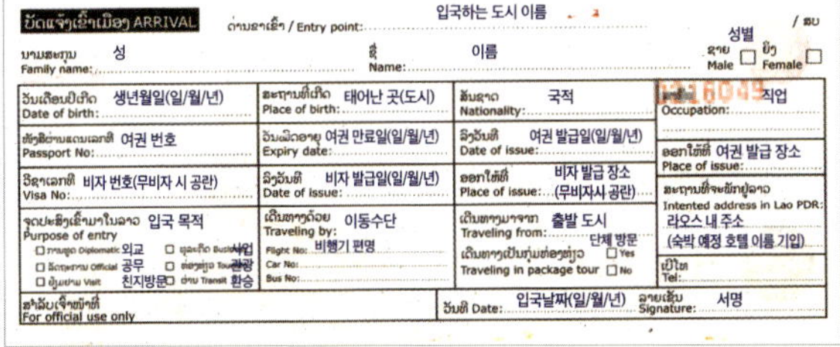
ARRIVAL
Entry point: 입국하는 도시 이름
성별 Male Female
Family name: 성
Name: 이름
Date of birth: 생년월일(일/월/년)
Place of birth: 태어난 곳(도시)
Nationality: 국적
Occupation: 직업
Passport No: 여권 번호
Expiry date: 여권 만료일(일/월/년)
Date of issue: 여권 발급일(일/월/년)
Place of issue: 여권 발급 장소
Visa No: 비자 번호(무비자 시 공란)
Date of issue: 비자 발급일(일/월/년)
Place of issue: 비자 발급 장소 (무비자시 공란)
Intented address in Lao PDR: 라오스 내 주소 (숙박 예정 호텔 이름 기입)
Purpose of entry 입국 목적
Diplomatic 외교
Official 공무
Visit 친지방문
사업
관광
Transit 환승
Traveling by: 이동수단
Flight No: 비행기 편명
Car No:
Bus No:
Traveling from: 출발 도시
Traveling in package tour 단체 방문 Yes No
Tel:
For official use only
Date: 입국날짜(일/월/년)
Signature: 서명

라오스 입국신고서

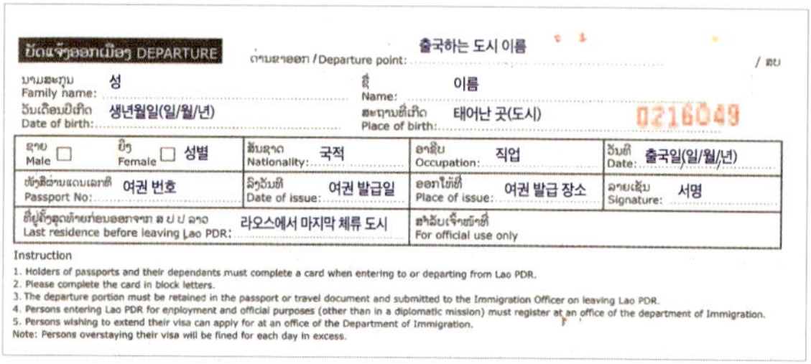
DEPARTURE / Departure point: 출국하는 도시 이름
Family name: 성 / Name: 이름
Date of birth: 생년월일(일/월/년) / Place of birth: 태어난 곳(도시) 0216049
Male □ Female □ 성별 / Nationality: 국적 / Occupation: 직업 / Date: 출국일(일/월/년)
Passport No: 여권 번호 / Date of issue: 여권 발급일 / Place of issue: 여권 발급 장소 / Signature: 서명
Last residence before leaving Lao PDR: 라오스에서 마지막 체류 도시 / For official use only

Instruction
1. Holders of passports and their dependants must complete a card when entering to or departing from Lao PDR.
2. Please complete the card in block letters.
3. The departure portion must be retained in the passport or travel document and submitted to the Immigration Officer on leaving Lao PDR.
4. Persons entering Lao PDR for enployment and official purposes (other than in a diplomatic mission) must register at an office of the department of Immigration.
5. Persons wishing to extend their visa can apply for at an office of the Department of Immigration.
Note: Persons overstaying their visa will be fined for each day in excess.

라오스 출국신고서

라오스에 15일 이상 장기 체류를 원할 경우

첫째, 태국이나 베트남 등 인접국으로 출국했다가 재입국하면 15일 무비자가 다시 적용된다. 단, 15일의 체류 기간을 넘길 경우 1일당 US$10의 벌금을 내므로 주의한다.

둘째, 사전에 장기 체류 비자를 발급받지 못했다면 공항 청사에서 신청하면 된다. 서양인과 달리 한국인은 무비자 입국이 가능하기 때문에 대부분의 항공기 승무원들이 비자 신청서를 주지 않는데, 별도로 비자 신청서를 달라고 요청해 항공기에서 작성한 후, '도착 비자(Visa on Arrival)' 안내판을 따라간다. 라오스 입국 시 서양인들이 길게 줄을 서 있으므로 찾기 쉽다. 관광 비자를 받기 위해서는 US$30과 사진(2.5×3cm) 2매를 지참해야 한다.

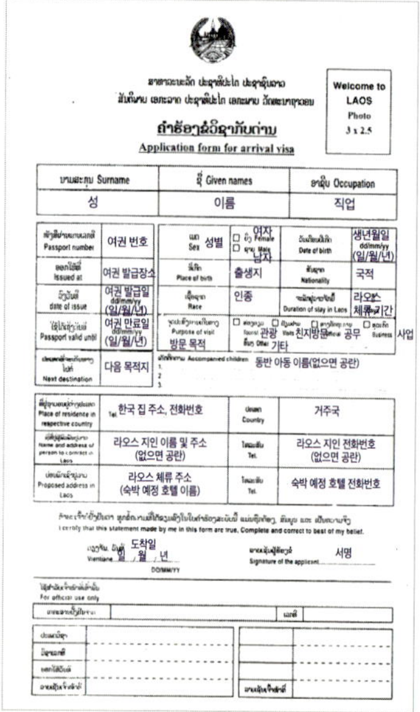
Welcome to LAOS Photo 3 x 2.5
Application form for arrival visa
Surname 성 / Given names 이름 / Occupation 직업
Passport number 여권 번호 / Sex 성별 Female 여자 Male 남자 / Date of birth 생년월일 dd/mm/yy (일/월/년)
Issued at 여권 발급장소 / Place of birth 출생지 / Nationality 국적
date of issue 여권 발급일 dd/mm/yy (일/월/년) / Race 인종 / Duration of stay in Laos 라오스 체류 기간
Passport valid until 여권 만료일 dd/mm/yy (일/월/년) / Purpose of visit 방문 목적 Tourist 관광 Visits 친지방문 Official 공무 Business 사업 Other 기타
Next destination 다음 목적지 / Accompanied children 동반 아동 이름(없으면 공란)
Place of residence in respective country Tel. 한국 집 주소, 전화번호 / Country 거주국
Name and address of person to contact in Laos 라오스 지인 이름 및 주소 (없으면 공란) / Tel. 라오스 지인 전화번호 (없으면 공란)
Proposed address in Laos 라오스 체류 주소 (숙박 예정 호텔 이름) / Tel. 숙박 예정 호텔 전화번호
I certify that this statement made by me in this form are true, Complete and correct to best of my belief.
Vientiane 도착일 월 / 월 / 년 DD/MM/YY / Signature of the applicant 서명
For official use only

라오스 비자 신청서 작성법

이동

교통 수단

비행기

한국과 라오스를 오가는 직항 노선은 수도인 비엔티안밖에 없다. 라오스 국적기인 라오항공Lao Airlines과 우리나라의 대한항공, 진에어, 티웨이항공이 취항 중이다. 이밖에 타이항공Thai Airways은 태국 방콕을, 베트남항공Vietnam Airlines은 하노이와 호치민, 프놈펜 등을 경유해 라오스로 취항한다.
라오스 내에서는 라오항공과 라오스카이웨이Lao Skyway, 라오센트럴항공Lao Central Airlines을 이용하며, 비엔티안-루앙프라방 이동을 포함해 빠른 시간 안에 여행하고자 할 때 이용을 고려할 만하다. 비엔티안-빡쎄 노선도 남부 지역을 여행할 때 유용하다.

- **대한항공** kr.koreanair.com
- **진에어** www.jinair.com
- **티웨이항공** www.twayair.com
- **라오항공** www.laoairlines.com
- **라오스카이웨이** www.laoskyway.com
- **라오센트럴항공** www.flylaocentral.com

Lao Airlines

버스

라오스 여행 시 가장 많이, 가장 길게 타는 교통수단이다. 태국 국경을 오가는 버스를 포함해 여행자용 VIP 버스는 대부분 에어컨이 나오고 상태가 양호하다. 하지만 일반 로컬 버스는 우리나라에서 수입한 중고 버스가 대부분으로, 덥고 불편하며 시골 마을을 경유해 시간이 좀 더 걸린다. 익스프레스 버스 역시 상태는 로컬 버스와 별다르지 않지만 경유지 없이 바로 목적지로 가기 때문에 그나마 시간이 덜 걸린다는 이점이 있다. 정해진 구간을 오가는 시내버스는 수도인 비엔티안에서만 운행하며, 영어 안내가 미비하므로 탑승 전에 목적지를 미리 확인해야 한다.

미니밴

이동 구간이 짧을 경우 버스보다 미니밴이 좀 더 빠른 시간 안에 도착한다. 여행사를 통해 예약하며 요금은 버스에 비해 조금 비싸다. 여행자들이 많은 비엔티안과 방비엥, 루앙프라방과 남부의 씨판돈 등지를 여행할 때 편리하다. 예약 시 숙소 픽업 날짜와 시각이 적혀 있는 영수증을 반드시 받는다.

썽태우

라오어로 '썽'은 '둘', '태우'는 '줄'을 뜻한다. 픽업트럭을 개조한 것으로, 그 이름처럼 두 줄로 서로 마주보며 앉게 되어 있다. 라오스 현지인들이 가장 많이 이용하는 교통수단으로, 우리나라 시외버스처럼 지방 소도시를 오갈 때 이용한다. 자세히 보면 위쪽에 목적지가 적혀 있으며, 정해진 출발 시각이 있지만 어느 정도의 인원이 차야만 출발한다.

뚝뚝

라오스에서는 비엔티안 수도를 제외하고는 택시가 존재하지 않는데, 뚝뚝은 택시처럼 탈 수 있는 현지 교통편이라고 보면 된다. 한곳에 대기하고 있는 뚝뚝을 타기보다는 지나가는 것을 잡아서 흥정하는 것이 낫다. 보통 1~2km의 가까운 거리는 10,000K 내외에 흥정 가능하다. 혼자 타거나 여러 명이 함께 타도 요금은 같으므로, 인원이 많을수록 유리하다.

보트

훼이싸이에서 루앙프라방을 오가는 메콩 강 슬로보트가 가장 유명하지만 최근 도로가 정비됨에 따라 인기가 점점 식고 있다. 북쪽의 농키아우와 므앙응오이, 남부의 씨판돈을 오가기 위해서는 아직까지는 보트 외에 다른 교통편이 없다.

바이크

젊은 여행자들 사이에서 시내 교통편으로 인기를 끌고 있다. 비엔티안이나 루앙프라방 같은 여행자가 많이 찾는 도시에서는 스쿠터부터 수동 오토바이까지 손쉽게 빌릴 수 있으며 요금은 60,000K부터 시작한다. 대여 시 면허증을 특별히 요구하지는 않지만 여권을 맡겨야 한다. 주행 중 고장이 나면 자비로 수리해야 하며, 사고 시 여행자 보험 혜택을 받지 못한다. 간혹 교통경찰들이 헬멧 미착용, 국제면허증 미지참 등의 이유로 벌금을 물리기도 한다.

Café Sinouk
First - one Motorbike For rent
First - one Motorbike For rent
First - one Mot

자전거

라오스 여행 중 요긴하게 이용할 수 있는 가장 저렴한 교통수단으로, 숙소나 여행자 거리에서 대여점을 손쉽게 발견할 수 있다. 가까운 거리를 이동하거나 시내의 볼거리를 개별적으로 둘러볼 때 사용한다. 기어가 없는 장바구니 자전거부터 산악용 자전거까지 다양하게 구비되어 있다. 24시간 기준 10,000K부터 대여 가능.

Mixay Bike
Motorcycle
10,000
Kip/day

Section 1

라 오 스 대 표 여행 테마

—

Best Theme Travel

1

느림의 미학

Healing Laos

슬로 라이프와 치유를 주는 여행지로 각광받고 있는 라오스에는
유유히 흐르는 메콩 강을 닮아 느리고 단순하게 살아가는 라오스 사람들이 있다.
이들과 어울리며 대자연 속에서 제대로 호젓한 일상을 누려 보자.
소소하지만 알찬 하루하루를 보내며 마시는 라오비어 한 잔,
그 덕에 우리는 디지털이 아닌 아날로그 방식으로 삶을 새롭게 정비할 수 있다.

이른 새벽 탁발 참여하기

루앙프라방의 최고 명물로 꼽히는 탁발 수행125쪽 참고은 사실, 불교 국가인 라오스 전역에서 하루도 빠지지 않고 치러지는 종교 의식이다. 관광 상품이 아닌 경건한 종교 의식임을 숙지하고 찰밥이나 바나나 같은 간단한 공양물을 준비해 참여해 보는 것은 어떨까. 탁발은 모든 사원에서 행해지기 때문에 자신이 묵는 숙소와 가까운 사원 앞에서 해 뜨는 시간에 맞춰 기다리면 된다. 숙소 주인에게 문의해도 일출 시각과 탁발 장소를 손쉽게 알 수 있다.

ATM

해먹에서 하루 종일 빈둥대기

강과 어우러진 카르스트 지형이 발달한 라오스. 방비엥에는 남쏭 강이, 농키아우에는 남우 강이, 씨판돈에는 메콩 강이 흐른다. 자신의 일정에 맞춰 가까운 강변마을에 반드시 들러보길. 허름하지만 방갈로마다 강을 바라보는 방향으로 해먹과 작은 탁자가 놓여 있어 유유자적 시간을 보내기 좋다. 빈둥거리기 좋은 최적의 장소를 찾는 것이 라오스에서는 그리 어렵지 않다.

자전거 타고 재래시장 가기

시장은 그 나라 사람들의 생활문화를 한눈에 볼 수 있는 곳. 줄지어 선 가판마다 싱싱한 채소와 과일, 현지 음식을 저렴하게 판매하며, 보통 새벽 6시부터 문을 연다. 비엔티안의 딸랏 싸오 몰Talat Sao Mall, 76쪽와 방비엥의 몬도가네 시장Mondocane Market, 96쪽, 루앙프라방의 야시장137쪽이 유명하다. 덜컹대는 자전거를 타고 재래시장을 방문하고 돌아오는 길, 배가 든든하고 마음속까지 따뜻해진다.

역사와 문화, 대자연을 느끼는 에코투어

루앙프라방의 올드타운121쪽과 짬빠싹의 왓푸Wat Phu, 299쪽는 유네스코 세계문화유산으로 등록되어 있다. 폰싸완의 항아리 평야150쪽는 고즈넉한 풍경 속에 라오스의 아픈 역사를 간직하고 있는 곳. 이밖에도 빡쎄에서 떠나는 해발 1,000m가 넘는 볼라벤 고원Bolaven Plateau, 283쪽, 세계에서 가장 유명한 동굴 중 하나인 타켁의 탐 꽁로 동굴Tham Kong Lo, 246쪽, 루앙남타의 남하 국립보호구역Nam Ha NPA, 210쪽 등이 라오스를 대표하는 에코투어 명소다.

착한 지구별 여행자 되기, 자원봉사

영어가 미숙하고, 해외 봉사활동이 처음일지라도 마음만 먹으면 어떤 식으로든 도움이 될 수 있다. 루앙프라방의 도서관은 전 세계에서 온 봉사자들로 북적이는 곳. 방비엥의 오가닉 팜Organic Farm, 96쪽, 국경도시인 훼이싸이의 다우 홈Daauw Home, 236쪽과 기번 익스피리언스Gibbon Experience, 235쪽, 남부 빡쎄의 비다 베이커리 카페Vida Bakery Cafe, 287쪽 등지에서 수시로 자원봉사자를 모집한다. 유니세프www.unicef.or.kr, 국제워크캠프기구www.1.or.kr 등을 통해 장기 봉사활동 신청도 가능하다.

LUANG PRABANG LIBRARY

액티비티의 천국

Dynamic Laos

느림의 미학과 더불어 신나는 액티비티가 공존하는 라오스.
천혜의 자연 속에서 스릴 넘치는 경험이 우리를 기다린다.
동심으로 돌아가 계곡에 첨벙 뛰어들거나 튜브를 타고 강을 따라 유영해 보자.
여행자 친구들과 함께 구령에 맞춰 카약 래프팅도 즐길 수 있다.
보다 큰 일탈을 꿈꾼다면 짚 라인을 타고 정글에 가거나
긴 꼬리배를 타고 동굴 탐험에 나서 보길.

신나는 물놀이, 카약과 튜빙

현지인보다 여행자 인구가 더 높다는 방비엥은 각종 물놀이의 천국. 병풍처럼 펼쳐진 산과 남쏭 강을 따라 자그마한 카약을 타고 물살을 헤치거나 튜브를 타고 유유히 강을 따라 내려오는 튜빙이 인기가 높으며, 다양한 여행사에서 투어 상품을 취급한다. 북부의 방비엥이라 불리는 농키아우, 남부의 씨판돈 등지에서도 신나는 물놀이가 가능하다.

깊은 산속 동굴탐험

석회암 카르스트 지대가 많은 라오스에는 수많은 불상이 놓인 빡우 동굴Pak Ou Caves, 120쪽을 비롯해 크고 작은 동굴이 존재한다. 그중 가장 큰 규모를 자랑하는 것이 바로 탐꽁로 동굴246쪽. 스피드보트를 타고 약 2시간 넘게 탐험할 정도로 스케일이 엄청나다. 그에 반해 물에 잠긴 동굴이라고 하여 워터 케이브Water Cave라고도 불리는 방비엥의 탐남 동굴Tham Nam, 90쪽은 튜브를 타고 동굴을 탐험하는 이색 체험으로 유명하다.

아찔한 짚 라인과 나무 위의 하룻밤

©그린 디스커버리

푸른 숲을 빠르게 질주하는 짚 라인은 하늘을 나는 짜릿함을 선사한다. 블루 라군Blue Lagoon, 탐푸캄Tham Phoukham, 90쪽의 짚 라인이 시시한 사람들은 울창한 볼라벤 고원을 가로지르는 트리 탑 익스플로러Tree Top Explorer, 285쪽와 보께오 국립공원에서 긴팔원숭이가 되어 보는 기번 익스피리언스235쪽에 주목할 것. 짚 라인을 통해 상공 40m 이상에 위치한 나무 위 오두막에서 먹고 자는 경험을 할 수 있다.

트레킹과 홈스테이

걷기 싫어하는 우리나라 여행자들과 달리 서양 여행자들이 가장 선호하는 액티비티 중 하나가 바로 트레킹이다. 루앙남타, 루앙프라방, 타켁, 싸완나켓, 빡쎄 등지의 여행사에서 투어 신청이 가능하다. 첩첩산중, 구불구불한 시골길과 한적한 농촌 풍경은 그 자체로 인상적이다. 라오스의 오지마을에서 하룻밤을 보내는 홈스테이를 통해 문화 체험까지 겸할 수 있어 일석이조.

스릴 만점 암벽등반

JEWEL TRAVEL
Nong Khiaw Climbing Center

모험심 강한 여행자를 유혹하는 아찔한 스포츠인 암벽등반. 카르스트 지형이 발달한 방비엥과 농키아우, 루앙프라방, 타켁에는 등반과 여행을 사랑하는 세계 각지의 젊은이들이 몰려든다. 초보자들은 클라이밍 센터를 통해 기본 지식을 습득한 후 도전할 수 있으며, 전문가들은 현지 가이드를 고용해 자신의 수준에 맞는 루트 탐험에 나선다.

맛있는 라오스

Delicious Laos

전통 음식은 물론 태국, 베트남 등의 동남아시아 음식,
프랑스를 비롯한 유럽식 정찬까지 다양한 음식으로 미각을 두루 만족시키는 라오스.
비옥한 메콩 강이 키워낸 신선한 열대 과일도 빠질 수 없는 이색 메뉴.
세계 각지에서 온 여행자들과 함께 만찬을 즐기며
거품 가득한 라오비어를 마시는 일은 라오스 여행이 주는 특권이다.

밥과 면

◀ 카오 니아우 Khao Niau

대나무 통에 찐 찰밥인 '카오 니아우'에 반찬, 찌개 등을 곁들이는 것이 라오스 사람들의 주식. 적당한 크기로 찰밥을 떼어 내 먹기 좋게 동그랗게 뭉쳐 고깃국물에 찍어 먹는 것이 요령이다.

◀ 카오 람 Khao Lam

대나무막대 속에 찹쌀과 콩, 코코넛 시럽 등을 넣고 불에 직접 구운 '카오 람'은 여행 중 편리한 도시락으로 인기 만점. 우리네 약밥처럼 달짝지근한 맛이 난다.

◀ **카오 팟** Khao Phat

모든 여행자의 입맛을 고루 만족시키는 볶음밥. 주재료에 따라 이름이 달라지는데 닭고기를 넣으면 '카오 팟 까이Khao Phat Kai', 돼지고기를 넣으면 '카오 팟 무Khao Phat Moo', 해산물을 넣으면 '카오 팟 딸레Khao Phat Talay'라고 부른다.

▶ **팟 라오** Phat Lao

동남아식 볶음국수인 '팟 타이Phat Thai'를 라오스에서는 두 나라의 관계 때문인지 '팟 라오'라고 칭한다. 새우를 넣으면 '팟 타이 꿍Phat Thai Kung', 닭고기를 넣으면 '팟 타이 까이Phat Thai Kai'라고 부른다.

◀ **퍼** Phở

베트남과 인접해 있어 라오스에서도 쌀국수가 발달했다. 국물에 담긴 쌀국수와 함께 각종 허브와 채소를 넣고, 입맛에 맞춰 피시 소스와 라임, 매운 고추 등을 넣어 먹는다.

▶ **카오 쏘이** Khao Soi

루앙프라방을 비롯해 라오스 북부 지방에서 주로 먹는 쌀국수로, 고기를 다져 넣은 된장을 국수에 풀어 먹는다. 살짝 기름지지만 매운맛 덕분에 거부감이 들지 않는다.

◀ **카오 삐악** Khao Piak

쌀로 만든 칼국수로, 퍼에 비해 면발이 굵고 쫄깃하다. 우리나라 칼국수와 비슷한 맛이 나서 아침식사는 물론 해장용으로도 사랑받는다.

▶ **카오 삐악 카오** Khao Piak Khao

여행 중 기력을 잃었을 때 먹기 좋은 라오스식 쌀죽으로, '카오 삐악'과 발음이 비슷해 종종 주문이 잘못 들어가기도 한다. 카오 삐악의 육수에 면 대신 쌀을 넣어 끓인다.

라오스 요리

◀ **땀막훙** Tam Mak Hung

태국에서는 '쏨땀'이라고 부르는 그린 파파야 샐러드로, 우리나라 김치처럼 식탁에 오른다. 잘게 썬 파파야에 생선 젓갈, 고추, 마늘, 향신료 등을 넣어 버무려 만든다.

▶ **랍** Lapp/Laab

잘게 다진 고기에 생선 젓갈, 고추, 마늘, 허브 등의 향신료를 버무린 라오스 전통 요리다. 돼지고기를 넣은 '랍무Lapp Moo'와 생선으로 요리한 '랍빠Lapp Pa'가 대중적이다.

◀ **똠얌** Tom Yam

태국 음식으로 유명한 '똠얌'을 라오스에서도 먹을 수 있다. 참고로 '얌'은 '맵다'는 의미다. 태국과 달리 바다가 없어서 새우를 넣은 '똠얌 꿍'이 아닌 생선이 들어간 '똠얌 빠'와 돼지고기를 넣은 '똠얌 무'를 주로 먹는다.

▶ **오람** Or Lam

루앙프라방과 라오스 북부에서 먹는 국의 일종으로, 생선이나 고기에 레몬그라스와 버섯, 바질, 고추, 마늘 등을 넣어 푹 끓인다.

◀ **똠카** Tom Kha

코코넛 밀크와 레몬그라스, 고추, 생강, 향신료 등을 넣고 끓인 일종의 찌개로, 일반적으로 닭고기를 넣은 '똠카 까이'가 인기 있다.

▶ **삥** Ping

숯불에 구운 음식으로, 얼핏 보면 꼬치구이처럼 생겼다. 시장이나 노점에서 흔히 볼 수 있으며, 닭을 구워낸 '삥 까이'와 삼겹살 구이인 '삥무', 생선 구이인 '삥빠'가 인기가 많다.

◀ **싸이 우아** Sai Ua

루앙프라방을 포함해 라오스 북부에서 쉽게 볼 수 있는 라오스식 소시지다. 얼핏 보면 순대처럼 생긴 길쭉한 것은 '싸이 우아', 비엔나소시지처럼 작은 것은 '싸이 꼭Sai Kok'이라고 부른다.

▶ **씬닷** Sin Dad

달군 불판에 돼지고기와 해산물 등을 구워 육수와 함께 먹는 라오스식 샤브샤브. 우리나라의 불고기를 라오스식으로 재현한 것으로 '씬닷 까올리Sin Dad Kaoli'라고도 부른다.

◀ **요** Yaw

라이스페이퍼에 쌀국수와 허브, 고기 등을 넣어 둘둘 만 것으로, 영어로는 스프링 롤이라 부른다. 기름에 튀긴 것은 '요 쯘Yaw Jeun'이라고 칭한다.

◀ **카오 찌** Khao Jee

프랑스 식민지 영향을 받은 라오스식 바게트 샌드위치로, 간편하지만 배불리 먹을 수 있어 든든한 끼니가 된다. 빵 안에 햄과 달걀, 고수와 파 등의 향신료가 들어가기도 한다.

▶ **씬행** Sin Haeng

싸완나켓 지방에서 유래한 라오스식 육포로, '씬 싸완Sin Savanh'이라고 부르기도 한다. 잘 말린 육포에 설탕과 마늘, 생강, 참깨 등의 양념을 발라서 팔기도 한다.

◀ **카이펜** Khai Phen

우리나라 미역부각 같은 것으로, 얇게 펴서 건조시킨 민물 미역을 살짝 튀겨 참깨나 고추, 마늘 등의 양념을 한 뒤 라오스 전통 양념장인 째우Jaew와 함께 먹는다.

▶ **카놈꼭** Kha Nom Kok

밀가루에 코코넛 가루를 섞어 구워내는 일종의 팬케이크로, 달콤한 맛이 난다. 우리네 국화빵처럼 생긴 틀에 구워내는데 속이 포슬포슬하다.

◀ **꾸어이** Kuay

다른 동남아시아처럼 라오스에서도 바나나는 흔한 과일에 속한다. 숯불에 구운 바나나는 야시장을 비롯한 라오스 전역에서 쉽게 볼 수 있는데, 군고구마와 비슷한 맛이 난다.

과일

◀ **뚜리안** Thurian

천국의 맛과 지옥의 냄새를 모두 가지고 있는 두리안. '과일의 왕'이라는 별칭처럼 냄새만 맡으면 절대 먹을 수 없을 것 같지만 계속 먹다 보면 달콤한 맛이 매력적이다.

▶ **망꼰** Manggohn

영어로 '드래건 프루트'라고 부르는 과일로, 라오스에서는 '망꼰'이라고 부른다. 선인장 같은 빨간 껍질을 까면 깨 같은 검은 점이 가득 박힌 흰 속살이 나온다.

◀ **망쿳** Mang Cut

딱딱한 자주색 껍데기를 까면 육쪽마늘처럼 하얀 속살을 드러내는 망고스틴. 부드러운 과육 안에 단단한 씨앗이 숨어 있어 먹으면서 뱉어내면 된다.

▶ **훙** Hung

달콤한 향 때문에 '천사의 열매'라고 불리는 파파야. 그린 파파야는 채소처럼 음식 재료로 쓰이며, 오렌지색 파파야는 망고처럼 날로 먹는다.

◀ **막 무앙** Mak Muang

디저트 과일로 인기가 높은 망고. 라오스에서는 과육을 갈아 샐러드 드레싱에 넣기도 하고, 찰밥을 지을 때 넣어 달콤한 '카오 니아우 막 무앙 Khao Niau Mak Muang'을 만들기도 한다.

라오스 쇼핑 리스트

Laos Shopping List

백화점은 물론 대형 쇼핑몰도 변변치 않은 라오스.
하지만 그 나라 문화를 간직한 소소한 아이템으로 가득해
다른 어느 여행지보다 충동구매를 하게된다.
야시장과 마트, 기념품 가게 등 조금만 발품을 팔면
가격 대비 성능이 뛰어난 각종 핸드메이드 제품을 만날 수 있다.
나를 위한 작은 기념품은 물론 선물용으로도 손색없다.

라오스 전통 의상

동대문이나 남대문시장에 한복가게가 모여 있듯이 큰 시장이나 마켓에 가면 라오스 전통 의상을 진열해 둔 가게를 여럿 만날 수 있다. 대부분의 라오스 여성은 무릎 아래 길이의 전통 치마인 씬Sin을 아직도 입는데, 기하학적인 무늬와 함께 색상도 다양하다. 가격도 저렴해 기념품 삼아 구입하기 좋다. 루앙프라방을 포함한 북부 라오스에서는 몽Hmong 족의 전통 의상도 구매할 수 있다.

색감 좋은 스카프

색감은 물론 결이 곱고 아름다운 데다 여행하는 내내 요긴하게 쓰이는 스카프. 직조 방식과 천연 염색 등에 따라 가격 차이가 난다. 루앙프라방의 옥뽑똑Ock Pop Tok, 126쪽 이나 꼽노이Kopnoi, 137쪽 등을 비롯한 편집 매장에서는 어르신 선물용으로도 손색없을 만큼 다양한 색감을 자랑하는 핸드메이드 스카프와 머플러 등을 만날 수 있다.

에스닉 가방

화려한 자수와 유니크한 패턴이 감각적인 라오스의 에스닉 가방. 면으로 만든 가벼운 느낌의 숄더백과 크로스백, 백팩과 클러치, 필통으로도 활용 가능한 파우치 등 종류도 다양하다. 수공에 디테일 덕분에 오래 보아도 질리지 않고, 시간이 지날수록 더욱 멋스럽다.

천연 소재의 주방기구

주부라면 천연 소재로 만든 주방기구에 욕심을 내 보자. 대나무 젓가락을 비롯해 대나무를 엮어 만든 다양한 크기의 바구니, 단단한 나무를 직접 깎아 만든 숟가락과 뒤집개, 코코넛 껍질로 만든 그릇 등의 아이템은 저렴하지만 오래도록 요긴하게 쓸 수 있다.

대나무 에코 스피커

대나무를 어슷하게 잘라 만든 스피커는 저렴한 가격에 비하면 생각보다 음질이 좋은 편. 모양과 크기에 따라 조금씩 소리가 다르기 때문에 자신의 스마트폰을 이용해 소리를 들어 보고 마음에 드는 물건을 직접 고르는 것이 요령이다. 전기가 전혀 필요하지 않아 여행 시는 물론 아웃도어용으로 쓰기 알맞다.

은은한 조명과 갓등

노트와 카드, 책갈피처럼 종이를 활용한 공예품이 비교적 다양한 라오스. 그중에서도 야시장이 열리면 팔각과 사각, 원형 등 다양한 모양의 전등갓과 조명들이 색색의 불을 밝히며 여행자를 유혹한다. 전통 한지에 직접 그린 그림이나 말린 꽃잎이 들어 있어 자연친화적이면서도 은근히 분위기가 산다.

라오스 느낌 물씬 나는 그림

오렌지색 승려복을 입은 아기 동자, 인자한 미소를 간직한 불상의 얼굴, 불꽃 형상의 생명의 나무 등 라오스만의 느낌이 물씬 나는 그림을 기념품 매장과 공방 등지에서 저렴한 가격에 구매할 수 있다. 작품 활동에 매진 중인 작가들이 야시장에 직접 나와 그림을 팔기도 한다.

핸드메이드 인형

한 땀 한 땀 곱게 바느질하거나 자수를 놓은 공예품은 가격에 비해 소장 가치가 높은 아이템. 아기자기한 핸드메이드 인형은 코끼리, 부엉이, 원숭이, 악어 등 종류도 다양하다. 열쇠고리로 쓰거나 모빌로 만들 수도 있다.

아기자기한 소품

귀여운 스티치가 멋스러운 팔찌와 헤어밴드, 컵받침 등의 아기자기한 소품은 부담 없는 가격에도 불구하고 여행 중 멋스러움을 한껏 올려 줄 아이템. 애인이나 친구와 커플로 착용하거나 라오스에서의 추억을 간직하는 소소한 기념품으로 알맞다.

Les Artisans Lao

코코넛 오일과 유기농 비누

천연 성분의 코코넛 오일과 이를 베이스로 만든 립밤이나 유기농 화장품, 비누 등은 가격 대비 성능이 뛰어나다. 모기가 많은 동남아시아 특성상 천연 성분으로 만든 모기퇴치제 등도 인기가 높다. 비엔티안에 위치한 티숍 라이 갤러리T'Shop Lai Gallery, 66쪽와 루앙프라방의 편집 매장에서 구매 가능하다.

유기농 커피와 차

비엔티안에 위치한 홈 아이디얼Home Ideal, 66쪽 마트를 비롯해 크고 작은 편의점에 가면 라오스 유기농 원두커피와 동남아시아에서 인기 있는 달달한 맛의 G7 등의 인스턴트커피가 구비되어 있다. 이외에도 각종 허브 차와 야생 꿀, 말린 과일과 과자 등도 저렴한 가격에 구매가능하다.

라오스 위스키, 라오라오

'라오라오Lao Lao'는 라오스를 대표하는 맥주 '비어 라오Beer Lao'와 더불어 서민들이 즐겨 마시는 술. 쌀로 만든 증류주로, 우리네 소주와 비슷한 맛이 나지만 알코올 도수가 무려 40도 이상이다. 영어 상표 없이 라오어로만 적혀 있는데, 흰색 독 짬빠 꽃이 그려져 있어 쉽게 구분할 수 있다.

《Hello 라오스》가 추천하는 라오스 쇼핑 스폿

비엔티안

티숍 라이 갤러리 T'Shop Lai Gallery(→ 66쪽)
천연 비누 및 오일, 유기농 화장품, 친환경 욕실용품 등의 구입을 원한다면 바로 이곳.

딸랏 싸오 몰 Talat Sao Mall(→ 76쪽)
한국의 남대문 상가에 비견되는 곳으로 라오스 전통 의상이나 간단한 기념품을 사기 알맞다.

방비엥

재래시장 몬도가네 시장 Mondo Cane Market(→ 96쪽)
이곳에서 파는 검은 생강은 아는 사람만 사는 특산품.

루앙프라방

옥뽑뚝 Ock Pop Tok(→126쪽)
전통 방식으로 직조한 스카프, 옷 등 고급스러운 수공예 제품을 판다.

야시장 Night Market(→137쪽)
비교적 저렴하게 수공예품을 구입할 수 있다. 흥정은 필수!

라오스 추천 여행 코스

Traveling Course

항공사별 노선 및 스케줄

인천에서 라오스 비엔티안까지 직항으로 운행하는 항공사는 진에어, 티웨이항공, 라오항공 세 곳밖에 없다. 이밖에 베트남항공이 하노이 경유 노선을, 타이항공이 방콕 경유 노선을 운항한다. 항공사별 홈페이지에서 직접 예매 가능하다.

※ 아래 항공사별 노선 스케줄은 항공사 사정 및 시기에 따라 변경될 수 있음.

진에어/대한항공

국내의 대표적인 저가 항공사로 출국/귀국편 모두 매일 운항한다. 대한항공에서 운항하는 인천발 비엔티안행 비행기는 진에어와 코드 셰어한 것으로, 대한항공 비행기가 아닌 진에어 비행기를 타게 된다.

티웨이

국내의 대표적인 저가 항공사로 출국/귀국편 주 4회 운항한다. 진에어와 마찬가지로 밤에 비엔티안에 도착하며, 인천에는 이른 아침에 도착한다.

라오항공

라오스의 국영 항공사로 낮에 출발해 비엔티안에 점심시간 무렵에 도착한다. 오후 시간에 비엔티안을 둘러보거나 국내선을 이용해 루앙프라방 등으로 이동할 수 있다. 귀국 시 출발지를 비엔티안이 아닌 루앙프라방으로 선택할 수 있다.

항공사	구간	요일	출발 시각	도착 시각	비행 시간
진에어	인천→비엔티안	매일	18:25	21:45	05:20
	비엔티안→인천		22:45	05:40	04:55
티웨이	인천→비엔티안	월/수/금	20:25	23:50	05:25
		토	19:50	23:15	
	비엔티안→인천	화/목/토	00:50	07:30	04:40
		일	00:15	07:00	04:45
라오항공	인천→비엔티안	월/화/목/금/토	10:40	13:50	05:10
	비엔티안→인천	월/목/금	00:30	07:05	04:35
	루앙프라방→인천	화, 토	00:30	07:05	04:35

일정별 추천 여행 코스

라오스는 발전이 더딘 만큼 아직까지 철도는 존재하지 않고, 대부분 버스를 통해 육로 이동을 한다. 여행자들은 낡고 열악한 로컬 버스보다는 VIP 버스와 미니밴을 선호한다. 비엔티안에서 라오스 북부와 남부를 연결하는 슬리핑 버스도 운행한다. 짧은 시간 동안 라오스를 알차게 둘러보고 싶다면 비행기 이용은 필수. 항공 일정과 취향에 맞춰 일정을 가감하면 된다.

3개 도시 국민 투어(비엔티안/방비엥/루앙프라방)

4박 6일 추천 코스

1일째	비엔티안	항공편으로 우리나라에서 라오스 수도 비엔티안으로 이동하는 날. 진에어와 티웨이는 저녁 출발이므로, 공항에 도착하자마자 숙소로 이동. (단, 라오항공은 오전 출발하므로 비엔티안 도착 후 국내선을 타고 루앙프라방으로 이동하여 역방향으로 여행하거나 비엔티안 오후 일정을 짠다.)
2일째	방비엥	아침식사 후 비엔티안 시내 사원 및 파 탓루앙 투어. 점심식사 후 방비엥행 미니밴 탑승(4시간 소요). 숙소로 이동, 짐을 푼 후 시내 여행사에 들러 수상 레포츠 및 루앙프라방행 교통편 예매 후 저녁식사. 클럽 혹은 휴식.
3일째	방비엥 루앙프라방	방비엥 아침시장 방문 후 아침식사. 오전 남쏭 강 튜빙 및 카야킹, 숙소 체크아웃 후 오후 탐 푸캄 동굴 투어. 야간버스를 타고 루앙프라방으로 이동(9시간 소요).
4일째	루앙프라방	버스터미널에서 숙소로 이동, 짐을 푼 후 아침식사. 오전 땃 꽝씨 폭포 투어, 점식식사 후 루앙프라방 시내 사원 및 푸씨 산 일몰 감상. 저녁식사 후 루앙프라방의 명물인 야시장 구경 및 쇼핑.
5일째	루앙프라방 비엔티안	새벽 6시 시작하는 탁발 참여 후 아침식사. 숙소 체크아웃 후 빡우 동굴 반나절 투어. 이른 저녁식사를 한 뒤 루앙프라방에서 비엔티안으로 가는 국내선 탑승. 비행기 출발 시각까지 여유가 된다면 비엔티안 시내에서 마사지로 피로 풀기.
6일째	한국	항공편으로 인천으로 이동(기내 1박). ＊진에어와 티웨이, 라오항공 모두 저녁에 출항한다.

TIP 시간적인 여유가 된다면 방비엥과 루앙프라방에서의 일정을 하루 이상 늘려 보자. 험준한 산악 지대를 넘는 방비엥-루앙프라방 구간의 야간버스는 다소 불편하므로, 오전 일찍 미니밴을 타고 가는 것도 방법이다. 여유롭게 여행하고 싶은 사람이라면 방비엥이나 루앙프라방 중 한곳에 둥지를 틀고 즐길 것.

중북부 완전 일주

13박 15일 추천 코스

1~3일째	비엔티안 방비엥	항공편으로 우리나라에서 라오스 수도 비엔티안으로 이동. 3개 도시 국민 투어 4박 6일 일정을 참고해 방비엥에서 시간 보내기.
4일째	폰싸완	아침식사 후 방비엥에서 폰싸완으로 버스 이동(7시간 소요). 숙소에 짐을 푼 후 폰싸완 일대 1일 투어 및 루앙프라방행 교통편 예약. 저녁식사 후 휴식.
5일째	폰싸완	아침식사 후 항아리 평원과 므앙쿤 등을 둘러보는 1일 투어. 저녁식사 후 휴식.
6~7일째	루앙프라방	아침식사 후 숙소 체크아웃. 루앙프라방으로 버스 이동(9시간 소요). 3개 도시 국민 투어 4박 6일 일정을 참고해 루앙프라방에서 시간 보내기.
8일째	농키아우	아침식사 후 숙소 체크아웃. 농키아우로 버스 이동(4~5시간 소요). 버스터미널에서 숙소 이동. 해먹에 누워 빈둥대다가 저녁식사 후 휴식.
9일째	므앙응오이	아침식사 후 숙소 체크아웃. 보트를 타고 므앙응오이로 이동(1시간 30분 소요). 보트 선착장에서 숙소로 이동. 짐을 푼 후 자전거 타고 므앙응오이 투어. 저녁식사 후 강가에서 일몰을 바라보며 휴식.
10일째	므앙싸이	아침식사 후 숙소 체크아웃. 보트를 타고 농키아우로 이동(1시간 30분 소요). 농키아우에서 버스를 타고 므앙싸이로 이동(5시간 소요). 버스터미널에서 숙소로 이동, 짐을 푼 후 야시장에서 저녁식사.
11일째	루앙남타	아침식사 후 숙소 체크아웃. 버스를 타고 루앙남타로 이동(4시간 소요). 버스터미널에서 숙소로 이동, 점심식사 후 남하 국립보호구역 트레킹 예약. 루앙남타 산책 후 저녁식사 및 휴식.
12일째	루앙남타	아침식사 후 남하 국립보호구역 1일 트레킹 투어. 저녁식사 후 휴식.
13일째	훼이싸이	아침식사 후 숙소 체크아웃, 버스를 타고 훼이싸이로 이동(4시간 소요). 버스터미널에서 숙소로 이동, 메콩 강변 레스토랑에서 일몰 감상 및 저녁식사.
14일째	비엔티안	아침식사 후 체크아웃. 비행기를 이용해 비엔티안으로 이동(1시간 소요). 비엔티안 시내 사원 및 파 탓루앙 둘러보기. 점심식사 후 마사지로 피로 풀기. 야시장 등을 구경하다가 비행기 출발 시각에 맞춰 공항으로 이동.
15일째	한국	항공편으로 인천으로 이동(기내 1박). *진에어와 티웨이, 대한항공, 라오항공 모두 저녁에 출항한다.

TIP 비엔티안을 시작으로 훼이싸이까지 북부를 일주하는 코스로, 거꾸로 훼이싸이부터 역방향으로 내려와도 무방하다. 또한 북부의 방비엥이라 불리는 농키아우와 므앙응오이, 므앙싸이를 생략하고, 루앙프라방에서 버스를 타고 루앙남타로 곧장 이동하는 것도 고려할 만하다. 루앙남타의 트레킹 대신 훼이싸이의 기번 익스피리언스를 선택하는 것도 한 방법. 훼이싸이에서 비행기를 타고 비엔티안으로 되돌아오는 일정이지만 동남아시아 일대를 둘러보는 여행자들은 국경을 넘어 태국으로 향한다.

남부 투어

4박 6일 추천 코스

1일째	비엔티안	항공편으로 우리나라에서 라오스 수도 비엔티안으로 이동.
		진에어와 티웨이는 저녁 출발이므로 공항에 도착 후 바로 숙소 이동. 오전에 출발하는 라오항공을 이용할 경우, 비엔티안 반나절 투어.
2일째	빡쎄	아침식사 후 숙소 체크아웃, 비행기를 이용해 빡쎄로 이동(1시간 15분 소요).
		공항에서 숙소 이동 후 시내 여행사를 통해 당일 투어로 왓푸 방문.
		씨판돈행 교통편 예매 후 저녁식사 및 휴식.
3일째	씨판돈	아침식사 후 숙소 체크아웃. 씨판돈으로 버스 및 보트 이동(3시간 소요).
		보트 선착장에서 숙소로 이동. 점심식사 후 씨판돈 1일 투어 예약.
		해먹에 누워 빈둥대다가 강변 레스토랑에서 일몰 감상하며 저녁식사.
4일째	씨판돈	아침식사 후 씨판돈 1일 투어. 자전거를 빌려 개별적으로 투어를 떠나거나 튜빙을 하는 것도 한 방법.
5일째	빡쎄 비엔티안	아침식사 후 체크아웃. 버스를 타고 빡쎄로 이동(3시간 소요).
		점심식사 후 빡쎄에서 비행기를 타고 비엔티안으로 이동.
		야시장 등지를 둘러보고, 저녁식사 후 마자시로 피로 풀기.
6일째	한국	항공편으로 인천으로 이동(기내 1박). * 진에어와 티웨이, 라오항공 모두 저녁에 출항한다.

TIP 시간적인 여유가 허락한다면 빡쎄에서 일정을 조정해 볼라벤 투어에 나서 보자. 요즘은 빡쎄에서 왓푸를 오가는 교통편이 좋아져서 대부분의 여행자가 짬빠싹에서 머물지 않고, 빡쎄에서 1일 투어로 왓푸를 다녀온다. 간혹 비엔티안에서 야간버스를 타고 씨판돈으로 직행하는 여행자들이 있는데, 여행사를 통해 티켓을 예매했다면 바우처에 '4000 Islands'라고 목적지가 적혀 있는지 반드시 확인해야 한다. 간혹 버스터미널에서 티켓을 교환하면서 불미스러운 일이 생겨 돈을 두 배로 물기도 한다.

라오스 핵심 일주

13박 15일 추천 코스

1~5일째	비엔티안 방비엥 루앙프라방	항공편으로 우리나라에서 라오스 수도 비엔티안으로 이동하는 날. 진에어와 티웨이는 저녁 출발이므로, 공항에 도착하자마자 숙소로 이동. 오전에 출발하는 라오항공을 이용할 경우, 비엔티안 반나절 투어. 3개 도시 국민 투어 4박 6일 일정을 참고해 방비엥과 루앙프라방에서 시간 보내기.
6~11일	빡쎄 씨판돈	아침식사 후 숙소 체크아웃. 비행기로 빡쎄까지 이동(45분 소요). 남부 투어 4박 6일 일정을 참고해 빡쎄와 씨판돈에서 시간 보내기.
12일째	빡쎄	아침식사 후 체크아웃. 버스를 타고 빡쎄로 이동(3시간 소요). 점심식사 후 볼라벤 1일 투어 신청. 빡쎄 시내 산책. 저녁식사 후 휴식.
13일째	빡쎄	아침식사 후 숙소 체크아웃. 볼라벤 1일 투어. 저녁식사 후 야간버스로 비엔티안 이동(10시간 소요).
14일째	비엔티안	비엔티안 버스터미널에서 시내로 이동, 아침식사 후 마사지로 피로 풀기. 점심식사 후 비엔티안 시내 사원 및 파 탓루앙 둘러보기. 저녁식사 후 비행기 출발 시각에 맞춰 공항으로 이동.
15일째	한국	항공편으로 인천으로 이동(기내 1박). *진에어와 티웨이, 라오항공 모두 저녁에 출항한다.

TIP 금전적 여유가 있다면 남부에서 비엔티안으로 되돌아올 때 빡쎄-비엔티안 구간은 다시 비행기를 탄다. 북부와 남부 중 일정 조율이 가능하다면 빡쎄에서 버스를 타고, 타켁에 들러 탐 꽁로 동굴 투어를 시도하는 것도 한 방법. 대부분의 장기 여행자는 라오스 수도인 비엔티안으로 가지 않고, 국경도시인 싸완나켓이나 타켁을 지나 태국으로 향해 동남아시아 일대를 둘러본다.

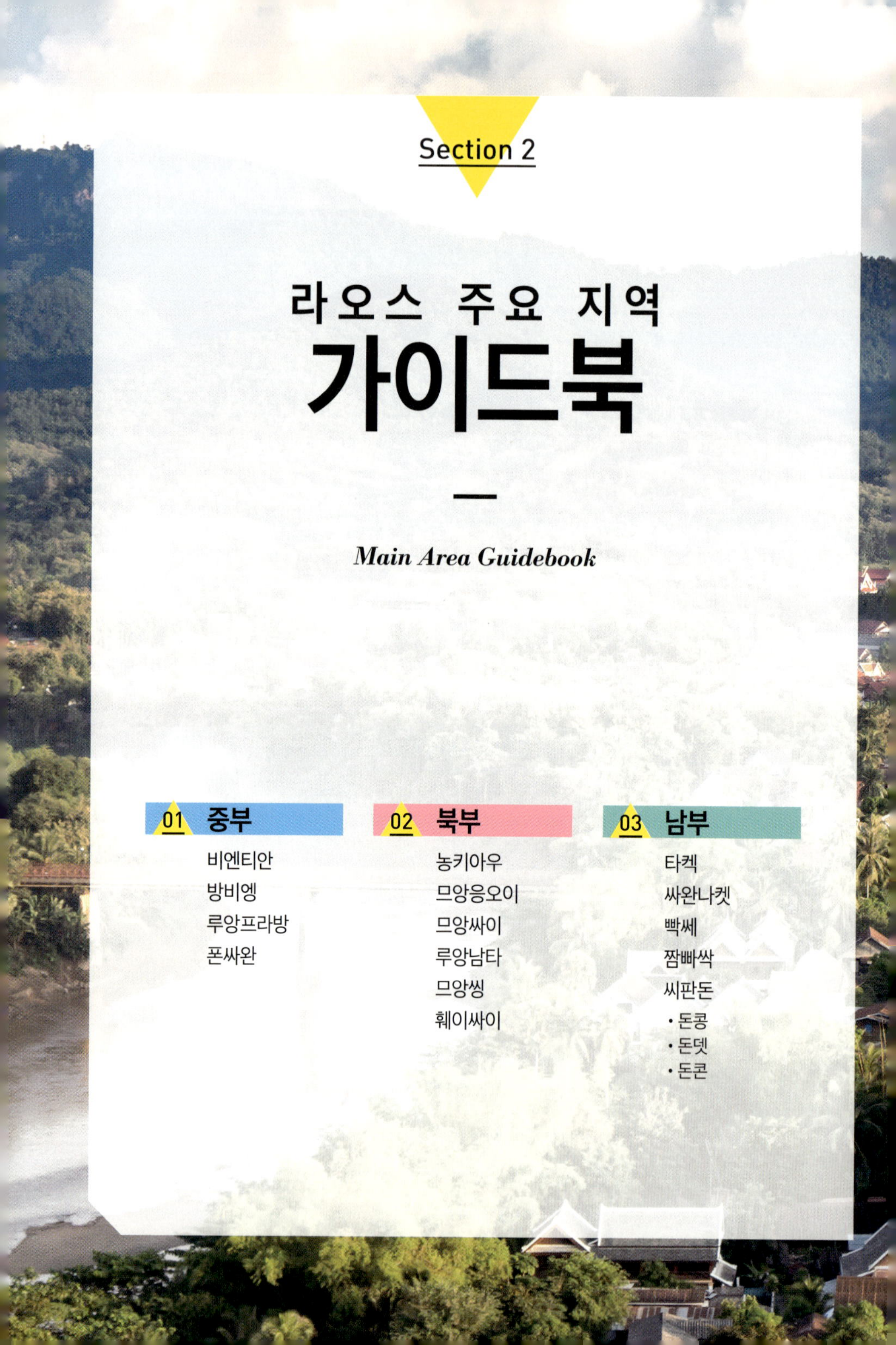

Section 2

라오스 주요 지역
가이드북

Main Area Guidebook

2

01

중부

비엔티안

-

방비엥

-

루앙프라방

-

폰싸완

비엔티안

Vientiane | ວຽງຈັນ

여행자를 가장 먼저 반겨 주는 라오스의 수도 비엔티안. 미얀마의 침략을 피하기 위해 쎗타티랏 Setthathirath 왕이 루앙프라방에서 이곳으로 천도하면서 1563년, 라오스의 수도가 되었다. 메콩 강을 끼고 있는 이웃나라 태국의 식민지를 거쳐 1893년부터 1953년까지는 프랑스의 지배를 받았다. 그런 까닭에 라오스 현지 발음으로는 '위앙짠'이라고 읽지만 이방인들은 지금도 비엔티안으로 부른다.

16세기 이래 수도 역할을 해 온 만큼 재건된 사원과 왕궁, 불탑 등이 많이 남아 있으며 '향나무의 도시'라는 뜻의 지명처럼 도시 곳곳에 큰 나무가 있다. 반드시 봐야 할 유적은 그리 많지 않지만 세계 각국의 음식을 맛보며 편히 쉬기 좋은 곳임은 틀림없다.

Access

+ **대한민국 인천** 비행기 5시간
+ **방비엥** 버스 4시간
+ **루앙프라방** 비행기 45분, 버스 10시간
+ **싸완나켓** 비행기 1시간, 버스 9시간
+ **태국 방콕** 비행기 1시간, 버스 12시간

Model Course

1st Day

르 바네통 → 파 탓루앙 → 빠뚜싸이 → 암폰 → 왓 호 파께오 → 왓 씨싸껫 → 왓 씨므앙 → 라드레스 퀴진 바이 티나이 → 야시장

2nd Day

위앙싸완 → 부다 파크 → 컵짜이더 → 수영장 → 볼링 센터 → 쿠아라오 → 아이빔

중국
China
징홍
Jinghong
멍라
Mengla
디엔비엔푸
Điện Biên Phủ
쏩훈
Sop Hun
떠이 짱
Tây Trang
미얀마
Myanmar
므앙씽
Muang Sing
루앙남타
Luang Namtha
므앙응오이
Muang Ngoi
하노이
Ha nội
하이퐁
Hai Phong
훼이싸이
Huay Xai
므앙싸이
Muang Xai
농키아우
Nong Khiaw
치앙콩
Chiang Khong
베트남
Vietnam
빡벵
Pakbeng
루앙프라방
Luang Prabang
폰싸완
Phonsavan
치앙마이
Chiang Mai
남중국해
South China Sea
방비엥
Vang Vieng
라오스
Laos
빈
Vinh
꺼우 째오
Cầu Treo
비엔티안
Vientiane
남파오
Nam Phao
농카이
Nong Khai
짜로
Cha Lo
우돈타니
Udon Thani
나콘파놈
Nakhon Phanom
타켁
Thakhek
나파오
Na Phao
묵다한
Mukdahan
싸완나켓
Savannakhet
단싸완
Dansavan
라오 바오
Lao Bao
후에
Huế
타이
Thailand
빡쎄
Pakse
총멕
Chong Mek
짬빠싹
Champasak
버이
Bờ Y
씨판돈
Si Phan Don
캄보디아
Cambodia
원캄
Veun Kham
방콕
Bangkok
동 크랄로
Dong Kralor
프놈펜
Phnom Penh
스퉁트렝
Stung Treng
시엠립
Siem Reap

기본 정보

INFORMATION

1 방향 잡기

한 나라의 수도라고 하지만 중심가의 규모는 크지 않다. 도착해서는 남푸 분수 Nam Phou Fountain를 기준으로 지리를 파악하면 편리하다. 낮에는 물이 나오지 않아 허름해 보이지만 이곳을 중심으로 게스트하우스와 호텔, 유명 레스토랑과 은행 등이 자리하고 있다. 남푸 분수를 등지고 남쪽으로 향하면 태국과 맞닿아 있는 메콩 강이 나타난다. 남푸 분수 동쪽으로 딸랏 싸오 몰Talat Sao Mall이 있으며, 대통령궁에서 빠뚜싸이Patuxay까지 란쌍 대로Thanon Lane Xang가 일직선으로 연결하고 있다.

2 환전

여행자 거리 곳곳에 ATM이 설치되어 있을 뿐 아니라 란쌍 대로를 따라 라오스 주요 은행의 본점들이 자리하고 있다. 업무 시간은 평일 오전 8시 30분부터 오후 3시 30분까지며, 주말에는 문을 열지 않는다. 라오스 해외무역은행인 BECL이나 프랑스 계열 은행인 BFL의 환율이 좋은 편이다. 여행자 거리에 있는 사설 환전소는 주말에도 문을 열지만 환율은 은행보다 좋지 않다. 태국과 인접하고 있어 바트THB를 통용한다.

3 여행자 안내소

란쌍 대로에 있다. 비엔티안을 비롯해 라오스 전체 관광 안내와 여러 도움을 받을 수 있으며, 다양한 지도가 구비돼 있다. 월요일부터 금요일까지 오전 8시 30분부터 오후 4시까지 운영하며, 점심시간에는 문을 닫는다.

021-212-251 www.tourismlaos.org

4 시내 교통수단

• 뚝뚝

빠른 시간 안에 중심가를 둘러보려면 뚝뚝을 추천한다. 보통 1km에 10,000K을 부르는데, 시내 중심가는 대부분 5,000~10,000K에 흥정 가능하다. 대기하고 있다가 공식 요금표라고 보여 주는데 가짜다. 이보다 절반 가격에 절충하고, 되도록 지나가는 뚝뚝을 잡아 흥정하는 게 낫다.

• 자전거/오토바이

가장 편리하고 값싼 교통수단은 자전거와 오토바이로, 왓 미싸이 Wat Mixay 골목을 중심으로 대여점을 손쉽게 찾을 수 있다. 24시간 기준 자전거는 10,000K, 오토바이는 60,000K부터. 렌트할 때 보증금이나 여권을 요구하므로 나중에 제대로 돌려받으려면 반드시 영수증을 요구해 잘 챙겨 둔다.

Café Sinouk
First - one Motorbike For rent
First - one Motorbike For rent
First - one Mot

• 시내버스

비엔티안은 라오스에서 유일하게 시내버스가 운행된다. 딸랏 싸오 버스터미널 Talat Sao Bus Terminal에서 출발하는 에어컨이 나오는 초록색 신형 버스는 일본에서 기증한 것이다. 하지만 아쉽게도 영어 방송이나 안내판은 아직 없다. 버스 탑승 전 반드시 기사나 차장에게 목적지와 금액을 확인한다.

번호	주요 노선
14번	딸랏 싸오 버스터미널 → 왓 씨므앙 → 우정의 다리
29번	딸랏 싸오 버스터미널 → 빠뚜싸이 → 남부 버스터미널
30번	딸랏 싸오 버스터미널 → 왓따이 국제공항
49번	딸랏 싸오 버스터미널 → 왓따이 국제공항 → 북부 버스터미널

5 여행 시기

건기인 11월부터 4월까지가 여행하기 좋으며, 우기를 앞둔 4월에는 한낮 온도가 30℃를 넘는다. 5월부터 10월까지는 우기에 해당하지만 여행을 하지 못할 정도로 비가 쏟아지지는 않는다.

수도인 비엔티안에서는 성대한 축제가 여러 번 열리므로 시기를 맞추면 좋다. 12월 31일 신년 행사를 시작으로, 2월 음력설을 맞아 중국과 베트남 축제가 열리며, 4월 중순에는 라오스 설날인 삐 마이Pi Mai가 성대하게 치러진다. 또한 10월에는 메콩 강에서 보트 경기가 열리는 강 축제Bun Nam가 펼쳐지며, 11월 초에는 가장 큰 사원 행사 중 하나인 파 탓루앙 축제Bun Pha That Luang가 치러진다. 전국에서 몰려든 승려들이 파 탓루앙에서 왓 씨므앙Wat Si Muang까지 긴 탁발 공양을 하며 성대한 불꽃놀이로 마감한다.

6 주 라오스 대한민국대사관 영사과

Embassy of the Republic of Korea Consula Section

여권 분실 같은 불미스러운 일을 당했을 때 가장 먼저 찾아야 할 곳. 라오어로는 '싸탄 둣 까올리 따이'라고 말한다. 타논 라오 타이Thanon Lao-Thai 거리에 있는 라오스 국립대학교 공과대학 캠퍼스 옆에 있다. 라오스 말로 '므앙 시사따낙, 반 왓낙'이라고 위치를 설명한다. 여권이나 비자 등과 관련한 업무를 맡고 있는 영사과는 비엔티안 플라자에 있으며, 이 건물을 라오어로 '홍햄 위앙짠 플라싸'라고 한다.

- Vientiane Plaza Hotel 7F, Thanon Sailom, Ban Hatsady Neua, Chanthabouly District
- 021-352-031~3(대표) 031-255-770~1(영사과) 020-5557-0527(긴급)
- 월~금 08:30-12:00, 14:00-17:00, 대한민국 국경일 및 라오스 국경일 휴무
- lao.mofa.go.kr

비엔티안

드나들기

–

TRANSIT

1 비행기

왓따이 국제공항Wattay International Airport은 우리나라를 비롯해 태국, 캄보디아, 베트남의 주요 도시를 연결한다. 루앙프라방, 빡쎄, 루앙남타, 므앙싸이, 싸완나켓 등 라오스 국내선도 매일 운항한다. 국내선은 라오항공 홈페이지에서 예매 가능하다.

공항은 시내에서 서쪽으로 4km 떨어져 있으며, 시내 중심가까지 차량으로 이동할 경우 15분 정도 소요된다. 1층 안내데스크를 찾아가면 1대 4인 기준 $7를 받고 택시 탑승을 안내해 준다. 돈을 조금이라도 아끼고 싶다면 공항을 나와 대기 중인 뚝뚝과 흥정한다. 40,000~50,000K 내외에 시내에 갈 수 있으며, 택시와 마찬가지로 1대 가격이므로 여러 명이 함께 타는 게 이득이다. 또한 공항 건너편 버스정류장에서 30번 버스를 탑승하면 딸랏 싸오 버스터미널까지 갈 수 있으며, 요금은 5,000K이다. 단, 시내버스는 오후 6시 전후에 끊기므로 주의한다.

ARRIVALS

2 버스

비엔티안에는 세 개의 버스터미널이 있으며 가고자 하는 목적지에 따라 이용해야 할 버스터미널이 달라지므로 잘 확인하고 가야 한다. 시내 중심가에 있는 딸랏 싸오 버스터미널에서 163번, 159번, 49번 시내버스를 타면 북부 터미널을, 40번과 29번 시내버스를 타면 남부 터미널에 갈 수 있다. 편도 요금은 5,000K이지만 운행시간이 정확하지 않으므로 탑승 시 주의한다. 남부, 북부 버스터미널까지 뚝뚝을 이용할 경우 20,000~30,000K에 흥정한다.
여행사나 숙소에서 버스를 예매할 경우 얼마의 수수료가 들지만 픽업 서비스가 포함돼 있어 편리하다. 또한 여행사에서는 방비엥, 루앙프라방, 폰싸완, 빡쎄, 씨판돈 등 여행자가 많이 가는 노선을 연합으로 꾸려 별도로 버스를 운행한다. 미니밴, VIP, VIP 슬리핑 등 다양한 종류를 운행하므로 예약할 때 미리 확인한다.

· 딸랏 싸오 버스터미널 Talat Sao Bus Terminal

시내 중심가에 위치한 딸랏 싸오 버스터미널은 비엔티안 인근을 운행하는 버스와 태국의 농카이Nong Khai와 우돈타니Udon Thani 등지로 가는 국제버스를 탈 수 있다.

· 북부 버스터미널 Northern Bus Terminal

루앙프라방, 루앙남타 등 북쪽으로 가는 버스는 북부 버스터미널에서 운행하며, 라오어로 '키우 롯메 싸이 느아'라고 부른다.

· 남부 버스터미널 Southern Bus Terminal

싸완나켓, 빡쎄 등 남부로 가는 버스와 베트남행 국제버스가 오간다. 라오어로 '키우 롯메 싸이 따이'라고 말한다.

8
9

딸랏 싸오 버스터미널 주요 노선

목적지	종류	출발 시각	요금(K)	소요 시간
태국 농카이	로컬	07:30, 09:30, 12:40, 14:30, 15:30, 18:00	15,000	1시간 30분
태국 우돈타니	로컬	08:00, 09:00, 10:30, 11:30, 14:00, 15:00, 16:30, 18:00	22,000	2시간 30분
태국 콘깬	로컬	08:15, 14:45	50,000	5시간

북부 버스터미널 주요 노선

목적지	종류	출발 시각	요금(K)	소요 시간
루앙프라방	로컬	06:30, 07:30, 08:30, 11:00, 13:30, 16:00, 18:00	110,000	9시간
	VIP	08:00, 09:00, 19:30	130,000	
	미니밴	07:00, 09:00, 19:00	150,000	
	슬리핑	20:00, 20:30	150,000	
폰싸완	로컬	06:30, 07:30, 09:30, 16:00, 18:40	110,000	9시간
	미니밴	08:30	120,000	
	슬리핑	20:00	150,000	
므앙싸이 (우돔싸이)	로컬	06:45	150,000	18시간
	VIP	13:45, 17:00	170,000	
	슬리핑	16:00	190,000	
루앙남타	로컬	08:30, 17:00	200,000	21시간
훼이싸이 (보께오)	슬리핑	10:00	250,000	25시간
	로컬	17:30	230,000	

남부 버스터미널 주요 노선

목적지	종류	출발 시각	요금(K)	소요 시간
타켁	로컬	04:00, 05:00, 06:00, 12:00	60,000	6시간
	VIP	13:00	80,000	
싸완나켓	로컬	05:30~09:00(30분 간격)	75,000	10시간
	VIP	20:30	120,000	
빡쎄	로컬	07:15, 10:00, 12:30~16:00(30분 간격)	110,000	12시간
	익스프레스	18:00, 19:00, 20:00	140,000	
	VIP	20:30, 21:00	170,000	
베트남 하노이	슬리핑	19:00, 19:30	230,000	22시간
베트남 다낭	슬리핑	18:30, 19:00	250,000	24시간
베트남 빈	슬리핑	19:00	160,000	16시간
베트남 후에	슬리핑	19:30(월, 목, 토)	180,000	22시간

1 파 탓루앙 Pha That Luang ✪✪✪

'위대한 탑'이라는 이름처럼 라오스에서 가장 신성시하는 국가 기념물로, 라오스의 인장과 지폐에 사용되고 있다. 전설에 따르면 인도 승려들이 3세기경 이곳에 부처의 사리를 안치했다고 한다. 연꽃봉우리를 형상화한 탑은 무지에서 깨달음을 추구하는 불교 교리가 담겨 있다. 18세기 미얀마와 태국의 침략으로 대부분 파괴되었다가 19세기 재건되었지만 프랑스 식민지 시절 공사가 이뤄진 탓에 라오스 공화국 건국 20주년을 기념하며 1995년 대대적인 공사를 진행했다. 탑을 중심으로 원래 네 개의 사원이 있었지만 현재는 두 개만 남아 있다. 매년 11월 대보름에 승려들이 대거 참여하는 분 파 탓루앙(Bun Pha That Luang) 축제가 열린다. 시내에서 북동쪽으로 약 4km 떨어져 있지만 자전거를 타거나 뚝뚝을 타고 손쉽게 갈 수 있다.

Thanon That Luang, 남푸에서 뚝뚝으로 5분
08:00-12:00, 13:00-16:00 5,000K

2 부다 파크 Buddha Park(Xieng Xhoun / Xieng Khuan) ✪✪

시내에서 27km 떨어진 메콩 강변의 불상조각 공원으로, 불심이 깊은 루앙뿌 분르아 쑤리랏(Luangpu Bunluea Surirat)에 의해 1958년 만들어졌다. 라오스에서 가장 크고 긴 높이 12m, 길이 50m의 불상을 비롯해 불교와 힌두교에서 영감을 받은 200여 개의 조각이 있다. 딸랏 싸오 터미널에서 14번 시내버스 탑승 후 종점 '우정의 다리'에서 미니버스 혹은 뚝뚝을 이용한다. 목적지를 재차 확인할 것. 시내 여행사 및 숙소에서 반나절 투어(40,000K, 6인 기준 시 1인 비용)를 신청할 수 있다.

Thanon Tha Deua 021-212-248 08:00-16:30
5,000K(카메라 소지 시 5,000K 추가)

3 남능 댐 Nam Ngum Dam ✪

수력발전을 위해 만든 인공호수로, 우리나라 소양강 댐보다 약 5.5배 크다. 전기를 만들어 태국에 판매하며 현지인 사이에서 명소로 손꼽힌다. 보트를 타고 식사하며 유람하는 코스로, 인근 방갈로에서 숙박도 가능하다. 딸랏 싸오 버스터미널이나 북부 버스터미널에서 탈랏(Thalat, 시내에서 약 90km)까지 간 후 15분 정도 뚝뚝을 타고 들어간다. 그린 디스커버리 외 시내 여행사에서 일일 투어($68, 4인 기준 시 1인 비용)를 운영한다.

020-5550-3108 보트 $30(10인승, 1시간 기준)

1

2

3

북부 버스터미널
Northern Bus Station
3 남능 댐
Nam Ngum Dam
Thanon Sithong
왓따이 국제공항
Wattay
International Airport
Highway 13
Thanon Sithong
Thanon Asean
Thanon Souphanouvong
마리나 클럽
Marina Club
Thanon Asear
머큐어 비엔티안
Mercure Vientiane
Thanon Souphanouvong
Thanon Samsenthai
Thanon Setthathi
메콩 강
Mekong River
태국
Thailand
59·60
비엔티안 외곽
N
0
406m

남부 버스터미널
Southern Bus Station
Thanon Kaysone Phomvihane
Thanon Kamphengmeuan
1 A
파 탓루앙
Pha That Luang
Thanon Asean
Thanon Kaysone Phomvihane
A 빠뚜싸이
Patuxai
Thanon Nongbone
라오 플라자 호텔
Lao Plaza Hotel
탓담
That Dam
여행자 안내소
딸랏 싸오 몰 Talat Sao Mall
B 딸랏 싸오 버스터미널
Talat Sao Bus Station
Thanon Lane Xang
Thanon Samsenthai
Thanon Setthathirath
왓 씨므앙
Wat Si Muang
돈짠 팰리스
Don Chan Palalce
Thanon Tha Deua
Thanon Lao-Thai
대한민국대사관
우정의 다리
A 2 부다 파크
Budda Park
Thanon Kamphengmeuan

4 국립박물관 Lao National Museum ✪✪

콜로니얼 양식의 2층 건물로, 라오스 혁명박물관으로 사용되다가 2000년에 국립박물관으로 변경되었다. 크메르 제국의 조각과 고대 유물, 라오스의 역사에 관한 자료를 전시한다. 내부 사진 촬영 금지.

🏠 Thanon Samsenethai, 남푸에서 도보 5분 ☎ 021-212-460
🕘 08:00-12:00, 13:00-16:00 월·공휴일 휴관 $ 100,000K

5 왓 씨싸껫 Wat Sisaket ✪✪

16세기 중반부터 라오스의 수도였던 비엔티안에서 가장 오래된 사원으로, 1819년부터 1824년에 걸쳐 지어졌다. 유일하게 불에 타지 않고 원형을 간직하고 있으며, 본당을 중심으로 사원 내부를 형성하는 회랑에는 6,800여 개의 불상이 늘어서 있어 언뜻 불교박물관을 연상시킨다. 사원 담벼락에는 왕국의 전설을 기리는 사연들이 벽화가 있다.

🏠 Thanon Lane Xang과 Thanon Setthathirath 교차점, 남푸에서 도보 10분 🕘 08:00-12:00, 13:00-16:00 $ 5,000K

6 왓 호 파께오 Wat Ho Phra Keo ✪✪

기원전 인도에서 만들어졌다는 에메랄드 불상인 프라깨우(Phra Kaew)를 안치하기 위해 15세기 중반에 지어졌다. 1779년 침략한 태국에게 에메랄드 불상을 빼앗겨, 현재는 방콕의 왓 프라깨우 사원(Wat Phra Kaew)에 안치되어 있다. 1936년 프랑스 식민지 시절 재건되었으며 현재는 역사, 종교적으로 가치가 있는 예술품을 전시하고 있다. 2015년 봄부터 외관 공사를 시작해 2016년 하반기 마칠 예정이다.

🏠 Thanon Setthathirath, 남푸에서 도보 10분
🕘 08:00-12:00, 13:00-16:00 $ 5,000K

7 탓담 That Dam ✪

'검은 탑'이라는 이름과 달리 건설 당시에는 표면이 금으로 되어 있었다고 한다. 1828년 태국의 침략으로부터 일곱 마리 용이 라오스를 구해 준 후 그 생명력이 다해 지금처럼 탑이 검게 되었다고 전해진다. 역사적으로 가치가 있지만 거리 한가운데 방치되어 보존 상태가 좋지 않다.

🏠 Thanon Chantha Kommane, 남푸에서 도보 10분

4

5

6

7

Special Theme Tour 1

사원 투어 Temple Tour

불교 국가의 수도답게 비엔티안 곳곳마다 사원이 자리하고 있다. 대부분 18~19세기 침략전쟁으로 소실된 후 재건된 것으로, 비슷비슷한 현대식 외관을 하고 있다. 눈에 띄는 볼거리는 없지만 노승으로부터 깨달음을 전수받는 어린 동자승과 예불을 드리는 현지인의 모습 등을 볼 수 있어 현지인의 문화를 가까이 느끼는 좋은 기회가 된다. 시간이 허락한다면 메콩 강을 바라보고 있는 왓짠(Wat Chan)을 시작으로 쉬엄쉬엄 사원 투어를 나서는 것도 좋겠다.

왓 옹뜨(Wat Ongteu)는 불교 경전을 공부하는 대학을 겸하고 있어 젊은 승려들이 많으며, 유치원과 초등학교를 겸하고 있는 왓 미싸이(Wat Mixay) 인근에는 저렴한 숙소들이 밀집해 있어 시내를 오가다가 들르기 좋다. 타논 쎗타티랏 거리에 위치한 왓 인뻥(Wat Inpeng)에서는 매일 두 차례 도보 시티투어가 시작된다. 오전 9시부터 11시 반, 오후 1시 30분부터 4시까지 이뤄진다. 빠뚜싸이 가는 길에 있는 왓 탓푼(Wat That Foon)은 UN 사무소와 공간을 함께 쓰고 있는데 공원처럼 녹음이 짙다.

① 왓짠 Wat Chan
② 왓 인뻥 Wat Inpeng
③ 왓 옹뜨 Wat Ong Teu
④ 왓 미싸이 Wat Mixay
⑤ 왓 씨앙운 Wat Xieng Yien
⑥ 왓 씨싸껫 Wat Sisaket
⑦ 왓 호파께오 Wat Ho Phra Keo
⑧ 왓 탓카오 Wat That Khao
⑨ 왓 씨므앙 Wat Si Muang
⑩ 왓 탓푼 Wat That Foon
⑪ 빠뚜싸이 Patuxay
⑫ 탓 루앙 That Luang

Thanon Asean
Thanon Kaysone Phomvihane
Thanon 23 Singha
UN 사무소
Thanon Nongbone
Thanon Lan Xang
여행자 안내소
딸랏 싸오 몰 Talat Sao Mall
딸랏 싸오 버스터미널
Talat Sao Bus Terminal
Thanon Samsenthai
Thanon Setthathilath
Thanon Fa Ngum

8 대통령궁 Presidential Palace ✪

프랑스 식민지 시절 1893년 총독 관저로 건설한 곳이다. 대통령궁이라고 부르지만 실제로 라오스 사회주의 공화국의 주석이 거주하지는 않는다. 일반인의 출입은 제한되며, 각료회의나 해외 귀빈을 맞을 때 접견 장소로 사용된다. 여기에 서부터 빠뚜싸이까지 란쌍 대로가 직선으로 이어져 있다.

🏠 Thanon Lane Xang과 Thanon Setthathirath 교차점, 남푸에서 도보 10분

9 남푸 분수 Nam Phou Fountain ✪

주변에 호텔과 게스트하우스 등 다양한 숙박 시설과 음식점, 카페들이 있어 랜드마크 역할을 한다. 낮에는 큰 볼거리가 없지만 저녁이면 색색의 불과 함께 화려함을 뽐낸다.

🏠 Thanon Pangkham

Leisure

10 라오 볼링 센터 Lao Bowling Center ✪✪

총 10개의 레인으로 구성된 볼링장으로 한국인이 운영한다. 신발은 무료 대여 가능하지만 양말은 꼭 신어야 하며 현장에서 8,000K에 판매하기도 한다. 특히, 심야시간에는 쿵쾅대는 음악 속에 맥주를 마시며 게임을 치는 이들로 북적인다. 당구장도 있어 친목을 도모하며 시간을 보내기 안성맞춤이다.

🏠 Thanon Le Ky Huong, 남푸에서 도보 15분
📞 021-218-661, 021-223-219 🕘 09:00-23:00
💲 13,000K(한 게임, 1인 기준)

11 자전거 & 오토바이 대여점 Bicycle & Bike Rent ✪✪

비엔티안 시내는 오토바이나 자전거로 돌아다니기 좋다. 왓 미싸이 골목을 중심으로 자전거와 오토바이 대여점을 손쉽게 찾을 수 있다. 24시간 기준 자전거는 10,000K, 오토바이는 60,000K부터. 렌트할 때 보증금이나 여권을 요구하므로, 반드시 영수증을 요구해 잘 챙겨둔다.

8

9

10

Café Sinouk
First - one Motorbike For rent
First - one Motorbike For rent
First - one M
11

12 수영장 Vientiane Swimming Pool

여행자 거리와 가까운 곳에 있는 데다 이용객이 많지 않아 한산하게 수영하기 좋다. 1일 입장료를 지불하면 50m 야외 풀과 간단한 체력 단련이 가능한 헬스클럽을 함께 사용할 수 있다. 뜨거운 태양 아래 본격 수영을 즐기고 싶다면 이곳을 찾을 것.

Thanon Le Ky Huong, 남푸에서 도보 15분
020-5552-1002 08:00-19:00 15,000K

13 트래블 라오 Travel Lao

인천-비엔티안 국제선과 라오스 국내선인 라오항공과 라오스카이웨이 항공 프로모션을 진행한다. 항공권을 제외한 현지 숙소 및 버스 결합 상품인 스마트팩과 숙소 1박이 포함된 라오스 픽업팩이 인기가 많다.

Thanon Chanthabury, 패밀리호텔 1층, 남푸에서 도보 10분
070-8259-3200 09:00-17:00 www.travellao.com

14 폰 트래블 Phone Travel

1999년 문을 연 라오스 최초의 한인여행사로, 방비엥에 분점이 있다. 개인 및 그룹 배낭여행, 패키지 등 다양한 상품을 운영하며 현지 버스 예약, 렌터카 서비스도 실시한다. 라오스 현지 심 카드도 판매한다.

Thanon Chanthabury, 남푸에서 도보 20분
070-8692-7484, 021-244-386
08:30-16:00 www.laokim.com

15 다오 투어 Dao Tour

예약 대행 서비스가 주요 업무로, 진에어와 연계한 짧은 일정의 에어텔 상품과 패키지 투어를 진행한다. 라오스 골프 상품이 특화되어 있다.

Thanon Pang Kham, 남푸에서 도보 3분
021-215-822 08:00-18:00 www.daotour.co.kr

12

13

14

PHONE TRAVEL
Phone Travel
OPEN
©폰 트래블

15

DAOTOUR
(주)다오투어
(주)다오투어
DAOTOUR
THAI

Special Theme Tour 2

골프 Golf

무제한 라운드 골프 리조트 체류형 상품보다는 시내 호텔 숙박 연계 상품이 주를 이룬다. 시내에서 30분 거리에 있으며, 가장 인기 있는 골프 클럽 세 군데를 소개한다.

1 라오 컨트리 클럽 Lao Country Club

18홀, 7,300야드로 구성되어 있으며, 코스 난이도는 무난하다는 평을 듣고 있다. 코스닥 상장 한국기업인 KOLAO가 운영하고 있으며, 한국인 안내원이 상주한다.

Ⓢ 350,000K(18홀, 주중, 캐피 포함) ☎ 021-812-390~2

2 시 게임 골프 클럽 Sea Games Golf Club

27홀, 7,200야드의 규모를 자랑하며, 한국 부영건설에서 공사에 참여하여 야간 라이트 및 최신식 시설을 갖춘 골프 클럽을 2010년 1월 오픈했다. A와 C코스는 B코스보다 난이도가 높다.

Ⓢ 400,000K(27홀, 주중, 캐피 포함) ☎ 021-732-239 www.seagamesgc.com

3 롱탄 비엔티안 골프 클럽 Long Thanh-Vientiane Golf Club

36홀, 전체 길이가 17km에 이르는 라오스 최대 골프장이지만 전 구간에 이동용 카트가 없다. 클럽 내에는 본격 라운딩에 앞서 충분히 몸을 풀 수 있도록 20여 개에 달하는 연습시설도 갖추었다.

Ⓢ 400,000K(18홀, 주중, 캐피 포함) ☎ 030-977-6666 longviengolfresort.com

1

2

3

16 티숍 라이 갤러리 T'Shop Lai Gallery ✪✪✪

천연 비누 및 오일, 화장품을 비롯해 코코넛 껍질로 만든 친환경 욕실용품, 라오스를 비롯한 동남아시아산 향신료 등 특별한 기념품을 구매하기 알맞다. 2층은 주인장의 작품을 전시해 놓았다.

Thanon Wat Inpeng, 남푸에서 도보 20분
021-223-178 월~토 08:00-20:00 일 10:00-18:00
50,000~150,000K www.laococo.com/tshoplai.htm

17 홈 아이디얼 Home Ideal ✪

3층 규모의 대형할인마트로 현지에서 필요한 생필품이나 라오스 커피 같은 소소한 기념품을 구매하기 편리하다. 여행자 거리 곳곳에 있는 엠 포인트 마트(M Point Mart)는 우리나라 편의점과 비슷한 규모다.

Thanon Heng Boun, 남푸에서 도보 20분
020-5553-6990 08:00-22:00

18 야시장 Night Market ✪

비엔티안 시내에는 총 3개의 야시장이 있다. 여행자들에게 가장 널리 알려진 곳은 메콩 강변으로, 먹을거리보다는 쇼핑 위주의 노점이 크게 들어선다. 간단한 의류와 액세서리, 수공예 가방이나 기념품 등을 저렴하게 구입할 수 있다. 먹을거리 위주의 야시장을 찾는다면 오페라 극장 건너편으로 가볼 것. 오후 5시가 넘어서면서 길 입구부터 갖가지 음식을 파는 노점이 길게 늘어선다.

TSHOP LAI GALLERY

16

17
homeideal

18

19 컵짜이더 Khopchaideu ✪✪✪

여행자 거리에서 가장 인기 높은 레스토랑으로, 라오스 전통 음식부터 피자, 파스타, 스테이크 등 메뉴가 고루 준비되어 있다. 각종 여행 매체에서 추천할 정도로 음식 맛은 훌륭한 편. 평일 점심 뷔페(50,000K)도 운영하며, 넓은 야외 테라스가 있어 밤에 칵테일이나 시원한 생맥주를 마시기 알맞다.

🏠 Thanon Setthathirath, 남푸에서 도보 1분 ☎ 021-223-022
🕘 08:00-24:00 $ 40,000~150,000K

20 아이 카포네 Ai Capone ✪✪✪

이탈리안 셰프가 음식을 선보이는 정통 이탈리안 레스토랑으로. 화덕에 구워 바삭한 피자와 신선한 파스타가 인기 높다. 3가지 요리를 맛볼 수 있는 런치 세트를 53,000K에 선보인다. 인근에 있는 비아 비아 레스토랑(Via Via Restaurant)과 타논 씨홈(Thanon Sihome) 거리에 위치한 PDR(Pizza da Roby)은 젊은 여행자들 사이에서 가격 대비 맛이 훌륭하기로 최근 입소문이 났다.

🏠 Thanon Fa Ngum, 남푸에서 도보 10분 ☎ 020-5991-0888
🕘 11:30-20:30 $ 50,000~130,000K

21 라드레스 퀴진 바이 티나이 L'Adress Cuisine by Tinay ✪✪✪

라오스에 체류 중인 프랑스인들도 즐겨 찾는 정통 프랑스 레스토랑. 식전요리와 생선, 소고기, 오리 등 메인 요리와 디저트를 맛볼 수 있는 런치 세트(60,000~80,000K)와 이브닝 세트(160,000K)도 선보인다. 인근에 있는 프랑스 식당인 르 실리파(Le Silapa)는 푸아그라가 유명하며, 르 방돔(Le Vendome)과 르 프로방살(Le Provencal)은 스테이크와 화덕 피자가 인기 있다.

🏠 Thanon Chao Anou, 남푸에서 도보 10분 ☎ 020-5691-3434
🕘 11:30-14:00, 18:30-22:00 $ 70,000~160,000K

22 암폰 Amphone ✪✪✪

유서 깊은 라오스 전통의 맛을 뽐내는 곳. 메콩 강에서 갓 잡은 신선한 생선요리와 고기를 다진 랍 등 전형적인 라오스 요리를 맛볼 수 있다. 단, 향신료에 약한 사람은 주문할 때 따로 부탁하는 것이 좋다. 야외 테라스가 있어 저녁에는 분위기 있는 식사를 하기 좋다.

🏠 Thanon Wat Xiang Nyean, 남푸에서 도보 3분
☎ 021-212-489 🕘 11:00-14:00, 17:30-22:00
$ 50,000~100,000K

19

Ai Capone

20

L'adresse
CUISINE BY TINAY

21

22

23 르 바네통 Le Banneton ★★★

프랑스에서 제빵 기술을 배워온 라오스 사람이 운영하는 베이커리로, 비엔티안에서 가장 맛있는 크루아상을 매일 만든다. 신선한 원두커피에 타르트, 샐러드, 파니니, 페이스트리 등을 곁들여 아침식사나 브런치로 즐기기 알맞다. 프리코 카페(Pricco Cafe)와 르 크로와상 도르(Le Croissant d'Or)는 비슷한 메뉴를 좀 더 저렴하게 판매한다.

Thanon Nokeo Khumman, 남푸에서 도보 5분
021-217-321 07:30-18:30 20,000~50,000K

24 피멘톤 Pimenton ★★

그릴 스테이크를 전문으로 하지만 간단한 스페인 요리를 맛보기 좋은 곳. 샐러드와 스테이크 혹은 해산물이 들어간 스페인 볶음밥인 빠에야를 맛볼 수 있는 런치 세트(75,000K)와 다양한 타파스 메뉴가 인기 높다. 편안한 분위기에서 와인을 마시며 수다 떨기 더없이 좋은 곳이다.

Thanon Nokeo Khumman, 남푸에서 도보 10분
021-215-506 11:00-22:00 70,000~15,000K
pimentonrestaurant-vte.com

25 쿠아라오 Kualao ★★

콜로니얼풍의 건물을 개조해 만든 외관과 달리 라오스 전통 댄스 공연을 보면서 식사를 할 수 있는 고급 음식점이다. 매일 저녁 7시 30분부터 1시간 동안 라오스 무희들의 공연이 펼쳐지며, 라오스 고위 공무원들이 접대할 때 자주 이용할 정도로 평판이 좋다. 단품부터 세트까지 메뉴 선택 폭이 넓다.

Thanon Samsenthai, 남푸에서 도보 5분 021-215-777
11:00-14:00, 18:00-22:00 40,000~150,000K
www.kualaorestaurant.com

26 위앙싸완 Vieng Savanh ★★

비엔티안에서 손꼽는 베트남 쌀국숫집으로, 사이드 메뉴인 돼지고기 석쇠구이 '냄느앙'과 스프링 롤도 인기 있다. 영어가 잘 통하지는 않지만 사진으로 된 메뉴가 있어 주문이 어렵지는 않다. 라오 오키드 호텔(Lao Orchid Hotel) 인근의 한 쌈 으아이 농(Han Sam Euay Nong)도 저렴하고 맛이 좋기로 유명하다. 참고로 '퍼(Pho)'는 쌀국수를, '카오 삐악(Khao Piak)'은 칼국수처럼 두껍고 쫄깃한 면을 말한다.

Thanon Heng Boun, 남푸에서 도보 20분 021-213-990
09:00-22:00 20,000~30,000K

27 타지마할 Taj Mahal ★★

부담 없이 들르기 좋은 인도 음식점으로, 국립문화회관(Lao National Culture Hall) 뒤쪽에 있다. 커리, 탄두리, 난과 같은 일반적인 인도 요리와 채식주의자를 위한 특별 메뉴도 준비되어 있다. 다카(Dhaka)와 폰 트래블 인근의 나짐(Nazim)은 가격이 조금 더 비싸지만 맛이 깊다.

Thanon Setthathirath, 남푸에서 도보 5분 020-5561-1003
월~토 10:00-22:00 일요일 16:00-22:00
15,000~35,000K

28 후지 Fuji ★★

초밥과 회를 비롯해 우동, 돈가스, 라멘 등 다양한 일본 요리를 맛볼 수 있다. 밥과 반찬, 메인 요리가 포함된 세트 메뉴가 인기 높다. 본사는 태국이며 비엔티안에 있는 일식당 중 가격대가 높은 편에 속한다. 인근에 있는 오사카(Osaka)와 뉴 키친 도쿄(New Kitchen Tokyo)가 보다 저렴한 편이다.

Thanon Fa Ngum, 남푸에서 도보 10분 021-254-722
11:00-15:30, 17:00-22:00 60,000~150,000K

23
Vientiane Times

24

25

26

27

28
Fuji
Japanese Restaurant

29 아이빔 I-Beam ✪✪

다양한 와인이 구비되어 있으며, 가볍게 맥주 한 잔 마시기 좋다. 저녁식사 외에 타파스 같은 간단한 음식도 맛이 좋다. 매주 금요일 밤 9시부터는 현지인 밴드 공연이 펼쳐져 흥을 돋운다.

🏠 Thanon Setthathirath, 남푸에서 도보 10분
📞 021-254-528 🕘 11:00-23:00 $ 15,000~150,000K

30 쏙디 카페 Chokdee Cafe ✪✪

메콩 강변에 위치한 벨기에 맥주 전문점. 간단한 기본 안주가 제공되며, 맛 좋은 요리도 여럿이다. 그중 앙증맞은 미니버거와 홍합요리가 인기가 높다. 참고로 가게 이름인 '쏙디'는 '행운을 빈다'는 뜻.

🏠 Thanon Fa Ngum, 남푸에서 도보 10분 📞 021-263-847
🕘 10:00-22:30 $ 20,000~100,000K

31 조마 베이커리 Joma Bakery ✪✪

'만남의 광장'이라는 애칭이 붙을 정도로 여행자들 사이에서 유명한 곳. 아메리칸 브렉퍼스트, 시나몬 롤, 베이글과 커피 메뉴가 인기 있다. 에어컨이 설치된 2층 건물과 야외 테라스로 구성돼 있으며, 1층 안쪽에서 주문을 받는다. 루앙프라방과 베트남 하노이에도 분점을 냈다.

🏠 Thanon Setthathirath, 남푸에서 도보 2분
📞 021-215-265 🕘 07:00-21:00 $ 20,000~50,000K

32 드레스덴 라오 Dresden Lao ✪✪

바텐더가 상주하는 격식 있는 다이닝 바(Dining Bar)로, 오후 6시부터 2시간 동안 실시하는 해피 아워를 이용하면 맥주 2명 구매 시 1병을 무료 제공한다. 각종 와인과 양주를 글라스로 주문할 수 있다.

🏠 Thanon Heng Boun, 남푸에서 도보 10분
📞 021-244-241 🕘 18:00-24:00 $ 12,000~130,000K

33 카페 씨눅 Cafe Sinouk ✪✪

라오스의 대표 커피 브랜드로, 라오스 남부 빡쏭(Paksong)의 해발 800m 이상의 볼라벤 고원에서 키운 신선한 원두를 사용한다. 크루아상과 치즈 케이크, 샌드위치를 곁들여 간단히 식사하기 알맞다. 소포장 원두도 판매하며, 커피 메뉴는 다른 곳보다 가격이 조금 비싸지만 맛은 진하다.

🏠 Thanon Fa Ngum, 남푸에서 도보 15분
📞 021-312-150 🕘 07:30-22:00
$ 30,000~50,000K

34 스칸디나비안 베이커리 Scandinavian Bakery ✪

다른 베이커리보다 매장 크기는 작아도 맛이 좋기로 이름난 곳. 20년째 꾸준히 신선한 빵을 매일 공급하고 있으며, 커피와 함께 바게트, 크루아상, 허니 브레드 등을 세트로 구성한 아침 메뉴가 인기 높다.

🏠 Thanon Pangkham, 남푸에서 도보 3분
📞 021-215-199 🕘 07:00-19:00 $ 20,000~40,000K

29
I-BEAM
Ladies Night Out
50% OFF

30

31
Joma

32
DRESDEN LAO

33
Café Sinouk

34

35 한국식당 Korean Restaurant

한국식 숯불구이 전문 식당으로 '딸랏 왕통 씬닷까올리'라고 하면 웬만한 뚝뚝 기사들이 데려다준다. 삼겹살과 돼지갈비도 맛있지만 짜장면과 탕수육, 깐풍기 같은 중식 메뉴와 뼈다귀해장국으로 유명하다.

450 Night Market Vangthong, 남푸에서 도보 30분
020-2208-7080 11:00-14:00, 16:00-22:00(주말에는 브레이크 타임 없음) 45,000~150,000K

36 독참파 레스토랑 Dok Champa Restaurant

한국인이 운영하는 레스토랑으로, 입구를 지나면 정원에 마련된 식당이 가장 먼저 보인다. 라오스 음식과 수제 만둣국, 보쌈, 제육볶음 등 한국 음식을 선보인다. 게스트하우스는 건물 안쪽 2층에 마련돼 있다. 참고로 가게 이름인 '참파(독짬빠)' 꽃은 라오스의 국화다.

Thanon Pang Kham, 남푸에서 도보 3분
021-251-739, 020-5570-5837 09:00-23:00
30,000~150,000K

37 대장금 Dae Jang Geum

동남아시아에서 큰 인기를 끈 드라마 〈대장금〉에서 이름을 따온 한인식당. 허름한 외관과 달리 내부는 깔끔하다. 푸짐한 돌솥비빔밥과 고등어구이, 돼지불고기가 인기 있다.

Thanon Heng Boun, 남푸에서 도보 20분 020-5670-9137
09:00-22:00 40,000~150,000K

38 밥집 Bab. Zip

프랑스 만화가의 입맛까지 사로잡은 한국식당. 라면과 김밥 같은 분식부터 물냉면, 파전, 삼겹살까지 메뉴가 다양하다. 공깃밥은 무료로 리필 해주며 각종 햄을 넉넉히 넣은 부대찌개가 맛있다.

Thanon Heng Boun, 남푸에서 도보 20분
020-2309-0883 09:00-22:00 40,000~150,000K

39 킹 박스 King Box

한국식 프라이드치킨과 햄버거, 라면, 비빔밥 등을 맛볼 수 있는 패스트푸드 식당. 라오스식 쌀국수, 볶음우동 같은 메뉴도 가능하다. 매장의 판매 수익금은 라오스 빈곤 퇴치 일환인 교육 사업에 전액 기부하며, 무료로 짐을 맡아 주기도 한다. 한국식 치킨 89,000K, 치킨버거 세트 41,000K.

Thanon Chao Anou, 남푸에서 도보 25분
021-242-991 09:00-22:00 40,000~100,000K

40 홀릭 비어 Holic Beer

메콩 강변에서 나름대로 인기 있는 갤럭시 펍(Galaxy Pub) 바로 옆에 위치한 세계 맥주 전문점으로, 기존의 소주@집에서 이름을 바꿔 달고 리모델링을 마쳤다. 특색 있는 인테리어와 안주로 젊은 층에게 인기가 높으며, 한국인 대상 무료 짐 보관 서비스도 제공한다.

Thanon Fa Ngum, 남푸에서 도보 5분 020-5656-6787
16:00-22:00 20,000~150,000K

35
REAN RESTAURANT

36

37

38
Bab . Zip
韓國 밥 집
Tel : 020 23090883
참이슬

39
kingBox
Korean style food made by korean chef

41 재지 브릭 Jazzy Brick

여행자 거리에 위치한 유일한 재즈 바로, 라이브 재즈 공연이 열리기도 한다. 모히토를 비롯한 칵테일 종류가 특히 인기 있다. 해피 아워에는 최대 50%까지 가격을 할인한다. 단, 반바지와 민소매는 입장 불가.

Thanon Setthathirath, 남푸에서 도보 3분
020-244-9307 18:00-24:00 20,000~130,000K

42 반 라오 비어 가든 Ban Lao Beer Garden

가격 대비 만족도가 높은 인터내셔널 레스토랑으로, 야외 테라스가 있어 밤에 더 근사해진다. 이곳 외에 풀문(Full Moon), 스티키 핑거스(Stiky Fingers), 메콩 발코니(Mekong Balcony)도 저녁 시간을 보내기 좋다.

Thanon Fa Ngum, 남푸에서 도보 15분
021-212-930 07:30-23:00 20,000~50,000K

43 더 피자 컴퍼니 The Pizza Company

태국 유명 체인 중 하나로, 샐러드 바(35,000K)를 운영한다. 도우와 토핑 등을 선택할 수 있으며 다양한 스파게티와 라자냐도 맛볼 수 있다. 매장 판매뿐 아니라 전화로 주문하면 직접 배달도 해 준다.

Thanon Samsenthai, 남푸에서 도보 10분
021-254-064 10:00-22:00 40,000~160,000K

44 노이즈 프루츠 헤븐 Noy's Fruits Heaven

친절한 라오스인 주인장 노이가 운영하는 과일 주스 가게. 설탕을 넣지 않은 생과일 셰이크와 스무디가 유명하다. 치즈를 넉넉히 넣은 샐러드와 참치 바게트 샌드위치 등 간단한 식사도 가능하다.

Thanon Heng Boun, 남푸에서 도보 10분
030-526-2369, 030-996-0913
07:00-21:00 20,000~35,000K

45 데리 퀸 Dairy Queen

미국 유명 체인 중 하나인 아이스크림 가게로, 셰이크와 스무디, 핫도그도 판매한다. 메콩 강변도로에 있어 무더운 날 아이스크림 하나 사서 입에 물고 산책하기 알맞다. 라오 플라자 호텔(Lao Plaza Hotel) 맞은편에 위치한 스웬센(Swensen's)은 열대 과일을 베이스로 한 아이스크림 메뉴가 인기 높다.

Thanon Fa Ngum, 남푸에서 도보 5분
021-255-380 10:00-22:00 10,000~25,000K

41
JAZZY BRICK

42

43
The PIZZA company

44

45
DQ Dairy Queen

46 안사라 호텔 Ansara Hotel ✪✪✪

고급스러운 빌라 스타일의 부티크호텔로, 야외 정원과 수영장이 있어 만족도가 높다. 16개의 객실 모두 차분하고 우아한 느낌으로, 내부는 등나무 가구와 전통 수공예품으로 꾸몄다. 라오스 쿠킹 클래스를 하루 2번, 150,000K에 진행한다.

Thanon Fa Ngum, 남푸에서 도보 15분 021-213-514
스탠다드 더블 $126 스위트 $183 www.ansarahotel.com

47 살라나 부티크호텔 Salana Boutique Hotel ✪✪✪

42개의 객실을 보유한 소규모 부티크호텔로, 2010년 문을 열었다. 수영장은 없지만 객실 내 월풀 욕조가 구비돼 있다. 스파와 레스토랑 등의 부대시설을 갖췄으며, 서비스도 만족스럽다.

Thanon Chao Anou, 남푸에서 도보 15분
021-254-254 슈피리어 $103 디럭스 $113
salanaboutique.com

48 시티 인 비엔티안 호텔 City Inn Vientiane Hotel ✪✪

모던한 외관이 돋보이는 3성급 호텔로, 로비에 있는 레스토랑에서는 아시아 및 서양 요리를 선보이며, 룸서비스도 제공한다. 무엇보다 2015년 수리를 완료해 객실 상태가 깔끔하다. 수영장은 없다.

Thanon Pangkham, 남푸에서 도보 5분 021-218-333
디럭스 $80 주니어 스위트 $120 cityinnvientiane.com

49 라오 플라자 호텔 Lao Plaza Hotel ✪✪

비엔티안에서 가장 먼저 문을 연 특급 호텔로, 10년 넘게 꾸준한 인기를 끌고 있다. 5성급에 맞는 야외 수영장과 피트니스 센터, 레스토랑 등의 부대시설을 갖췄고, 조식도 훌륭하다.

63 Thanon Samsenethai, 남푸에서 도보 5분
021-218-800 슈피리어 $165 플라자 $190
www.laoplazahotel.com

46

Ansara

47

SALANA

48

49

LAO PLAZA HOTEL

50 호텔 이비스 비엔티안 남푸 Hotel ibis Vientiane Nam Phu

청결, 위치, 가격 모두를 만족시키는 3성급 호텔로, 2013년 8월에 오픈했다. 남푸 분수 바로 옆에 있어 지리적으로 편리하며, 64개 룸 모두 목재를 기본으로 심플하고 깔끔하게 꾸몄다. 국제적인 호텔 체인인 아코르 그룹에서 관리하며 다른 도시의 이비스 호텔과 동일한 컨디션을 제공한다. 수영장은 없다.

Namphu Square, 남푸에서 도보 1분 021-262-050
더블 $60~(에어컨, 개인욕실, 냉장고, LED TV, 조식 포함)
www.ibis.com

51 라오 오키드 호텔 Lao Orchid Hotel

꾸준한 인기를 끌고 있는 중급 호텔로 모든 객실에 발코니가 딸려 있다. 내부는 티크목으로 깔끔하게 꾸몄으며, 도로와 접한 방에서는 메콩 강이 보인다.

Thanon Chao Anou, 남푸에서 도보 15분
021-264-134~6 디럭스 더블 $85 스위트 더블 $115(에어컨, 개인욕실, 냉장고, TV) www.lao-orchid.com

52 와이야꼰 인 Vayakorn Inn

일본인 주인이 와이야꼰 하우스(Vayakorn House)와 함께 운영한다. 비슷한 규모의 다른 숙소에 비해 가격이 조금 비싸지만 깔끔한 내부와 충분한 서비스로 그 값어치를 한다. 안마당을 겸한 작은 정원이 있다.

Thanon Heng Boun, 남푸에서 도보 10분 021-215-348
더블 $35(에어컨, 개인욕실, 냉장고, TV) / 조식 $4(선택 사항)

53 인터시티 부티크호텔 Intercity Boutique Hotel

동양적 느낌의 인테리어가 인상적인 곳으로, 객실 내부 역시 앤티크 가구로 고풍스럽게 꾸몄다. 메콩 강변에 위치해 전망이 좋은 편이며, 스테이크를 비롯한 간단한 스낵과 음료 등 룸서비스를 제공한다.

24-25 Thanon Fa Ngum, 남푸에서 도보 15분 021-263-788
클래식 $35 디럭스 $55(에어컨, 개인욕실, 냉장고, TV)

54 데이 인 호텔 Day Inn Hotel

산뜻한 노란색이 눈에 띄는 중급 호텔로, 한때는 인도대사관으로 사용되었을 만큼 복고풍 분위기를 물씬 풍긴다. 실내는 등나무 가구와 밝은 컬러로 꾸몄으며, 방도 큰 편이다. 욕조가 구비돼 있다.

59/3 Thanon Pangkham, 남푸에서 도보 5분
021-222-985, 021-223-847 디럭스 더블 $75 주니어 스위트 $85(에어컨, 개인욕실, 냉장고, TV, 조식 포함)

55 문라이트 참파 Moonlight Champa

미국인과 태국인 부부가 운영하는 깔끔한 게스트하우스로 진한 남색 외관과 더불어 실내도 아라비안 느낌으로 꾸며 놓았다. 3층 건물에 객실은 총 9개로 소란스럽지 않다. 뒤뜰에 넓은 휴게 공간이 마련돼 있다.

13 Thanon Pangkham, 남푸에서 도보 15분 021-264-114
스탠다드 $29 디럭스 $33 moonlight-champa.com

50
VIENTIANE
NAM PHU
open
WiFi internet

51
Lao Orchid

52
Vayakorn Inn

53

54
Day Inn HOTEL
RESTAURANT

55
Moonlight Champa
Relax
Drink
Ticket

56 쑤파폰 게스트하우스 Souphaphone Guest House

깔끔한 시설로 최근 인기를 끌고 있다. 4층 건물이지만 엘리베이터가 없다. 대체적으로 햇볕도 잘 들고 환하며 발코니가 딸린 방이 좀 더 산뜻한 느낌이 든다.

145 Ban Wat Chan, 남푸에서 도보 10분
021-261-468, 021-261-931 트윈 발코니 $25(에어컨, 개인욕실, TV, 냉장고) / 조식 $5(선택 사항) www.souphaphone.net

57 폰 파쑤스 게스트하우스 Phone Paseuth Guest House

남푸 분수 근처에 있어 찾기도 쉽고 이동하기도 편리하다. 일반적인 시설을 갖춘 무난한 게스트하우스지만 창문이 없는 방은 어두우니 방을 선택할 때 미리 살펴보는 게 좋다. 조식은 불포함이며, 성수기에 방값이 크게 오른다.

97 Thanon Pangkham, 남푸에서 도보 3분 021-212-263
더블 160,000K~ 발코니 220,000K(에어컨, 개인욕실, 냉장고)

58 말리 남푸 호텔 Mali Namphu Hotel

콜로니얼 분위기의 중급 숙소로, 인기가 높아지면서 가격을 인상하고 간판도 게스트하우스에서 호텔로 바꿔 달았다. 마당을 겸하는 정원 안쪽에 있는 건물이 더 밝고 화사하다.

114 Thanon Pangkham, 남푸에서 도보 3분
021-215-093, 021-263-297
싱글 240,000K 더블 290,000K 디럭스 320,000K
www.malinamphu.com

59 미쏙 인 Mixok Inn

파란색 건물의 미쏙 게스트하우스(Mixok Guesthouse)와 주인이 같다. 노란색 건물의 미쏙 인은 게스트하우스에 비해 객실이 더 크고 값도 비싸다. 1층에서 간단한 식사와 음료를 판매하며, 도로와 인접한 방은 차량 소음으로 시끄럽다.

Thanon Setthathirath, 남푸에서 도보 5분 021-254-781
더블 150,000K(에어컨, 개인욕실, TV, 조식 포함)

60 드림 홈 호스텔 2 Dream Home Hostel 2

중심가에서 다소 거리가 멀지만 꾸준한 인기를 끌고 있는 숙소로, 드림 홈 호스텔 1과 2가 도로를 경계로 마주 보고 서 있다. 4베드부터 16베드까지 다양한 도미토리 룸 타입이 있으며 조식이 포함되어 있다. 두 곳 모두 시설은 비슷하지만 드림 홈 호스텔 2에는 수영장이 있어 만족도가 더 높다.

49 Thanon Sihome, 남푸에서 도보 25분 030-955-3855
도미토리 50,000K~(조식 포함, 수영장 사용 무료)

61 RD 게스트하우스 RD Guest House

한국인이 운영하는 게스트하우스로 알려져 있지만 현재는 프랑스인이 인수했다. 메콩 강과 인접해 있으며, 주변에 식당 등 편의시설이 많다. 룸은 총 9개이며, 402호와 403호에는 에어컨이 없다.

Thanon Nokeo Koummane, 남푸에서 도보 15분
021-262-112 더블 110,000K(에어컨, 개인욕실, TV)

56

PHONE PASEUTH
57

MaliNamphu
HOTEL
58

MIXOK
MIXOK INN
59

60

RD
RD GUEST HOUSE
61

62 하이쏙 게스트하우스 Haysoke Guest House ✪

홈 아이디얼로 가는 길에 있는 모던한 게스트하우스로, 내부도 심플하게 꾸며 놓았다. 전 객실에 에어컨과 옷장 등이 구비되어 있으며, 프렌들리 타입은 욕실을 공용으로 사용하는 대신 50,000K 더 저렴하다.

🏠 Thanon Heng Boun, 남푸에서 도보 15분 📞 021-219-711
💲 콤포터블 더블 150,000K(에어컨, TV, 개인욕실, 싱글 및 트윈 요금 동일)

63 미싸이 게스트하우스 Mixay Guest House ✪

오랫동안 인기를 끌어온 저렴한 여행자 숙소로, 스텝들이 친절하다. 도미토리 외에도 룸 타입이 다양하며, 조식이 포함되어 있다. 에어컨 더블 룸을 제외하고는 모두 욕실을 공동으로 사용한다. 같은 주인이 운영하는 미싸이 파라다이스(Mixay Paradise)는 왓 옹뜨(Wat Ong Teu) 옆에 있으며, 가격이 조금 더 비싼 대신 방이 넓다.

🏠 Thanon Nokeo Koummane, 남푸에서 도보 15분
📞 021-213-679
💲 도미토리 40,000K 더블 140,000K(에어컨, TV, 조식 포함)

64 펑키 몽키 Funky Monkey ✪

시내 중심가에 있는 저렴한 숙소로, 1층에 포켓볼 당구대를 포함한 휴게공간이 넓은 편이다. 8베드, 16베드의 도미토리를 운영하며, 여성 전용 도미토리도 있다. 인근에 있는 비엔티안 백패커스(Vientiane Backpackers)가 방은 좀 더 좁지만 저렴하다.

🏠 Thanon Fa Ngum, 남푸에서 도보 15분
📞 021-254-181, 020-9697-3999
💲 도미토리 50,000K~ 더블 140,000K(에어컨, 개인욕실, 조식 포함)

62
H
HAYSOKE GUESTHOUSE
(VIENTIANE)
Tel: 219711/22, 218844 Fax: 219755 www.haysokegroup.com

63
Mixay Guesthouse
BUS TICKET
AIR TICKET
TRAIN TICKET
VISA ARRANGEMENT

64
FUNKY MONKEY
Friendly
BACKPACKERS
Summer
WELCOME
Vientiane Lao

Attraction

65 빠뚜싸이 Patuxay

라오어로 '빠뚜'는 '문'을, '싸이'는 '승리'를 뜻한다. '승리의 문'이라는 이름 그대로 라오스의 독립을 위해 목숨을 바친 이들을 애도하며 1969년 지어졌다. 하지만 아이러니하게도 침략자였던 프랑스의 파리 개선문을 본떠 만들었다. 미국에서 공항을 지으라며 원조한 시멘트로 만들어 '수직 활주로'라고 불리기도 했다. 내부 벽화나 조각은 라오스 양식을 취하고 있으며, 꼭대기에서 바라보는 풍광이 제법 근사하다.

Thanon Lane Xang, 남푸에서 도보 20분
평일 08:00-16:00 주말 08:00-17:00 3,000K

66 왓 씨므앙 Wat Si Muang

옛날 라오스 사람들은 도시의 성벽인 '므앙'을 수호신처럼 여겼다. 1563년 비엔티안으로 천도하면서 성벽이 있던 자리에 지은 사원으로, 영험한 힘이 있다고 믿어 왔다. 큰 새가 날아와 6년을 살다가 2014년 죽었는데, 죽기 직전까지 수호신의 환생으로 여기며 극진히 보살폈다. 주말이면 여전히 수많은 인파가 몰려든다.

Thanon Setthathirath, 남푸에서 도보 15분
06:00-19:00 www.watsimuang.com

Shopping

67 딸랏 싸오 몰 Talat Sao Mall

한국의 남대문 상가에 비견될 정도로 비엔티안에서 가장 분주한 시장이다. 참고로 라오어로 '딸랏'은 '시장'을, '싸오'는 '아침'을 뜻한다. 커다란 딸랏 싸오 쇼핑몰 뒤편으로 현지인들의 삶을 접할 수 있는 재래시장이 형성되어 있다. 라오스 전통 의상이나 간단한 기념품을 사기 알맞다.

Thanon Lane Xang, 남푸에서 도보 20분
07:00-16:00

65

66

67

비엔티안 여행자 거리①
77 · 78
0 53m
라오 텔레콤 Lao Telecom
대한민국대사관 영사과 (플라자 호텔 내)
왕통 마켓 Vangthong Market
Thanon Khounboulom
사콤 은행 Sacombank
퍼블릭 은행 Public Bank
메이 은행 Maybank
JDB 은행
인터내셔널 커머셜 은행 International Commercial Bank
ANZ 은행
한국식당 35 Korean Restaurant
10 라오 볼링 센터 Lao Bowling Center
55 문라이트 참파 Moonlight Champa
12 비엔티안 수영장 Vientiane Swimming Pool
파출소
오페라 극장
짜오 아누웡 국립경기장 Chao Anouvong National Stadium
먹거리 야시장
Thanon Phai Nam
포 짭 Pho Zap
48 시티 인 비엔티안 호텔 City Inn Vientiane Hotel
54 데이 인 호텔 Day Inn Hotel
13 트래블 라오 Travel Lao
7 탓담 That Dam
Thanon Lane Xang
Thanon Asean
Thanon Chao Anou
Thanon Du Puits
Thanon Toulan
Thanon Haiphong
Thanon Saigon
Thanon Hanoi
Thanon Nokeo koummane
Thanon Leky Hueng
Thanon Pangkham
Thanon Phanompenh
Thanon Khounboulom
퐁싸완 은행 Phongsavanh Bank
국립박물관 Lao National Museum 4
라오 플라자 호텔 Lao Plaza Hotel 49
M Point Mart
방콕 은행 Bangkok Bank
Thanon Samsenthai
TMB 은행
밥집 Bob. Zip 38
대장금 37
홈 아이디얼 Home Ideal 17
라오 키친 Lao Kitchen
국립문화회관 Lao National Cultural Hall
43 더 피자 컴퍼니 The Pizza Company
57 폰 파쑤스 게스트하우스 Phone Paseuth G. H.
25 쿠아라오 Kualao
왓 방롱 Wat Bang Long
M Point Mart
26 위앙싸완 Vieng Savanh
Thanon Hengboun
하이쏙 게스트하우스 62 Haysoke G. H.
44 노이즈 프루츠 헤븐 Noy's Fruits Heaven
32 드라스덴 라오 Dresden Lao
다오 투어 Dao Tour
58 말리 남푸 호텔 Mali Namphu Hotel
아시안 개발 은행 Asian Development Bank
BFL 은행
뉴 키친 도쿄 New Kitchen Tokyo
52 와이야꼰 인 Vayakorn Inn
스칸디나비안 베이커리 Scandinavian Bakery 15
34
60 드림 홈 호스텔 2 Dream Home Hostel 2
이이 빔 29 I-Beam
왓 하이쏙 Wat Haysoke
27 타지마할 Taj Mahal
컵짜이더 Khopchaideu
9 남푸 분수 Nam Phou Fountain
미쏙 인 59 Mixok Inn
트루 커피 True Coffee
그린 디스커버리 Green Discovery 19
믹스 레스토랑 Mix Restaurant
50 호텔 이비스 Hotel Ibis
비엔티안 남푸 Vientiane Nam Phu
라오 텔레콤(서비스 센터) Lao Telecom
5 왓 씨싸껫 Wat Sisaket
윈드 웨스트 펍 Wind West Pub
주유소
Thanon Setthathirath
왓 인뻥 Wat Inpeng
왓 옹뜨 Wat Ong Teu
아이 카포네 Ai Capone
왓 미싸이 Wat Mixai
비엔티안 백패커스 Vientiane Backpackers
41 재지 브릭 Jazzy Brick
31 조마 베이커리 Joma Bakery
왓따이 국제공항
살라나 부티크호텔 47 Salana Boutique Hotel
쑤파폰 게스트하우스 20 Souphaphone G. H.
피멘톤 24 Pimenton
22 암폰 Amphone
8 대통령궁 Presidential Palace
6 왓 호파께오 Wat Ho Phra Keo
킹 박스 39 King Box
16 티숍 라이 갤러리 T'Shop Lai Gallery
56
프리코 카페 Pricco Cafe
28 르 바네통 Le Banneton
라오 적십자 Lao Red Cross
Thanon Chantha Khoumane
비에틴 은행 Vietin Bank
21 라드레스 퀴진 바이 티나이 L'Adress Cuisine by Tinay
펑키 몽키 Funky Monkey
오사카 Osaka
42 반 라오 비어 가든 Ban Lao Beer Garden 64
나짐 Nazim
안사라 호텔 46 Ansara Hotel
자전거 대여 11
23 후지 Fuji
홀릭 비어 Holic Beer
BCEL 은행
커먼 그라운즈 Common Grounds
14 폰 트래블
미싸이 63 게스트하우스 Mixay G. H.
데리 퀸 40 Dairy Queen
왓 씨양윤 Wat Xieng Yien
Thanon Fa Ngum
라오 오키드 호텔 51 Lao Orchid Hotel
36 독참파 레스토랑 Dok Champa Restaurant
카페 씨눅 Cafe Sinouk
61 RD 게스트하우스 RD G. H.
45
30 쏙디 카페 Chokdee Cafe
짜오 아누웡 공원 Chao Anouvong Park
한 쌈 으아이 농 Han Sam Euay Nong
M Point Mart 33
리버사이드 미니마트
인터시티 부티크호텔 53 Intercity Boutique Hotel
아마존 카페 Amazon Café
왓짠 Wat Chan
18 야시장 Night Market
Thanon Fa Ngum

79·80 비엔티안 여행자 거리②
0 110m
Thanon Sibounheuang
Thanon Kayson Phomvihane
Thanon 23 Singha
Thanon Nongbone
Thanon Sisavong
말레이시아 대사관
베트남대사관
도요타 Toyota
Thanon Phonexay
왓 폰싸이 Wat Phonexay
영국대사관
라오 개발 은행 Lao Development Bank
르 랑슈 Le Ranch
주유소
시청
65 빠뚜싸이 Patuxay
Thanon Nongbone
카페 씨눅 Cafe Sinouk
Thanon Bourichane
서울가든
미니마트
태국대사관
UN 사무소
더 피자 컴퍼니 The Pizza Company
라꼬 게스트하우스 Lako G. H.
카페 노마드 Cafe Nomad
엄마네
델리 더르바르 Delhi Durbar
라오 건설 은행 Lao Construction Bank
커피 투데이 Coffee Today
69 이레
호앙짤른 호텔 Heuang Chaleun Hotel
왓 탓푼 Wat That Foon
BFL 은행
분남 미니마켓 Bounnam Minimarket
라오골든 호텔 Laogolden Hotel
라오비엣 은행 Lao-Viet Bank
K Plaza
Thanon Dong Palane
M Point Mart
왓 포네씨누안 Wat Phonesinuan
여행자 안내소
D Mart
쏙싸이 미니마트 Sokxai Minimart
라옹 다오 호텔 La Ong Dao Hotel
클라우드 나인 숍 Cloud 9 Shop
M Point Mart
딸랏 쿠아딘 시장 Talat Khua Din
왓 동 빨레인 Wat Dong Palane
Thanon Dong Palane
ACLEDA 은행
Thanon Lane Xang
67 딸랏 싸오 몰 Talat Sao Mall
딸랏 싸오 버스터미널
Thanon Nongbone
Thanon Khou Vieng
그린 파크 부티크호텔 Green Park Boutique Hotel
낭 조이 레스토랑 Nang Joy Restaurant
약국
우체국
돌껫 게스트하우스 Dorkket G. H.
70
74
68 PVO
프렌치 메디컬 French Medical
Thanon Khou Vieng
Thanon Samsenthai
Thanon Mahosot
Thanon Sakarin
ADB 은행
흐안 라오 게스트하우스 Heuan Lao G. H.
75
109 병원
5 왓 씨싸껫 Wat Sisaket
프랑스대사관
혼다 Honda
왓 씨므앙 Wat Si Muang
66
씨므앙 미니마트 Simuang Minimart
Thanon Setthathirath
8 대통령궁 Presidential Palace
6 왓 호 파께오 Wat Ho Phra Keo
씨싸왕웡 동상
72 만달라 부티크호텔 Mandala Boutique Hotel
Thanon Tha Deua
왓 빠라싸이 Wat Praxay
왓 파포 Wat Phapho
약국
Thanon Fa Ngum
마호쏫 병원 Mahosot Hospital
왓 피아왓 Wat Phiavat
73 짠타쏨 게스트하우스 Chanthasome G. H.
Thanon That Khao
왓 파싸이 Wat Phaxai
위라싹 게스트하우스 Virasack G. H.
Thanon Fa Ngum
왓 탓 카오 Wat That Khao
싸오 아누웡 공원 Chao Anouvong Park
71 돈짠 팰리스 Don Chan Palace

Restaurant

68 PVO

메콩 강변에서 큰 인기를 모은 PVO가 세이크리드 하트 가톨릭 교회(Sacred Heart Catholic Church) 인근으로 자리를 옮겼다. 베트남 요리 전문점이지만 바게트 샌드위치가 인기 높다. 연유를 넣은 베트남 커피와 스프링 롤도 맛있다. 현지인에게 유명한 포 짭(Pho Zap)은 탓담 인근에 있으며, 이곳도 점심(16:00)까지만 장사를 한다.

Thanon Fa Ngum, 남푸에서 도보 25분
021-242-409 09:00-14:00 10,000~25,000K

69 이레 Irai

라옹 다오 호텔(La Ong Dao Hotel) 인근에 위치한 돼지고기 전문점으로, 염지 숙성한 암퇘지만을 취급한다. 비엔티안 인근에서 직접 돼지를 키우고 있어 믿고 먹을 수 있다.

Thanon Tatmay 020-2820-8119, 070-8848-1110
11:00-22:00 50,000~150,000K

Hotel

70 그린 파크 부티크호텔 Green Park Boutique Hotel

라오스의 전통 건축양식을 현대적으로 재현해 놓은 럭셔리 리조트 스타일의 4성급 호텔이다. 총 34개의 객실을 보유하고 있으며, 여행자 거리를 오가는 셔틀버스가 1시간마다 다닌다. 야외 수영장과 레스토랑 등의 부대시설을 갖추고 있으며, 스파 및 마사지 센터를 별도로 운영한다.

12 Thanon Khouvieng, Ban Nongchanch, 남푸에서 도보 30분
021-264-097 클래식 $135 디럭스 $145
www.greenparkvientiane.com

71 돈짠 팰리스 Don Chan Palace

메콩 강변에 위치한 5성급 호텔로 전망이 좋은 편이다. 클래식 룸은 비엔티안 시내가 내려다보이고, 슈피리어 룸 이상은 메콩 강 조망이 가능하다. 단체 관광객이 선호하며, 호텔 근처에 편의시설은 많지 않다.

Thanon Fa Ngum, Ban Phiavat, 남푸에서 도보 25분
021-244-288, 021-226-666
클래식 $170 슈피리어 $190 donchanpalacelaopdr.com

68
PVO
VIETNAMESE NOODLE SOUP

69
돼지고기전문점
이레
Korea Restaurant

70

71

72 만달라 부티크호텔
Mandala Boutique Hotel ✪✪

콜로니얼 양식의 외관이 돋보이는 3성급 부티크호텔로, 2012년 문을 열었다. 여행자 거리와 살짝 떨어져 있으며, 객실도 23개밖에 되지 않아 평화롭다. 수영장은 없지만 잘 가꿔진 야외 정원이 아름답다.

🏠 Thanon Sisattanak, Ban Phiavat, 남푸에서 도보 20분
📞 021-214-493 ⓢ 슈피리어 $80 디럭스 $90(에어컨, 개인욕실, 냉장고, TV, 조식 포함) 💻 www.mandalahotel.asia

73 짠타쏨 게스트하우스
Chanthasome Guesthouse ✪

돈짠 팰리스 건너편에 위치한 3층짜리 아담한 게스트하우스로, 객실은 총 18개다. 주변에 편의시설은 적지만 장기 투숙객이 많다. 시내와 조금 떨어진 저렴하고 조용한 숙소를 찾고 있다면 방문해볼 만하다.

🏠 Thanon Quai Fa Ngum, Ban Phiavat, 남푸에서 도보 20분
📞 021-262-649
ⓢ 더블 160,000K~(에어컨, 개인욕실, TV, 조식 포함)

74 돌켓 게스트하우스
Dorkket Guest House ✪

여행자 거리와 먼 대신 딸랏 싸오 버스터미널과 비교적 가까워 이동이 편리하다. 별 특징 없는 외관이지만 2층에 마련된 숙소는 넓은 편에 속하며, 앤티크 가구로 꾸며 놓아 가격 대비 만족도가 높다.

🏠 Thanon Samsenthai, Ban Kaoyot, 남푸에서 도보 20분
📞 021-212-314
ⓢ 더블 150,000K(에어컨, 개인욕실, TV, 발코니)

75 흐안 라오 게스트하우스
Heuan Lao Guesthouse ✪

시설이 다소 불편하고 여행자 거리와 조금 멀리 있지만 왓 씨므앙과 가깝다. 조용한 주택가에 위치한 아담한 게스트하우스로, 정원에 강아지와 고양이가 뛰어논다. 총 23개의 객실을 갖고 있으며, 라오스 현지인 노부부가 운영한다. 라오스 현지인의 생활을 엿보고 싶다면 한번쯤 묵을 만하다.

🏠 Thanon Samsenthai, Ban Simuong, 남푸에서 도보 20분
📞 021-216-258 ⓢ 더블 140,000K~(에어컨, 개인욕실)

72

Chanthasom Guest House
73

DORKKET GUESTHOUSE
74

Heuane Lao GUEST HOUSE
Heuan Lao GUEST HOUSE
75

방비엥

Vang Vieng | ວັງວຽງ

조용한 시골마을인 방비엥이 여행자들에게 큰 사랑을 받아온 이유는 아름다운 풍경과 저렴한 물가였다. 방갈로에 앉아 유유히 흐르는 강물과 기이한 바위산을 바라보며 번잡함을 잊고 유유자적 시간을 보내기 알맞기 때문이다. 여기에 뜨거운 한낮 더위를 피해 물놀이를 하다 시원한 맥주 한 잔을 들이켜면 천국이 따로 없다. 하지만 자유로운 분위기 속에서 대마초와 술이 난무하고, 시끄러운 파티와 익사 사고가 증가하면서 라오스 정부는 급기야 2012년 특단의 조치를 취했다. 이제는 차분한 분위기를 조금씩 되찾아가며 안전하게 액티비티를 즐기는 레저 마을로 변모해 가는 중이다. 10년 사이 급격한 물가 상승과 변화로 예전 모습을 잃었다고 말하지만 방비엥은 여전히 아름답고 소박한 자연을 느낄 수 있는 매력적인 곳이다. 대부분의 여행자들이 '방비엥'이라고 부르지만 라오어 발음으로는 '왕위앙'이라고 읽는다.

Access

- + **비엔티안** 버스 4시간
- + **루앙프라방** 버스 7시간
- + **폰싸완** 버스 8시간
- + **태국 방콕** 버스 18시간

Model Course

1st Day

루앙프라방 베이커리 → 남쏭 강 튜빙 → 아미고즈 → 탐짱 동굴 → 씬닷 거리 → 사쿠라 바

2nd Day

몬도가네 시장(아침 쌀국수) → 탐남 & 탐쌍 동굴 → 비만 → 탐 푸캄 동굴 → 피자 루카 → 마사지/사우나

중국
China
징홍
Jinghong
멍라
Mengla
미얀마
Myanmar
므앙씽
Muang Sing
루앙남타
Luang Namtha
훼이싸이
Huay Xai
치앙콩
Chiang Khong
Muang Xai
쏩훈
Sop Hun
디엔비엔푸
Điện Biên Phủ
떠이 짱
Tây Trang
므앙응오이
Muang Ngoi
Nong Khiaw
하노이
Ha nôi
하이퐁
Hai Phong
베트남
Vietnam
빡벵
Pakbeng
루앙프라방
Luang Prabang
폰싸완
Phonsavan
치앙마이
Chiang Mai
방비엥
Vang Vieng
남중국해
South China Sea
라오스
Laos
빈
Vinh
꺼우 째오
Cầu Treo
비엔티안
Vientiane
농카이
Nong Khai
남파오
Nam Phao
짜로
Cha Lo
우돈타니
Udon Thani
나콘파놈
Nakhon Phanom
타켁
Thakhek
나파오
Na Phao
묵다한
Mukdahan
싸완나켓
Savannakhet
단싸완
Dansavan
라오 바오
Lao Bao
후에
Huế
타이
Thailand
빡쎄
Pakse
총멕
Chong Mek
짬빠싹
Champasak
버이
Bờ Y
씨판돈
Si Phan Don
원캄 Veun Kham
방콕
Bangkok
캄보디아
Cambodia
프놈펜
Phnom Penh
동 크랄로
Dong Kralor
시엠립
Siem Reap
스퉁트렝
Stung Treng

방비엥

기본 정보

–

INFORMATION

1 방향 잡기

여행자 거리는 13번 국도 옆 커다란 공터인 활주로를 지나면 나타난다. 중심가를 세로로 관통하는 타논 루앙프라방Thanon Luang Prabang 거리와 타논 깜무옹Thanon Kangmuong 거리를 중심으로 여행사와 레스토랑, 호텔이 방사형으로 넓게 펼쳐져 있다. 지리를 파악할 때는 빨간색 건물인 BECL 은행이나 룽나콘 방비엥 팰리스Roung Nakhon Vang Vieng Palace 같은 눈에 띄는 높은 건물을 선택하는 것이 편리하다.

블루 라군으로 불리는 탐 푸캄Tham Phoukham 동굴에 가기 위해서는 남쏭강Nam Song에 놓인 나무다리를 건너 마을 왼편으로 가야 한다. 푸반 게스트하우스Phuban Guest House 앞의 다리는 무료이며, 리버사이드 부티크 리조트Riverside Boutique Resort 앞의 다리는 통행료를 별도로 내야 한다. 도보로 건널 경우 왕복 4,000K, 자전거는 6,000K, 오토바이는 10,000K이다.

2 환전

BECL과 BFL, 농업 진흥 은행Agriculture Promotion Bank 등이 있으며, 마을 곳곳에 라오스 주요 은행의 ATM이 있어 편리하다. 은행은 월요일부터 금요일 오전 8시 30분부터 오후 3시 30분까지 업무를 보며, 주말에는 열지 않는다. M마트 옆의 사설 환전소는 주말에도 문을 열지만 환율은 은행보다 좋지 않다.

3 여행자 안내소

라오 텔레콤과 농업 진흥 은행과 마주하고 있으므로 쉽게 찾을 수 있다. 월요일부터 금요일까지 오전 8시 30분부터 오후 4시까지 운영하며, 점심시간과 주말에는 문을 닫는다. 간략한 여행 정보를 얻을 수 있다.

4 시내 교통수단

현지인의 소풍 장소인 탐짱Tham Chang 동굴을 비롯해 중심가의 호텔과 레스토랑 등은 대부분 걸어서 다닌다. 하지만 탐 푸캄이나 탐남Tham Nam 동굴의 경우 여행사를 이용하거나 뚝뚝 혹은 오토바이를 렌트한다. 뚝뚝은 하루 150,000K 정도에 흥정 가능하지만 거리에 따라 더 높은 금액을 요구한다. 뚝뚝을 대절할 때는 통행료와 입장료 등의 포함 사항을 확인하고, 후불로 지급한다.

5 여행 시기

우기 바로 직전인 4월이 가장 더우며, 한낮에 35℃까지 올라간다. 5월 중순부터 10월 말까지 우기에 속하며, 건기인 12월부터 1월까지는 평균 기온 16~21℃를 유지한다. 건기에는 남쏭 강의 수위가 낮으므로, 튜빙이나 카야킹 등 물놀이는 오히려 우기에 더 신나게 즐길 수 있다. 우기라고 해도 온종일 비가 쏟아지는 것이 아니기 때문에 다양한 액티비티가 가능하다. 우리나라 가을 날씨와 비슷한 건기에는 아침저녁으로 쌀쌀하므로 긴팔 옷을 준비한다.

6 주의사항

조용한 시골마을이지만 각종 사건, 사고가 빈번하게 발생한다. 다양한 액티비티를 즐기기 위해 전 세계 배낭여행자들이 몰려오는 곳인 만큼 각별한 주의가 필요하다. 남쏭 강을 따라 내려오는 튜빙이나 카야킹을 할 때 수영에 익숙지 않다면 구명조끼를 꼭 입는 것이 좋으며, 과도한 음주는 금물이다.

개별적인 동굴 탐험이나 트레킹을 원한다면 지리에 밝은 현지 안내인을 섭외하고, 개인 손전등과 간식 등을 챙긴다. 물가와 동굴은 바닥이 미끄러우므로 슬리퍼는 되도록 피한다.

중심가를 제외하고 대부분의 길이 비포장도로이므로 오토바이나 버기카를 탈 때는 운전에 주의한다.

또한 숙소에서 도난사고가 발생하는 경우가 있으므로 개인 소지품을 잘 챙기고, 물놀이를 하거나 클럽에 갈 때는 노출이 심한 옷은 피한다.

불미스러운 일이 발생했다면 마을 북쪽에 있는 경찰서를 이용하며, 보험사에 제출할 사건 경위서 등을 꼭 받아 둔다.

LAOS
Welcome to Vang Vieng
Lao people pay extra attention to be properly dressed, please respect them for their effort and follow their example
Do not Wear Bikinis, Bathing Suits, Swimming Trunks or Be Shirtless on Town Streets.

방비엥

드나들기

–

TRANSIT

1 버스

여행사의 미니밴을 타면 중심가와 가까운 여행자 버스터미널에 도착하며, 대부분의 숙소까지 걸어서 이동이 가능하다. 비엔티안의 쑷차이Soutchai와 말라니Malany에서 운영하는 미니버스는 여행자 거리 중심인 타논 깜무웅 거리에 내려 주므로, 지리 파악이 손쉽다.

비엔티안의 북부와 남부에서 출발한 로컬 버스는 중심가 북쪽에 위치한 북부 버스터미널에 내려 주기 때문에 뚝뚝을 타고 이동해야 한다. 중심가와 2km 정도 떨어져 있으며, 뚝뚝 요금은 1인 5,000~10,000K 정도에 흥정한다.

방비엥에서 다른 도시로 떠날 때는 픽업 서비스가 포함된 여행사 버스를 이용하는 게 편리하며, 일부 여행사에서는 버스터미널 가격보다 더 저렴하게 판매하기도 한다.

BUS STATION

북부 버스터미널 주요 노선

목적지	종류	출발 시각	요금(K)	소요 시간
비엔티안	로컬	05:30, 06:00, 06:30, 07:00, 12:30, 14:00	40,000	6시간
	미니버스	09:00	60,000	
	익스프레스	10:30, 13:30	60,000	
루앙프라방	미니밴	09:00, 14:00	100,000	10시간
	익스프레스	10:00	90,000	
폰싸완	미니밴	09:30	100,000	7시간

여행자 버스터미널 주요 노선

목적지	종류	출발 시각	요금(K)	소요 시간
비엔티안	미니밴	09:00	40,000	4시간
	VIP	10:00, 13:30	40,000	
루앙프라방	미니밴	09:00, 09:30, 14:00, 14:30	80,000	6시간
	VIP	10:00, 20:00	120,000	7시간
	슬리핑	22:00	120,000	8시간
폰싸완	미니밴	09:00	110,000	6시간
빡쎄	슬리핑	13:30	180,000	16시간
싸완나켓	미니밴	13:30	180,000	14시간
씨판돈	슬리핑	13:30	230,000	19시간
태국 우돈타니	VIP	10:00	90,000	7시간
태국 방콕	VIP	13:30	190,000	18시간
태국 치앙마이	VIP	10:00, 13:30	340,000	22시간
베트남	VIP	10:00(하노이, 빈, 다낭 동일)	310,000	28시간 이상
캄보디아	슬리핑	13:30(시엠립, 프놈펜 동일)	450,000	27시간 이상

To LuangPraBang
Leaving Time = 9:00 Am
14:00 Pm
Ticket price =100.000 Kip
Express Bus
To LuangPraBang
Leaving Time = 10:00 Am
Ticket price = 90.000Kip
SERVICE
Mini Bus
BUS TICKETS
BUS TICKETS
BUS TICKETS
BUS TICKETS

1 탐 푸캄 동굴 Tham Phoukham ✪✪✪

리버사이드 부티크 리조트(Riverside Boutique Resort) 앞에 있는 톨 브릿지에서 약 5km 떨어져 있으며, 넓은 논밭을 가로지르는 비포장도로를 따라 달리다 보면 입장료를 받는 곳이 나타난다. 에메랄드 물빛을 띤 연못 때문에 '블루 라군(Blue Lagoon)'으로 불리기도 한다. 연못을 지나 가파른 길을 따라 올라가면 동굴이 나타나고, 그 안에 불상을 모셔 놓았다. 하지만 동굴 안을 둘러보는 사람은 거의 없고 대부분의 여행자들이 연못에서 수영을 하거나 다이빙을 즐기며 시간을 보낸다. 작은 간이 매점과 넓은 잔디밭이 있어 간단히 피크닉을 겸하기도 알맞다. 자전거로 가면 1시간 이상 걸리기 때문에 여럿이 함께 뚝뚝을 대절하거나 여행사 상품을 이용하는 것이 현명하다. 뚝뚝은 하루 130,000~150,000K에 흥정한다.

🏠 Ban Na Thong, BECL 은행에서 뚝뚝으로 20분
🕘 09:00-18:00 $ 10,000K(다리 통행료 별도)

2 탐남 동굴 Tham Nam ✪✪

탐쌍 동굴에서 길을 따라 올라가면 동굴 안에서 튜브를 타는 것으로 유명한 이곳이 나타난다. 입장료 10,000K을 내면 헤드 랜턴과 튜브를 빌려 준다. 여럿이 줄지어 튜브를 타고 30분 정도 둘러본다. 인근에 탐 호이(Tham Hoi)와 탐룹(Tham Loup) 동굴이 있으며, 입장료 10,000K을 더 내면 두 개의 동굴을 합쳐서 둘러볼 수 있다. 개별적으로 가려면 길이 복잡하므로 여행사를 이용하는 것이 편리하다. 탐남과 탐쌍을 오전에 둘러보고, 점심식사 후 남쏭 카야킹 혹은 탐 푸캄 투어를 선택할 수 있다.

🏠 Ban Namxang, BECL 은행에서 13번 국도를 따라 루앙프라방 방면으로 뚝뚝으로 30분 🕘 09:00-17:00
$ 여행사 일일 투어 100,000K

▪ 탐쌍 동굴 Tham Xang

중심가에서 14km 정도 떨어진 곳에 있으며, 반 나다오(Ban Nadao) 마을 앞에 이정표가 있다. 동굴로 가기 위해서는 오토바이는 5,000K, 자전거는 3,000K의 통행료를 별도로 내야 한다. 라오어로 '탐'은 동굴, '쌍'은 '코끼리'를 뜻하며, 동굴 내부의 종유석이 코끼리를 닮았다고 해서 이름 붙여졌다. 내부에 불상을 모셔 놓았으며, 그 앞의 작은 테이블에는 한해 운수를 점칠 수 있는 종이가 놓여 있다.

🏠 Ban Namxang, BECL 은행에서 13번 국도를 따라 루앙프라방 방면으로 뚝뚝으로 30분 🕘 09:00-17:00 $ 5,000K

1

2

2 ▪

N 0 703m
탐쌍 동굴 Tham Xang
2 탐남 동굴 Tham Nam
Highway 13
남쏭 강 3 Nam Song
튜빙 시작
바 밀집 구역
10 오가닉 팜 Organic Farm
5 파뎅 산 Pha Deng
북부 버스터미널 Northern Bus Station
재래시장 Local Market 8
루시 동굴 7 Lusi Cave
1 탐 푸캄 동굴 Tham Phoukham
튜빙 종료
라오 왈하라 Lao Valhala 9
여행자 버스터미널 Tourist Bus Station
탐짱 동굴 6 Tham Chang
땃 깽 유이 폭포 4 Tad Kaeng Nyui

N 0 46m
ACLEDA 은행
Highway 13
Thanon Luang Prabang
돈깡 섬 Don Kang
마운틴 리버뷰 게스트하우스 Mountain Riverview G. H.
블루 게스트하우스 42 Blue G. H.
38 짬빠 라오 더 빌라 Champa Lao The Villa
왓탓 Wat That 11
29 리빙 룸 Living Room
34 스마일 비치 바 Smile Beach Bar
씬닷 거리 20 Sin Dad Strret
버기카 Bugicar 15 41
주막 Juma
39 애비 부티크 게스트하우스 Abby Boutique G. H.
31 미스터 치킨 하우스 Mr. Chicken House
짠탈라 게스트하우스 Chanthala G. H.
리버 뷰 방갈로 36 River View Bungalows
아미고즈 25 Amigo's
44
아더사이드 레스토랑 27 Otherside Restaurant
23 바게트 샌드위치 노점 거리
왓깡 Wat Kang
그랜드 뷰 게스트하우스 37 Grand View G. H.
튜브 렌트
비엥빌라이 백패커스 호스텔 12 Viengvilay B. H.
루앙프라방 베이커리 Luang Phrabang Bakery 26
나짐 Nazim 21
K마트
바이크 렌트
35
46
룽나콘 방비엥 팰리스 Roung Nakhon Vangvieng Palace
Thanon Kangmuong
BECL 은행
14 17 13
그린 디스커버리 Green Discovery
남쏭 강 Nam Song
바이크 렌트
우체국
28 노께오 Norkeo
약국
센트럴 클라이머 스쿨 Central Climber School 18
호핑 버거 Whopping Burger 32
게리스 아이리시 바 Garys Irish Bar 22
45 센트럴 백패커스 Central Backpackers
24 푸반 커피 Phubarn Coffee
자전거 렌트
대나무다리 (무료/건기에만 운영)
19 폰 트래블 Phone Travel
사쿠라 바 30 Sakura Bar
40 바나나 방갈로 Banana Bungalows
16 마사지
마트
33 쌀국숫집 거리 Noodle Shop
V. L. T 투어
7마트
43 말라니 호텔 Malany Hotel
실버 나가 Silver Naga
ATM
농업 진흥 은행 Agricultural Promotion Bank

93 · 94
방비엥 시내②
N 0 75m
V. L. T 투어
7 마트
마트
비만 51
Viman
보리수
ATM
56 인티라 방비엥
Inthira Vang Vieng
실버 나가
Silver Naga
ATM
여행자 안내소
농업 진흥 은행
Agricultural Promotion Bank
반 싸바이 바이 인티라
Ban Sabai by Inthira
병원
르 카페 드 파리
Le Cafe De Paris
라오 텔레콤
Lao Telecom
52
더 문 펍
The Moon
Pub
엘리펀트 크로싱 호텔 55
Eliphant Crossing Hotel
피자 루카 49
Pizza Luka
48
클라이밍 스쿨
자전거 렌트
61 판즈 플레이스
Pan's Place
타원쏙 리조트
Thavonsouk Resort
50
바이크,
자전거 렌트
60
캄폰 호텔
Khamphone Hotel
카페 에에
Cafe Eh Eh
학교
라오스 헤븐 호텔 & 스파 57
Laos Haven Hotel & Spa
7 Haven
58 품짜이 게스트하우스
Phoomchai G. H.
빌라 남쏭
Villa Nam Song
싸완 왕위앙 호텔
Savanh
Vang Vieng Hotel
59
시실리 Sicily
위라이웡 호텔
Vilayvong Hotel
학교
주유소
← 탐 푸캄 동굴
톨 브릿지
(유료)
53 리버사이드
부티크 리조트
Riverside
Boutique Resort
왓 씨쑤망
Wat Si Sou Mang
파라다이스 캠핑
Paradise Camping
54
빌라 방비엥 리버사이드
Villa Vang Vieng Riverside
Thanon Luang Prabang
여행자 버스터미널
Highway 13
호텔 & 리조트 타위쑥
Hotel & Resort Thavisouk
미니마트
쎙께오 게스트하우스
Sengkeo G. H.
남쏭 강
Nam Song
더 그랜드 리버사이드 호텔
The Grand Riverside Hotel
왓 씸싸이 야람
Wat Simxay Yaram
싸나짜이 게스트하우스
Sana Chai G. H.
47 허브 사우나
Herbal Sauna
잠미 게스트하우스
Jammee G. H.
탐짱 동굴

3 남쏭 강 Nam Song ✪✪

작은 시골마을에 지나지 않았던 방비엥이 유명세를 떨치게 된 이유는 바로 마을을 관통하는 남쏭 강 때문이다. 대부분의 여행자는 남쏭 강에서 튜브를 타며, 강변이 보이는 카페에 앉아 한가로이 시간을 보낸다. 참고로 라오어로 '남'은 '물' 또는 '강'을 뜻한다. 보통 '쏭 강'이라 부른다.

4 땃 깽 유이 폭포 Tad Kaeng Nyui ✪✪

중심가에서 7km 정도 떨어진 곳에 있으며 13번 국도의 동쪽에 있는 반 나두앙(Ban Naduang) 마을에서 다리를 건너 산길을 따라 올라가면 나타난다. 커다란 나무가 많아 삼림욕 삼아 걸어가는 여행자들도 많다. 길을 따라 올라가면 30m 높이에서 폭포가 시원하게 쏟아져 내리는 것을 볼 수 있다. 웅장한 맛은 떨어지지만 폭포 아래 서서 직접 물줄기를 맞거나 수영하기 알맞다. 단, 건기 때는 현지인의 식수나 농업용수로 쓰이기 때문에 우기 때만 물줄기를 즐길 수 있다.

🏠 Ban Naduang으로부터 1.5km, BECL 은행에서 뚝뚝으로 15분
🕘 09:00-18:00 $ 10,000K

5 파뎅 산 Pha Deng ✪✪

라오어로 '파'는 '산'을, '뎅'은 '붉다'는 뜻으로 해질녘 남쏭 강 일대가 붉게 물든다고 해서 이름 붙여졌다. 현지인들은 방비엥을 지켜주는 산신령이 살고 있다고 믿고 있으며, 실제로 석회암의 주성분인 탄산칼슘과 철 등의 광물자원이 많이 매장되어 있어 베트남전쟁 시 미군 폭격기가 오작동을 일으켜 이 지역에 추락하는 경우가 왕왕 있었다고 한다. 만화 〈드래곤볼〉에 나올 법하다 하여 '드래곤볼 산'이라고도 부른다.

6 탐짱 동굴 Tham Chang ✪✪

현지인들의 나들이 장소로, 입구에는 소소한 노점이 줄지어 서 있다. 동굴 내부는 시멘트로 길을 만들고 조명을 설치해 놓아 둘러보기 편하다. 동굴 입구에서 왼쪽으로 난 길을 따라 올라가면 방비엥 일대를 조망할 수 있다. 매표소 부근의 맑은 연못에서 현지인 아이들을 비롯해 여행자들이 수영을 하며 시간을 보내기도 한다. 시내에서 1.5km 떨어져 있으므로 걷기보다는 자전거를 타고 가는 게 좋다.

🏠 Ban Meuang Xong, 방비엥 리조트(Vang Vieng Resort)까지 걸어서 30분 🕘 08:00-16:30
$ 방비엥 리조트 통행료 2,000K, 동굴 입장료 15,000K

7 루시 동굴 Lusi Cave ✪

푸반 게스트하우스(Phuban Guest House) 앞 대나무다리를 지나면 이정표가 나타난다. 강변 방갈로를 통과하면 넓은 논밭 위로 솟은 작은 동산인 파 뽀악(Pha Poak)이 보인다. 길을 따라 1km 정도를 걸어 산 아래 도착하면 뷰포인트(View Point)라고 적힌 입간판이 보이고, 여기서 오른편으로 약 1.8km를 더 가야 루시 동굴이 나온다. 동굴 내부는 15분 이상 둘러볼 정도로 넓으며, 수영을 할 수 있는 작은 연못도 있다. 동굴 바닥이 미끄러우므로 주의한다. 뷰포인트에 오를 때도 마찬가지. 나무사다리를 따라 20분 이상 올라가야 하므로 슬리퍼는 금물이다.

🏠 파 뽀악은 대나무다리에서 걸어서 20분, 루시 동굴은 파 뽀악에서 걸어서 40분 🕘 09:00-16:30
$ 뷰포인트 10,000K, 동굴 20,000K(현지인 가이드 10,000K)

3

4

5

6

7

Shopping

8 재래시장 Local Market ✪✪

현지인들이 애용하는 재래시장으로, 북부 버스터미널 맞은 편에 있다. 원래 아침에만 서던 장이 여행자들의 발길이 이어지면서 상설시장으로 바뀌었다. 시장 입구의 사탕수수 음료를 시작으로 남쏭 강에서 갓 잡은 생선과 신선한 채소, 과일 등을 판매한다. 동굴에서 잡은 박쥐와 도마뱀, 개구리, 뱀, 곤충 같은 특이한 식재료를 사고팔아 '몬도가네(Mondo Cane)' 시장이라 부르기도 한다. 우리네 시장과 비슷해 라오스식 칼국수인 카오 삐악이나 꼬치구이 등을 먹을 수 있다. 그중 한국 생강과 비슷해 보이지만 껍질을 까면 검은 속살이 나오는 생강은 아는 사람만 사는 특산품이다. 인삼보다 사포닌이 6배 정도 많이 함유되어 있다고 한다.

🏠 북부 버스터미널 건너편, BECL 은행에서 자전거로 30분
🕘 06:00-16:00

Restaurant

9 라오 왈하라 Lao Valhala ✪✪

탐 푸캄 동굴로 가는 길목에 있는 라오스식 카페로, 간단한 식사를 겸하기 좋은 곳. 친절한 여주인이 내어 주는 라오스식 요리와 과일 셰이크도 맛있다. 2014년에 완공한 게스트하우스는 독채 형식으로 깔끔하다.

🏠 Ban Huay Yae, 대나무다리에서 1km
📞 020-5546-2120 🕘 07:00-22:00
$ 20,000~60,000K / 방갈로 $20(조식 포함)
🖥 www.facebook.com/laovalhalla/

10 오가닉 팜 Organic Farm ✪

직접 키운 유기농 채소로 만든 친환경 요리를 선보이는 곳으로, 소규모 쿠킹 클래스도 연다. 시내에서 4km 떨어져 있지만 강가에서 한적하게 시간을 보내기 좋다. 오디를 이용해 만든 팬케이크와 셰이크가 인기다. 게스트하우스도 겸하고 있으며, 라오스 어린이를 가르치는 교육 프로그램 자원봉사도 지원받는다.

🏠 Ban Phoudindaeng, Youth Center 맞은 편
📞 023-511-220 🕘 08:00-21:00
$ 15,000~40,000K / 방갈로 트윈 180,000K
🖥 www.laofarm.org

8

8

9

10

VANG VIEN

11 왓탓 Wat That ✪

마을에 있는 사원 중에 가장 큰 규모지만 볼거리가 많지는 않다. 왓깡(Wat Kang)과 왓 씨쑤망(Wat Sisumang) 등도 입장료를 따로 받지 않는 자그마한 사원이다. 불교 국가의 예법에 따라 승려들이 새벽마다 탁발을 하며 마을을 돌기 때문에 부지런을 떨어 아침 산책을 겸하는 것도 좋다.

12 튜빙 Tubing ✪✪✪

방비엥의 가장 큰 묘미는 튜브를 타고 2~3시간 정도 남쏭 강을 따라 내려오는 것. 중심가에 있는 튜브 렌트숍에서 튜브와 방수가방, 구명조끼를 빌릴 수 있다. 뚝뚝으로 중심가에서 5km 떨어진 강 상류까지 데려다주며, 4명 이상 모이면 출발한다. 반납은 오후 4시 이전이며, 늦게 반납하면 오버차지를 내야 하므로 주의한다.

🏠 Thanon Kangmuong, BECL 은행에서 걸어서 5분
🕘 09:00-16:00 Ⓢ 55,000K(보증금 60,000K 별도)

13 카야킹 Kayaking ✪✪

여행사가 아닌 개별적으로 배를 타고 남쏭 강을 둘러보고 싶다면 타원쑥 리조트(Thavonsouk Resort) 인근 탑승장을 이용한다. 꼬리배 호객꾼들이 많으므로 80,000K 정도에 흥정을 시도해 볼 것. 1시간 내외 소요된다.

14 짚 라인 Zip Line ✪✪

마치 타잔이 된 것처럼 와이어를 타고 나무에서 나무 사이로 날아가듯 이동하는 액티비티 스포츠로, 다양한 코스 중에 선택이 가능하다. 크게 탐남 동굴과 탐 푸캄 동굴, 땃 깽 유이 폭포에서 성업 중이며, 여행사마다 취급하는 상품이 다르다. 탐남 동굴과 탐 푸캄 동굴의 경우 동굴 투어와 짚 라인을 포함해 200,000K 정도에 판매한다. 땃 깽 유이 폭포의 경우, 짚 라인과 트레킹, 수영 등을 패키지로 묶어 하루 혹은 반나절 투어로 진행한다.

15 버기카 Bugicar ✪

리얼 버라이어티 〈꽃보다 청춘〉 덕에 인기가 높아진 버기카. 그도 그럴 것이 탐 푸캄 동굴과 땃 깽 유이 폭포 등 중심가 외곽의 볼거리를 보기 위해서는 아스팔트가 아닌 울퉁불퉁한 비포장도로를 달려야 하기 때문이다. 방비엥 구석구석을 탐험하기 좋은 사륜구동의 버기카는 3시간 $40 정도.

16 마사지 Massage ✪

액티비티를 즐기는 동네답게 마사지숍을 손쉽게 발견할 수 있다. 거리 주변에 한글 문구를 내건 업소가 여럿 있다.

🕘 09:00-22:00
Ⓢ 발 마사지 및 라오스 전통 마사지 1시간 60,000K 내외

11

12

13

14

15

16
Mandarina
MASSAGE
Body & Soul Spa

17 열기구 Balloon Tour ✪

주로 일출과 일몰 시간에 맞춰 운행하며, 중국 구이린을 닮은 방비엥의 산세와 어우러진 장관을 볼 수 있다. 우기에는 운행하지 않으며, 10월 말부터 시내 곳곳의 여행사 및 숙소에서 신청할 수 있다. 비용 대비 만족도가 높지만 안전성 문제가 아직 남아 있으므로 선택할 때 주의한다.

🕘 성수기 06:00, 16:00 2회 운행 💲 $80

18 암벽등반 Climbing ✪

세계에서 가장 저렴하게 암벽등반을 할 수 있는 곳을 꼽으라면 단연 라오스다. 클라이밍 센터를 통하면 등반화와 하네스, 로프 등의 물건을 렌트해 주며 뚝뚝 이동 비용과 점심도 포함돼 있다. 초보자의 경우 간단한 등반 강습을 받고 실습에 들어간다. 손이나 무릎 같은 부분이 까지거나 상처 입기 쉬우므로 복장에 유의한다. 아담스 클라이밍 스쿨(Adam's Climbing School)을 비롯해 여행사에서 신청할 수 있다.

19 폰 트래블 Phone Travel ✪

비엔티안에 본점이 있지만, 사실 가장 먼저 라오스에 문을 연 한인여행사는 바로 방비엥 분점이다. 다양한 프로그램을 운영하며 가이드들이 한국말에 능숙한 편이다.

🏠 Thanon Luang Prabang, BECL 은행에서 걸어서 5분
📞 023-511-584, 020-5552-8090 🕘 08:30-18:00
💻 www.laokim.com

Restaurant

20 씬닷 거리 Sin Dad Street ✪✪✪

라오스식 샤브샤브인 씬닷을 파는 가게가 마을 북쪽에 몰려 있다. 한국인이 처음 고안해 '씬닷 까올리'라고 부르기도 한다. 소고기부터 삼겹살, 닭고기, 오징어, 새우까지 다양한 메뉴를 선택할 수 있다.

🏠 Thanon Luang Prabang, 왓깡 인근
🕘 09:00-22:00 💲 40,000~80,000K

21 나짐 Nazim ✪✪✪

라오스 전역에 체인점을 둔 인도 레스토랑으로, 한국보다 저렴한 가격에 제대로 된 인도 요리를 즐길 수 있다. 인도인 주방장이 직접 요리하며 화덕에 구워낸 탄두리 치킨과 갈릭 난, 치킨 커리 등이 인기 메뉴다.

🏠 Thanon Luang Prabang, 그린 디스커버리 인근
📞 023-511-214 🕘 09:00-21:00 💲 35,000~80,000K

22 게리스 아이리시 바 Garys Irish Bar ✪✪✪

서양 여행자들에게 인기 있는 아이리시 펍. 입구에 들어가자마자 커다란 당구대가 보인다. 비정기적으로 밴드 공연이 펼쳐진다. 잉글리시 브렉퍼스트와 햄버거가 인기 메뉴.

🏠 Ban Savang, 폰 트래블 인근
📞 020-5611-5644, 020-5825-5774 🕘 09:00-24:00
💲 25,000~50,000K

17

Adam's Climbing School
18

AMPHONE Natural Tours
19

20

NAZIM
21

22

23 바게트 샌드위치 노점 거리
Baguette Sandwich Street Vendors ✪✪✪

명실공히 방비엥 최고의 명물이 된 라오스식 바게트 샌드위치. 현지인들도 즐겨 먹는다. 저렴한 가격도 매력적이지만 양도 많고 맛도 있다. 팬케이크인 로띠와 햄버거, 과일주스, 셰이크 등도 판매한다. 각 노점이 호객 행위를 하므로 재료가 신선한 곳을 선택한다.

🏠 Ban Savang, K마트 건너편
🕘 07:00-20:00 $ 10,000~25,000K

24 푸반 커피 Phubarn Coffee ✪✪✪

시원하고 진한 아이스 커피 메뉴를 찾는다면 이곳이 정답. 방비엥에 가장 먼저 문을 연 커피 전문점으로, 태국인이 운영한다. 작고 아담한 카페로 커피 메뉴가 다양하다.

🏠 Ban Savang, BECL 은행에서 걸어서 3분, 푸반 인(Phubarn Inn) 1층
📞 020-5561-2060 🕘 07:30-19:30 $ 18,000~50,000K

25 아미고즈 Amigo's ✪✪✪

'친구'라는 이름처럼 친근한 분위기의 멕시코 음식 전문점. 시골 원두막처럼 내부를 꾸며 놓았지만 밤이 되면 화려하게 변신한다. 간단한 식사는 물론 안주로도 좋은 타코나 부리토, 케사디야 같은 음식 모두 훌륭하다.

🏠 Ban Savang, 왓깡 인근 📞 020-5878-0574
🕘 09:00-22:00 $ 30,000~50,000K

26 루앙프라방 베이커리
Luang Phrabang Bakery ✪✪

오랫동안 여행자들에게 사랑받아온 빵집으로, 루앙프라방에 본점이 있다. 프랑스식 롤빵이나 바게트 샌드위치로 아침식사하기 알맞다. 달달한 초콜릿 디저트도 다양하다.

🏠 Thanon Kangmuong, BECL 은행에서 걸어서 1분
📞 023-511-145 🕘 07:00-22:30 $ 25,000~60,000K

27 아더사이드 레스토랑
Otherside Restaurant ✪✪

머시룸 베이컨 스테이크, 갈릭 스테이크, 햄버거 등 웨스턴 메뉴와 쌀국수, 볶음밥 같은 간단한 라오스 음식을 선보인다. 넓은 평상으로 된 좌석에 드러누워 시간을 보내는 이들이 여럿이다. 옆에 위치한 바나나(Banana)도 맛과 분위기 모두 비슷하며, 야외 테라스에서 남쏭 강을 볼 수 있다.

🏠 Nam Song Riverside, K마트 인근
📞 020-5512-6288 🕘 08:00-23:00 $ 30,000~50,000K

28 노께오 Norkeo ✪✪

쌀국수와 볶음밥, 파파야 샐러드 등의 라오스 음식이 맛있다. 남쏭 강에서 갓 잡은 생선으로 만든 생선튀김도 맛이 좋다. 해 질 무렵 도로변에 숯불을 피워 생선구이, 닭구이 등 다양한 바비큐를 선보이는데 채소를 끼워 넣은 꼬치구이는 5,000K부터.

🏠 그린 디스커버리 인근 📞 020-5555-7780
🕘 09:00-21:00 $ 35,000~80,000K

23

24

25

26

27

Welcome
NORKEO RESTAU
28

29 리빙 룸 Living Room

시원한 과일 주스와 셰이크를 먹으며 느긋하게 강을 바라볼 수 있는 곳. 모던한 실내를 지나면 야외 테라스가 나타난다. 우리나라 돈가스와 비슷한 포크 슈니첼과 램찹, 홈메이드 스파게티 등 오스트레일리아 느낌을 가미한 퓨전 음식을 선보인다. 호주인 셰프와 한국인 아내가 운영한다.

Thanon Khemsong, 짬빠 라오 더 빌라 인근
020-5491-9169 08:00-23:00 20,000~80,000K

30 사쿠라 바 Sakura Bar

방비엥 최고의 클럽으로 밤 8시부터 9시까지 해피 아워를 운영하며, 이때는 맥주와 진토닉 등을 무료로 제공한다. 세계 각지의 청춘들은 서로의 맥주잔에 탁구공을 골인시키는 게임인 비어 퐁(Beer Pong)을 하거나 당구를 친다.

Ban Savang, 폰 트래블 인근 030-537-0691
18:00-24:00 10,000~30,000K

31 미스터 치킨 하우스 Mr. Chicken House

한국식 프라이드치킨과 양념치킨을 메인으로 하며, 한국처럼 전화 주문 및 배달 서비스도 가능하다. 닭백숙, 삼겹살, 떡볶이, 김치찌개 등의 한국 음식과 소주도 먹을 수 있다.

Thanon Luang Prabang, 왓깡 인근
030-937-5560 70,000~120,000K

32 호핑 버거 Whopping Burger

여행을 하다가 방비엥이 좋아 눌러앉았다는 일본인 주인장이 지난 2009년부터 해온 가게로, 5인치가 넘는 큰 사이즈의 햄버거가 메인 메뉴다. 신선한 재료와 홈메이드 소스로 만든 스파게티도 맛있다.

Ban Savang, 푸반 커피 인근
020-5635-1090 18:00-23:30 70,000~100,000K

33 쌀국숫집 거리 Noodle Shops

현지인을 대상으로 아침에만 반짝 장사를 하는 가게가 말라니 호텔(Malany Hotel) 주변에 모여 있다. 뜨끈한 라오스식 칼국수인 카오 삐악과 쌀국수인 포, 쌀죽 등을 판매하며, 사람들이 많은 집을 고르면 실패 확률이 낮다.

Thanon Luang Prabang, 말라니 호텔 인근
020-5555-7780 09:00-21:00 15,000~20,000K

34 스마일 비치 바 Smile Beach Bar

유유자적 흐르는 남쏭 강을 바라보며 해먹에 누워 맥주나 과일 셰이크를 마시기 좋은 곳. 샌드위치 같은 간단한 메뉴를 먹으며 일몰을 감상하기에도 적당하다.

Don Kang, 방비엥 오렌지 게스트하우스(Vang Vieng Orange Guest House) 옆 나무다리 지나 100m
10:30-23:00 15,000~30,000K

29

30
SAKURA BAR
Free SHIRT
VODKA DRINKS

31

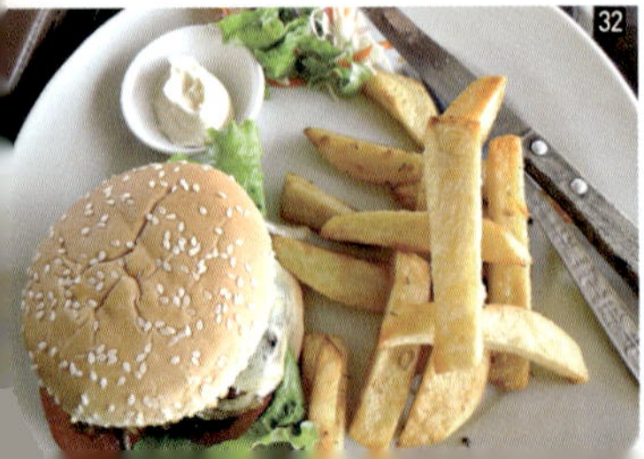
32

33
MALANY HOTEL
pepsi

34

35 룽나콘 방비엥 팰리스 Roung Nakhon Vangvieng Palace ✪✪✪

총 110개의 객실을 갖춘 3성급 호텔로, 마트와 여행사 등이 가까워 편리하다. 방비엥에서는 보기 드문 5층 건물이지만 전망은 그리 좋지 않다.

🏠 Ban Savang, K마트 건너편 ✆ 030-964-9762~3
Ⓢ 싱글 $30 더블 $35 트리플 $40(에어컨, 개인욕실, 냉장고, TV, 조식 포함) 🖥 roungnakhon-hotel-laos.com

36 리버뷰 방갈로 River View Bungalows ✪✪

남쏭 강이 만든 작은 섬인 돈깡(Don Kang)에 위치한 숙소로, 레스토랑을 겸한다. 17개의 객실 모두 개별 발코니를 갖추고 있으며, 전망만은 5성급 호텔 못지않게 훌륭하다. 하지만 호텔 수준의 친절한 서비스는 기대하지 말 것.

🏠 Don Kang, 무료 나무다리 옆 ✆ 020-5511-7757
Ⓢ 더블 $30(에어컨, 개인욕실, 조식 포함)

37 그랜드 뷰 게스트하우스 Grand View Guest House ✪✪

2층 이상부터 강변을 조망할 수 있어 인기가 높다. 가격 대비 객실 위생 상태가 좋은 편이며, 객실마다 테라스가 딸려 있다. 바로 옆에 있는 도몬 게스트하우스(Domon Guesthouse)도 비슷한 컨디션이다.

🏠 Ban Savang, K마트 건너편 ✆ 020-5533-5599
Ⓢ 더블 150,000K(에어컨, 개인욕실, 조식 불포함)

38 짬빠 라오 더 빌라 Champa Lao the Villa ✪✪

라오스 전통 가옥 스타일로, 잘 가꾼 정원이 상쾌한 느낌을 준다. 1층은 레스토랑과 휴게 공간을 겸하며, 밤 10시 전후로 문을 닫는다. 객실마다 테라스 혹은 발코니가 딸려 있다.

🏠 Thanon Khemsong, 왓탓 인근 ✆ 020-5501-8501
Ⓢ 더블 $20~(에어컨, 개인욕실, 조식 포함) 방갈로 80,000K~(선풍기, 공동욕실, 조식 포함)

39 애비 부티크 게스트하우스 Abby Boutique Guest House ✪✪

외관은 물론 내부도 깔끔하다. 특별한 전망은 없지만 창문이 큰 편이라 채광이 좋고 환기도 잘 된다. 1층 레스토랑에서 오전 10시까지 조식을 제공하며, 자전거를 무료로 대여한다.

🏠 Ban Sawang, 왓탓 인근 ✆ 020-5539-7339
Ⓢ 더블 $30(에어컨, 개인욕실, 냉장고, TV, 조식 포함)

40 바나나 방갈로 Banana Bungalows ✪✪

허술한 나무방갈로부터 에어컨을 갖춘 독채형까지 룸 타입에 따라 금액 차이가 크게 난다. 오른편에 있는 아더사이드 방갈로(Otheside Bungalows)는 규모나 가격이 비슷하고, 왼편의 클리프 뷰 방갈로(Cliff View Bungalows)는 더욱 견고하게 지어졌으며, 방값은 2배 이상 비싸다.

🏠 무료 나무다리 건너자마자 ✆ 023-941-5999
Ⓢ 방갈로 50,000K(공용욕실) 더블 100,000K~(선풍기, 개인욕실, 조식 불포함)

35

36

GRAND VIEW GUESTHOUSE
37

38

39

BANANA BUNGALOW
40

41 주막 Juma

한국어로는 '주막'이라고 되어 있지만 실제로는 '줌마'로 통한다. 음식 솜씨 좋은 아줌마가 게스트하우스를 이끌어가기 때문. 복층 구조의 펜션 스타일로, 2015년 초에 오픈해 내부가 깔끔하다. 더블 룸과 도미토리를 운영하며, 외부에 있는 취사장을 빌려 직접 음식을 해 먹을 수도 있다.

- Thanon Luang Prabang, 왓깡 인근
- 카톡 아이디 ao572
- 도미토리 50,000K 더블 120,000K~(에어컨, 개인욕실, 냉장고)

42 블루 게스트하우스 Blue Guest House

강변에 있어 전망이 좋은 게스트하우스로, 한국식당 비원을 함께 운영한다. 도미토리부터 패밀리 룸까지 종류가 다양하며 비수기에는 요금을 할인한다. 식당에서는 제육볶음, 콩국수, 삼겹살, 비빔국수 등 다양한 한국 음식과 소주를 판매한다.

- Ban Sawang, 왓탓 인근
- 023-511-439, 020-2388-0000, 카톡아이디 rage38
- 도미토리 50,000K 더블 120,000K~(에어컨, 개인욕실, 냉장고)

43 말라니 호텔 Malany Hotel

방비엥의 터줏대감 같은 숙소로, 오랫동안 비엔티안과 방비엥을 오가는 여행사 미니버스를 운영해 왔다. 저렴하지만 방음이 되지 않아 외부 소음에 취약하다.

- Ban Savang, BECL 은행에서 걸어서 5분 023-511-380
- 더블 80,000K(에어컨, 개인욕실, 조식 불포함, 비수기)

44 짠탈라 게스트하우스 Chanthala Guest House

파란색의 3층짜리 시멘트 건물로, 기본적인 시설을 갖춘 방을 저렴하게 얻을 수 있다. 도로변에 위치한 방은 발코니도 있고 채광도 좋지만 거리 소음 때문에 거슬릴 수 있다.

- Ban Viengkeo, 왓깡 인근
- 023-511-146, 020-5562-3508
- 싱글 50,000K(선풍기, 개인욕실) 더블 80,000K(에어컨, 개인욕실, TV)

45 센트럴 백패커스 Central Backpackers

비교적 깨끗하고 편리한 게스트하우스로, 1층은 레스토랑을 겸한다. 도미토리와 저렴한 가격의 더블 룸을 보유하고 있다. 개별 발코니가 딸린 슈피리어 트리플 룸은 가격 대비 만족도가 높다.

- Thanon Peisan, BECL 은행에서 걸어서 5분 023-511-593
- 도미토리 40,000K 슈피리어 트리플 150,000K(선풍기, 개인욕실, 조식 불포함)

46 비엥빌라이 백패커스 호스텔 Viengvilay Backpacker Hostel

시내 중심가에 위치한 호스텔로, 1층은 여행사를 겸하고 있다. 보기보다 내부가 넓으며, 다양한 타입의 도미토리를 운영한다. 타일 바닥에 기본적인 집기만 갖추고 있다.

- Ban Savang, BECL 은행에서 걸어서 3분 023-511-177
- 도미토리 30,000K(에어컨, 4인용부터) 더블 80,000K(에어컨, 개인욕실, TV)

41

42
한국식당 비원
KOREA RESTAURANT BIWON

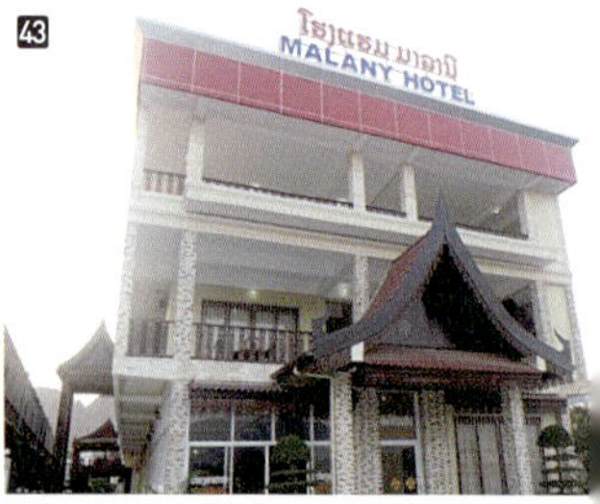
43
MALANY HOTEL

44

45
Central Backpackers

46
Viengvilay Backpacker Hoste

47 허브 사우나 Herbal Sauna ✪✪

약초를 태운 연기를 사우나 안으로 들여보내는 방식으로, 성별이 구분돼 있다. 한국 찜질방과 비교하면 열악하지만 효과는 꽤 만족스럽다. 사우나를 마치면 따뜻한 차를 무료로 준다. 간단한 샤워장도 있지만 큰 기대는 안 하는 게 낫다.

🏠 왓 씸싸이 야람(Wat Simxay Yaram) 인근, BECL 은행에서 자전거로 15분 ☎ 020-2322-2271, 030-9370-456
🕘 15:00-20:30 $ 20,000K

48 르 카페 드 파리 Le Cafe De Paris ✪✪✪

격식을 많이 차리지 않아도 되는 편안한 분위기의 프랑스 가정식 레스토랑. 와인에 절인 소고기찜인 비프 부기뇽과 오리가슴살 스테이크 등이 인기 있다. 테이블 7개의 아담한 사이즈로 프랑스인이 운영한다.

🏠 Ban Savang, 엘리펀트 크로싱 호텔 인근
☎ 020-5465-0451, 020-5653-8098
🕘 18:00-23:30 $ 45,000~100,000K

49 피자 루카 Pizza Luka ✪✪✪

나무 화덕에 구워내 담백하고 바삭한 피자가 일품인 곳으로, 야외 정원에서 시원한 바람을 맞으며 식사하기 좋다. 여행자 거리에 있는 밀란 피자(Milan Pizza)는 가격이 보다 저렴하다.

🏠 Ban Savang, 엘리펀트 크로싱 호텔 인근 ☎ 020-9819-0831
🕘 18:00-23:30 $ 60,000~80,000K

50 카페 에에 Cafe Eh Eh ✪✪✪

제대로 갖춘 카페 메뉴로 최근 입소문이 나기 시작한 곳. 영어, 프랑스어, 라오어를 하는 한국인 바리스타가 상주해 주문도 수월하다. 유기농 코코넛 화장품과 열쇠고리 등 간단한 기념품도 판매한다. 참고로 가게 이름인 '에에'는 방비엥 사투리이며, 라오어로 '라이라이' 즉 '대단히 많다'는 뜻이다.

🏠 Ban Viengkeo, 엘리펀트 크로싱 호텔 인근
☎ 030-507-4369 🕘 07:30-19:00 $ 15,000~50,000K
🖥 www.facebook.com/cafeeheh

51 비만 Viman ✪✪

독일 & 태국 음식 전문점으로, 중심가와 떨어져 있어 조용하게 식사하기 좋다. 바삭한 슈니첼과 부드러운 팬케이크 카이저슈마렌, 태국식 커리 메뉴가 인기다.

🏠 Ban Savang, 여행자 안내소 골목
☎ 020-5892-6695 🕘 09:00-21:00 $ 30,000~50,000K

52 더 문 펍 The Moon Pub ✪

현지인 나이트클럽으로, 간혹 밴드 공연이 펼쳐지기도 한다. 옆에 있는 레스토랑에서는 오후 6시부터 10시 30분까지 씬닷 뷔페가 열린다. 여행자 거리의 클럽처럼 현란하지 않고, 조용한 분위기의 나이트라이프가 펼쳐진다.

🏠 13 Highway, 활주로 건너편
☎ 020-5555-5333, 020-5560-9000
🕘 09:00-24:00 $ 15,000~30,000K

HERBAL SAUNA
Natural Healing !
Feel Good !
TEL : 020 2322 2271
030 9370 456
47

48

PIZZA LUKA
49

Cafe eh eh
50

VIMAN
51

The Moon Pub
Tel: 020 55555333, 55609000
KARAOKE
52

53 리버사이드 부티크 리조트
Riverside Boutique Resort ★★★

2012년 여름에 개장한 5성급 호텔로, 총 34개의 객실이 있다. 내부는 목재가구와 고급스러운 공예품으로 꾸며 놓았으며, 대부분의 객실에 발코니가 있다. 투숙객에게 자전거를 무료로 대여한다.

🏠 Ban Viengkeo, 톨 브릿지 앞 📞 023-511-726~8
$ 클래식 더블 $104(가든 뷰) 디럭스 $130(리버 뷰) 스위트 $230
🖥 www.riversidevangvieng.com

54 빌라 방비엥 리버사이드
Villa Vang Vieng Riverside ★★★

독채 방갈로 형태의 4성급 호텔로, 비슷한 가격대의 다른 숙소에 비해 방 크기가 조금 작지만 유리창으로 볕이 잘 들고 쾌적하다. 잘 가꿔진 정원과 수영장이 매력적이며 스파 & 마사지도 받을 수 있다. 인근의 빌라 남쏭(Villa Nam Song)이 비슷한 규모에 조금 더 저렴하다.

🏠 Ban Viengkeo, 톨 브릿지 앞 📞 023-511-460
$ 스탠다드 $85 리버 사이드 $105(성수기)
🖥 villavangvieng.com

55 엘리펀트 크로싱 호텔
Elephant Crossing Hotel ★★★

남쏭 강 주변에 들어선 4층짜리 호텔로, 발코니에서 바라보는 전망이 훌륭하다. 총 31개의 객실을 갖추고 있으며, 수영장은 없다. 하지만 강변의 레스토랑 전망이 훌륭하고 음식 맛도 좋은 편이다. 인근에 있는 실버 나가(Siver Naga)와 비슷한 컨디션을 유지하며 주인장이 같다.

🏠 Ban Viengkeo, 학교 앞 📞 023-511-232
$ 스탠다드 더블 $50, 디럭스 더블 $60, 스위트 $80
🖥 theelephantcrossinghotel.com

56 인티라 방비엥 Inthira Vang Vieng ★★

중심가에 위치해 여러모로 편리한 중급 호텔로, 내부는 모던하면서도 포근한 분위기로 꾸며 놓았다. 1층에 위치한 방은 볕이 들지 않아 어두우므로 룸 컨디션을 직접 보고 선택하자. 강변에 위치한 반 싸바이 바이 인티라(Ban Sabai by Inthira)와 같은 체인으로, 수영장을 무료로 사용할 수 있다.

🏠 Thanon Luang Prabang, 왓깡 인근 📞 023-511-070
$ 스탠다드 더블 $27, 슈피리어 더블 $37, 디럭스 트윈 $46(에어컨, 개인욕실, 냉장고, TV, 조식 포함)
🖥 www.inthira.com

53

54

55

56

57 라오스 헤븐 호텔 & 스파 Laos Haven Hotel & Spa ✪✪

2012년 가을 리모델링을 마친 모던한 외관의 3성급 호텔로 가격대에 비해 방이 넓다. 입구 오른편에 있는 세븐 헤븐(7-Haven) 레스토랑에서 조식을 제공하며, 마사지와 스파를 받을 수 있는 웰니스 센터를 별도로 운영한다.

Thanon Luang Prabang, 왓 씨쑤망 인근
023-511-900 $ 디럭스 더블 $30(에어컨, 개인욕실, 냉장고, TV, 조식 포함) www.laoshaven.com

58 품짜이 게스트하우스 Phoomchai Guest House ✪

한국말을 하는 친절한 라오스 주인장이 운영하는 곳으로, 조용한 주택가에 있다. 기다란 단층 건물 형태로, 객실 내부는 넓고 깔끔하다. 방마다 개별 테라스가 딸려 있으며 선풍기를 사용하는 방은 80,000K부터 흥정 가능하다.

Thanon Luang Prabang, 왓 씨쑤망 인근
023-511-683 $ 120,000K(에어컨, 개인욕실, TV, 비수기)

59 시실리 Sicily ✪

넓은 마당을 가진 독채형 건물로, 현지인의 주택가에 있어 조용하다. 바나나와 람부탄 등의 과일도 직접 따먹을 수 있다. 한국식당도 겸하고 있으며, 아침 7시 30분부터 2시간 동안 30,000K에 모닝 백반을 판매한다.

Thanon Luang Prabang, 품짜이 게스트하우스 인근
030-910-3274, 020-9127-7883, 카톡 아이디 bigcarl
$ 더블 100,000K(에어컨, 개인욕실, TV), 도미토리 30,000K~

60 캄폰 호텔 Khamphone Hotel ✪

오래전부터 영업해 온 2층짜리 게스트하우스와 2014년 새로 신축한 3층짜리 호텔을 함께 운영하고 있다. 내부는 특별한 장식 없이 기본적인 시설을 갖추었으며, 타일로 된 바닥이 깔끔하다. 선풍기를 사용하는 방은 총 20개로, 80,000K부터 흥정 가능하다. 아침에는 전 투숙객에게 커피와 차를 무료로 내어 준다.

Thanon Luang Prabang, 라오 텔레콤 아래 블록
023-511-062 $ 더블 120,000K(에어컨, 개인욕실, 비수기)
khamphonehotel.com

61 판즈 플레이스 Pan's Place ✪

여행자 버스터미널과 가까운 호스텔로, 에어컨 룸이 없는 대신 가격이 저렴해 서양 여행자들에게 인기가 높다. 라오스-뉴질랜드 커플이 운영하며 레스토랑 음식도 대체적으로 무난하고 저렴하다.

Thanon Luang Prabang, 라오 텔레콤 인근
023-511-484 $ 도미토리 30,000K(선풍기, 공용욕실) 더블 80,000K(선풍기, 개인욕실)

57
LAOS HAVEN

58
Phoomchai guesthouse
Tel. 023 511683 Wel come

59
Sicily
时失里

60

61
PAN'S PLAC

루앙프라방

Luang Prabang | ຫຼວງພຣະບາງ

도시 전체가 유네스코 세계문화유산으로 등록되어 있는 루앙프라방은 주홍빛 승려복을 입은 승려들의 탁발 행렬로 새벽의 문을 연다. 라오어로 '루앙'은 '큰', '프라방'은 '황금불상'을 뜻하며, 도시 곳곳에 사원과 유적으로 가득해 불교 국가 특유의 평화롭고 우아한 분위기로 가득하다. 라오스 최초의 통일 왕국인 란쌍 왕조Lan Xang Kingdom의 수도가 된 이후 1975년 사회주의 혁명이 일어날 때까지 왕궁이 있던 곳으로, 현재 옛 왕궁은 루앙프라방 국립박물관으로 사용되고 있다. 실제로 박물관 입구에 위치한 호파방Haw Pha Bang에는 라오스의 수호신 역할을 해 온 신성한 불상인 파방Pha Bang이 모셔져 있다. 석양 빛깔을 닮은 고풍스러운 사원 처마와 프랑스 콜로니얼 건물이 어깨를 나란히 하고 있는 거리를 걸으며 과거와 현재가 공존하는 루앙프라방의 신비로운 매력에 빠져 보시길.

Access

+ **비엔티안** 비행기 40분, 버스 9시간
+ **방비엥** 버스 7시간
+ **폰싸완** 버스 8시간
+ **훼이싸이** 버스 13시간, 슬로보트 1박 2일
+ **빡쎄** 비행기 2시간
+ **태국 방콕** 비행기 1시간 30분

Model Course

1st Day

조마 베이커리 → 왓 마이 → 루앙프라방 국립박물관 → 왓 씨앙무안 → 왓 씨앙통 → 렐레팡 → 왓 위쑨나랏 → 푸씨 산 → 야시장 → 블루 라군

2nd Day

탁발 → 국숫집 → 빡우 동굴 → 타마린느 → 땃 꽝씨 폭포 → 씬닷 뷔페 → 레드 크로스 사우나&마사지

중국
China
징홍
Jinghong
멍라
Mengla
디엔비엔푸
Điện Biên Phủ
쏩훈
Sop Hun
떠이 짱
Tây Trang
미얀마
Myanmar
므앙씽
Muang Sing
루앙남타
Luang Namtha
므앙응오이
Muang Ngoi
므앙싸이
Muang Xai
농키아우
Nong Khiaw
하노이
Ha nôi
하이퐁
Hai Phong
훼이싸이
Huay Xai
치앙콩
Chiang Khong
베트남
Vietnam
빡벵
Pakbeng
루앙프라방
Luang Prabang
폰싸완
Phonsavan
치앙마이
Chiang Mai
방비엥
Vang Vieng
남중국해
South China Sea
라오스
Laos
빈
Vinh
까우 째오
Cầu Treo
비엔티안
Vientiane
남파오
Nam Phao
농카이
Nong Khai
짜로
Cha Lo
우돈타니
Udon Thani
나콘파놈
Nakhon Phanom
타켁
Thakhek
나파오
Na Phao
묵다한
Mukdahan
싸완나켓
Savannakhet
단싸완
Dansavan
라오 바오
Lao Bao
후에
Huế
타이
Thailand
빡쎄
Pakse
총멕
Chong Mek
짬빠싹
Champasak
버이
Bờ Y
씨판돈
Si Phan Don
원캄
Veun Kham
방콕
Bangkok
캄보디아
Cambodia
동 크랄로
Dong Kralor
프놈펜
Phnom Penh
시엠립
Siem Reap
스퉁트렝
Stung Treng

루앙프라방

기본 정보

INFORMATION

1 방향 잡기

여행자 대부분이 유네스코 세계문화유산으로 지정된 올드타운에서 시간을 보낸다. 여행자 거리 서쪽으로 메콩 강과 북동쪽으로 남칸 강 Nam Khan이 흐르며, 황금색 첨탑이 빛나는 푸씨 산 Phu Si이 올드타운 중심에 우뚝 솟아 있다. 버스터미널이나 공항에 도착해서 먼저 어디에 묵을지 결정하고 이동하는 게 현명하다. 숙소는 크게 조마 베이커리 Joma Bakery 인근과 다라 마켓 Dara Market, 타논 싹까린 Thanon Sakkalin 거리를 중심으로 몰려 있다. 처음 도착해서는 푸씨 산과 함께 왕궁박물관이 있는 타논 씨싸왕웡 Thanon Sisavangvong 거리를 중심으로 지리를 파악하는 게 편리하다. 왕궁박물관부터 왓 씨앙통 Wat Xieng Thong까지 사원과 여행사, 환전소, 레스토랑 등의 편의시설이 몰려 있다.

LUANGPRABANG NATIONAL MUSEUM

2 환전

라오스에서 가장 인기 있는 관광지인 만큼 여행자 거리 곳곳에 환전 시설이 있다. 타논 씨싸왕웡 거리를 따라 BECL, BFL 등의 은행 지점이 있으며, ATM도 쉽게 찾을 수 있다. 은행은 월요일부터 금요일까지만 업무를 보지만 사설 환전소는 주말에도 문을 연다. 루앙프라방은 다른 도시와 다르게 간혹 사설 환전소의 환율이 더 좋을 때도 있다.

3 여행자 안내소

타논 씨싸왕웡 거리의 시작점에 위치한 안내소에서 각종 지도나 축제 정보를 제공한다. 월요일부터 금요일까지는 오전 8시부터 오후 4시까지, 주말에는 오전 9시부터 오후 3시 30분까지 운영한다. 오전 11시 30분부터 오후 1시 30분까지는 점심시간으로 문을 닫는다.

4 시내 교통수단

올드타운의 유적은 자전거를 타거나 천천히 걸으며 둘러보기 알맞다. 참고로 자전거는 24시간 기준 20,000K, 오토바이는 100,000K 정도에 렌트 가능하며, 올드타운 내에서 뚝뚝을 타거나 여럿이 함께 타는 썽태우를 이용할 때에는 5,000~10,000K이면 충분하다.
외곽의 볼거리는 개별적으로 뚝뚝을 이용하거나 여행사 미니밴을 신청한다. 뚝뚝을 렌트할 경우, 하루 150,000~200,000K 정도에 흥정 가능하므로 인원이 많을수록 유리하다. 여행사와 숙소에 문의하면 1인 기준 50,000K 정도에 외곽 투어가 가능한 미니밴을 알선해 준다.

5 여행 시기

맑은 날씨가 계속되는 11월부터 3월까지 여행하기 좋으며, 5월과 6월은 우기로 비수기에 해당한다. 루앙프라방에 여행객이 가장 많이 몰리는 때는 라오스 새해 축제인 삐 마이 때다. 다른 지역에서는 행사의 본래 요소들이 오래전에 없어졌지만 이곳은 원형을 그대로 간직하고 있기 때문. 축제 기간에 물 뿌리기를 비롯해 미인 선발대회, 전통 탈놀이 등을 진행한다. 참고로 숙소 대부분이 11월부터 1월, 삐 마이 기간에 극성수기 요금을 받는다. 루앙프라방은 4월에는 비가 내리지 않지만 한낮 온도가 35℃까지 올라가며, 1월에는 밤 기온이 10℃까지 내려가므로 긴팔 옷을 꼭 챙겨야 한다.

6 주의사항

올드타운은 길이 평탄해 자전거나 오토바이를 타는 여행자가 많다. 다만 여행자 거리를 둘러싼 강변도로는 일방통행 구간이므로 통행에 주의한다. 또한 오토바이를 렌트해 땃 꽝씨Tad Kuang Si 폭포를 비롯한 외곽으로 갈 경우 교통사고가 종종 발생하기도 하므로 안전 운전에 신경 쓰자. 참고로 경찰서는 올드타운 동남쪽에 있는 왓 마놀롬Wat Manolom 인근에 있다.

루앙프라방

드나들기

TRANSIT

1 비행기

루앙프라방 국제공항Luang Prabang International Airport은 시내에서 북쪽으로 4km 떨어져 있으며, 국제선과 국내선이 한 건물에 속해 있다. 태국 방콕과 치앙마이, 캄보디아 시엠립, 베트남 하노이, 중국 징홍 등 인근 국가의 주요 도시를 연결하며, 자세한 항공 스케줄은 공항 홈페이지www.luangprabangairport.com에서 살펴볼 수 있다. 국내선은 비엔티안과 빡쎄로 출항하며, 라오항공 홈페이지와 라오스카이웨이 홈페이지에서 예매 가능하다.

루앙프라방은 시내버스가 운행되지 않으므로, 공항에 도착해서는 택시를 이용해 시내까지 가야 한다. 안내데스크를 이용하면 1대, 4인 기준 $6를 받는다. 돈을 아끼고 싶다면 청사 밖으로 나가 뚝뚝이나 썽태우를 20,000~30,000K 정도에 흥정하고 합승한다. 단, 가는 방향이 맞는지 확인하고 도착 후 돈을 지불한다.

LUANG PRABANG AIRPORT

2 버스

북부 버스터미널과 남부 버스터미널, 국제버스와 미니밴이 도착하는 날루앙 버스터미널까지 총 3곳에서 주요 노선을 운행한다. 2016년 초 쑤파누웡대학교 인근에 뉴 북부 버스터미널이 오픈했으나 기존 북부 터미널에 비해 접근성이 떨어지고 노선도 적어 이용하기 불편하다. 대부분의 여행사와 숙소에서는 버스터미널까지 데려다주는 픽업 서비스를 포함해 20,000K 정도 웃돈을 붙여 티켓을 판매한다.

• 북부 버스터미널

훼이싸이, 루앙남타, 우돔타이 등으로 향하는 버스를 운행한다. 여행자 거리에서 북동쪽으로 3km 정도 떨어져 있으며 공항과 가깝다. 개별적으로 이동할 경우 뚝뚝 20,000K 내외에서 흥정한다.

• 남부 버스터미널

중심가에서 남쪽으로 3km 정도 떨어져 있으며 비엔티안과 방비엥, 폰싸완 등지로 가는 버스를 운행한다. 20,000K에 뚝뚝 흥정이 가능하다.

• 날루앙 버스터미널

남부 버스터미널 맞은편에 있으며 베트남 하노이와 태국 치앙마이, 중국 쿤밍으로 가는 국제버스가 출발한다. 또한 비엔티안, 방비엥, 훼이싸이 등 남부와 북부 방향으로 가는 미니밴이 모두 이곳에서 출발한다.

Car For Rent

북부 버스터미널 주요 노선

목적지	종류	출발 시각	요금(K)	소요 시간
방비엥	로컬	10:00	75,000	7시간
농키아우	로컬 / 썽태우	09:00, 11:00, 13:00	40,000	4시간
므앙싸이(우돔싸이)	로컬	09:00, 12:00, 16:00	60,000	7시간
루앙남타	로컬	09:00, 16:30	90,000~100,000	10시간
훼이싸이(보께오)	로컬	09:30, 17:30, 19:00	120,000~145,000	13시간

남부 버스터미널 주요 노선

목적지	종류	출발 시각	요금(K)	소요 시간
비엔티안 & 방비엥	익스프레스	07:00, 08:30, 09:00, 11:00, 14:00, 17:00, 18:30	110,000	10시간
	VIP	08:00, 19:30	130,000	
	슬리핑	20:00, 20:30	150,000	
방비엥	VIP	09:30	105,000	7시간
폰싸완	익스프레스	08:30	95,000	10시간

날루앙 버스터미널 주요 노선

목적지	종류	출발 시각	요금(K)	소요 시간
땃 꽝씨 폭포	미니밴	11:30, 13:30	40,000	45분
방비엥	미니밴	08:30, 10:00, 14:00	110,000	7시간
폰싸완	미니밴	09:00	140,000	9시간
농키아우	미니밴	09:30	60,000	4시간
루앙남타	미니밴	08:30	140,000	9시간
훼이싸이(보께오)	미니밴	07:30	170,000	13시간
중국 쿤밍	슬리핑	07:00(화 제외)	430,000	24시간
베트남 하노이	슬리핑	18:00(목 제외)	360,000	24시간
태국 치앙마이	슬리핑	18:00(일, 월, 수, 금)	310,000	18시간

3 보트

강변마을답게 왕궁박물관 뒤편으로 선착장이 보인다. 예전에는 이곳에서 대부분의 보트가 출발했지만 현재는 강 건너 반 쫌펫 Ban Chomphet 마을과 메콩 강을 따라 빡우 동굴, 농키아우를 오가는 배만 이용할 수 있다. 쫌펫 마을로 가는 페리는 차와 오토바이를 싣고 수시로 운항하며, 편도 요금은 1인당 5,000K이다. 빡우 동굴과 농키아우를 향하는 슬로보트는 비정기적으로 운항하며, 아침 9시부터 적정 인원이 모여야 출발한다. 우기이거나 비수기에는 운행하지 않는 날이 많으며, 보트를 이용하는 단체 여행객을 기다리다 보면 대략 12시쯤 출발하기도 한다. 편도 요금은 110,000K 내외 흥정 가능하다.

훼이싸이로 가는 보트도 정기적으로 운행하는데 선착장은 여행자 거리에서 북쪽으로 8km 정도 떨어진 반 돈마이Ban Don Mai 마을에 있다. 이곳에서 스피드보트와 슬로보트 모두 출발하며, 뚝뚝 요금은 40,000K 정도에 흥정 가능하다. 여행사에서 얼마의 수수료를 포함해 티켓을 판매한다. 슬로보트는 아침 8시 30분에 출발하며 1박 2일 여정으로 훼이싸이로 향한다.

시간 많은 외국인 여행자들은 메콩 강 투어를 겸해 슬로보트를 타기도 한다. 요금은 220,000K이며, 하룻밤 쉬어가는 빡벵Pakbeng에서의 숙박비와 전 일정 식사비는 불포함이다. 6~8인이 탑승하는 스피드보트는 7시간 정도면 훼이싸이에 도착하는데, 엔진 소음이 심하기 때문에 보트의 앞쪽에 앉거나 귀마개를 준비하는 것이 좋다. 정해진 시각 없이 인원이 모여야 출발하므로 신중하게 선택한다. 참고로 메콩 강의 수위와 유속은 계절에 따라 변하기 때문에 보트를 운항하지 않을 때도 있으며 루앙프라방에서 훼이싸이로 가는 뱃길은 강을 거슬러 올라가므로 더 오래 걸린다.

1 땃 꽝씨 폭포 Tad Kuang Si ✪✪✪

폭포의 물줄기는 우기 때 최대 높이가 60m로 늘어나며, 건기에는 절반으로 줄어든다. 석회암 지대인 카르스트 지형으로, 물줄기가 흘러내리면서 여러 개의 웅덩이를 계단식으로 만들어 놓았다. 수영을 할 수 있는 물웅덩이는 표지판으로 별도 표시되어 있으며 탈의실도 마련돼 있다. 생각보다 물이 깊은 편이므로 수영에 자신이 없다면 구명조끼 등을 착용한다. 겨울에는 물 온도가 급격히 낮아지므로 주의한다.

올드타운에서 남서쪽으로 약 30km 떨어져 있어 차를 타고 한 시간 정도 이동해야 한다. 매표소 인근에 꼬치와 음료 등을 파는 노점이 줄지어 있으므로, 피크닉을 겸해 간식을 미리 챙기는 게 좋다. 야생 곰 보호센터 입구를 지나 숲길을 따라 올라가면 영롱하게 푸른 계곡 물이 우측으로 흐른다. 웅장한 물줄기가 쏟아지는 땃 꽝씨 폭포는 입구에서부터 도보로 약 10분 이상 소요된다. 여행사의 투어 상품을 이용하거나 여럿이 함께 뚝뚝 혹은 미니밴을 대절한다. 참고로 '땃(Tad)'은 라오어로 '폭포'를 의미한다.

🏠 Ban Tha Pene 🕘 08:00-17:30 $ 20,000K

2 땃쌔 폭포 Tad Sae ✪✪✪

땃 꽝씨 폭포보다 낙차 폭이 크지 않은 계단식 폭포로, 관광객보다는 현지인들이 많이 찾아 상대적으로 조용하다. 땃 꽝씨 폭포가 건기에 매력적이라면, 땃쌔 폭포는 우기에 방문해야 제대로 된 폭포를 볼 수 있다. 석회암 지대에 형성된 에메랄드빛의 물웅덩이에서 수영이 가능하다. 여행사에서는 짚 라인, 카약, 코끼리 트레킹 등을 포함한 상품을 판매하기도 한다. 올드타운에서 남쪽으로 약 20km 떨어진 곳에 있으며, 차량으로 약 40분 정도 이동한 후 반 앤 싸완(Ban Aen Savane) 마을에서 슬로보트로 갈아타야 한다.

🏠 Ban Aen Savane 🕘 08:00-17:30

$ 15,000K(슬로보트 10,000K 별도)

3 땃통 폭포 Tad Thong ✪✪

다른 폭포에 비해 유명세는 덜하지만 서양 여행자들에게는 트레킹 코스로 인기 높다. 산길을 따라 올라가면 세 개의 자그마한 폭포가 나타나며, 다 둘러보는 데 약 1시간 소요된다. 올드타운에서 약 8km 떨어져 있으며, 반 도네깡(Ban Donekang) 마을부터 비포장도로가 약 3km 이어진다. 매표소 인근에 낚시터를 연상시키는 연못과 레스토랑이 있다.

🏠 Ban Houay Thong 🕘 08:00-17:00 $ 20,000K

1

2

3

뉴 북부 버스터미널
New Northern Bus Station
훼이싸이행
슬로보트 선착장
5 빡우 동굴
Pak Ou Caves
메콩 강
Mekong River
왓탐
Wat Tham
왓 롱쿤
Wat Long Khun
반 쫌펫 마을 4
Ban Chomphet
왓 쫌펫
Wat Chomphet
왓 씨앙멘
Wat Xieng Mene
페리
루앙프라방 국립박물관
Luang Prabang National Museum
북부 버스터미널
Northern Bus Station
루앙프라방 국제공항
Luang Prabang
International Airport
조마 베이커리
Joma Bakery
다라 마켓
Dara Market
남칸 강 Nam Khan
6 샨티 체디(왓 폴파오)
Santi Chedi(Wat Phol Phao)
옥뽑똑
리빙 크래프트 센터
Ock Pop Tok
Living Craft Centre
포씨 마켓
Phosy Market
라오 텔레콤
Lao Telecom
메콩 강
Mekong River
7 루앙프라방 골프 클럽
Luang Prabang Golf Club
남부 버스터미널
Southern Bus Station
날루앙 버스터미널
Naluang Bus station
병원
1 땃 꽝씨 폭포
Tad Kuang Si
땃통 폭포
Tad Thong
3
2
땃쌔 폭포
Tad Sae
코끼리 마을
Elephant Village
루앙프라방 외곽
115 · 116
N 0 410m

0 51m
반 쫌펫 마을
Ban Chomphet
메콩 강
Mekhong River
빡우 동굴
반 쫌펫 마을행 페리 선착장
26 씬닷 뷔페
Sindad Buffet
남콩 카페
Nam Khong Cafe
25
마사지숍
Thanon Manthatoulat
46 붕나쑥 게스트하우스
Boungnasouk G. H.
29 카이팬
Khaiphaen
28 사프론 에스프레소
Saffron Espresso
빅 트리 카페
Big Tree Café
34
노바 투어
Nova Tour
암마따 게스트하우스
Ammata G. H.
Thanon Soulignavongsa
빡우 동굴행 보트 선착장
뷰 포인트 카페
View Point Cafe
45 쭘콩 게스트하우스
Choum Khong G. H.
31 쏜 파오
Son Phao
Thanon Xotikhoumman
왓 쭘콩
Wat Choumkhong
사요 게스트하우스
Sayo G. H.
빌라 짬빠
Villa Champa
렐레팡 18
L'Elephant
22
더 벨르리브 호텔
The Bellerive Hotel
가라웩 Garavek
15
빅토리아 씨앙통 팰리스
Victoria Xiengthong Palace
37
Thanon Kounxoua
41 라오 우든 하우스
Lao Wooden House
왓 농씨쿤므앙
Wat Nong Sikhounmuang
40 로투스 빌라
Lotus Villa
9 왓 씨앙통
Wat Xieng Thong
38 메콩 리버뷰 호텔
Mekong Riverview Hotel
루앙프라방 국립박물관
Luang Prabang National Museum
43 푸씨 게스트하우스
Phu Si G. H.
44 싹까린 게스트하우스
Sackarinh G. H.
12 왓 씨앙무안
Wat Xieng Muan
왓 빠파이
Wat Paphai
Thanon Sisavangvatthana
스리 나가스 호텔
3 Nagas Hotel
더 창 인 루앙프라방
The Chang Inn Luang Prabang
왓쎈
Wat Sene
13
왓 쏩씩카람
Wat Sop Sickharam
Thanon Sakkaline
21 블루 라군
Blue Lagoon
호파방
Haw Pha Bang
코코넛 가든
Coconut Garden
약국
루앙프라방 키친 27
Luang Prabang Kitchen
39 19 42
국숫집 35
왓 빡칸
Wat Pak Khan
왓 마이
Wat Mai
11
8
아시장
Thanon Sisavangvong
32 필그림즈 카페
Pilgrim's Cafe
17
노벨티 카페
Novelty Cafe
더 피자
The Pizza
33
땀낙 라오 16
Tamnak Lao
옥뽑똑
Ock Pop Tok
36 스칸디나비안 베이커리
Scandinavian Bakery
24 르 바네통
Le Banneton
왓 쑤완나키리
Wat Souvannakhiri
리버사이드 게스트하우스
Riverside G. H.
Thanon Kingkitsarath
코끼리 트레킹 (여행사 거리)
Elephant Trekking
아이콘 클럽
Icon Klub
쿨러 카페
Couleur Cafe
조마 베이커리
Joma Bakery Namkhan
옥뽑똑 헤리티지숍
Ock Pop Tok Heritage Shop
20 타마린드
Tamarind
23 디 압사라 레스토랑
The Apsara Restaurant
부라사리 헤리티지
Burasari Heritage
켐칸 씬닷
Khem Khan Sin Dad
목조다리 (건기에만 통행 가능)
남칸 강
Nam Khan
10 푸씨 산
Phu Si
덴 싸바이 30
Dyen Sabai
디 압사라 리브 드루아
The Apsare Rive Droite
Thanon Khoundouangchan
왓 판루앙 14
Wat Phan Luang
Thanon Ratsavong
아함 코너 게스트하우스
Aham Corner G. H.
남칸 강
Nam Khan
반 판루앙 마을
Ban Phan Luang
남부 버스터미널/날루앙 버스터미널
루앙프라방 국제공항

4 반 쫌펫 마을 Ban Chomphet ✪✪

메콩 강 건너에 있는 반 쫌펫 마을은 라오스의 평범한 시골 마을 분위기를 느낄 수 있는 곳으로, 여행자로 북적거리는 올드타운과는 전혀 다른 느낌이다. 특별한 볼거리는 없지만 강변마을 특유의 한적함이 묻어난다. 뱃삯은 편도 5,000K이며, 자전거가 있을 경우 추가로 5,000K을 내야 한다. 왕궁박물관 뒤편 선착장에서 페리를 타고 도착하면 비포장도로가 시작되며, 가파른 언덕을 오르면 작은 시장과 안내판이 나타난다. 왼편으로 난 다리를 따라 포장된 작은 길이 이어지는데 자전거를 타고 다닐 만큼 평탄하다. 하지만 왓 쫌펫(Wat Chomphet)까지만 길이 포장되어 있으므로, 왓 롱쿤(Wat Long Khun)까지 방문할 예정이라면 자전거를 왓 쫌펫에 두고 걸어가는 게 낫다. 깨끗한 식당이나 여행자를 위한 편의시설은 없지만 물과 쌀국수를 파는 노점은 간간히 발견할 수 있다. 사원 순례를 마치고 왓 롱쿤 앞 강변에서 꼬리배를 타고 루앙프라방으로 돌아올 수 있다. 꼬리배 비용으로 20,000K 정도를 요구하므로 적절히 흥정한다.

⚀ 왓 씨앙멘 Wat Xieng Mene

길을 따라가면 첫 번째 만나는 작은 사원으로, 16세기에 지어졌다. 사원 외관은 1920년에 보수를 거쳤으나 내부에 있는 불상과 법고 등의 유물은 모두 옛날 것이라고 한다. 큰 볼거리가 없으므로 돈이 아깝다면 밖에서 둘러보고 지나쳐도 된다.

$ 10,000K

⚁ 왓 쫌펫 Wat Chomphet

매표소에서부터 100여 개의 계단으로 연결된 언덕 위에 있다. 사원을 관리하지 않아 버려진 듯 보이지만 오랫동안 군사기지 역할을 해 온 것으로 알려져 있다. 강이 보이는 곳에 마련된 작은 벤치에 앉으면 강 건너 루앙프라방이 한눈에 들어온다. 왓 씨앙멘에서 걸어서 15분 정도 걸린다.

$ 10,000K

⚂ 왓 롱쿤 Wat Long Khun

숲속에 들어선 듯 비포장도로의 오르막과 내리막을 따라 약 20분 정도 걸으면 소박한 사원이 나타난다. 왓 롱쿤은 야트막한 언덕 위에 있으며 잘 정비된 공원 같다. 왕의 후계자가 대관식을 치르기 전에 이곳에 3일간 머물며 목욕과 명성 등의 의식을 치렀기 때문에 '축복의 노래'라고 이름 붙였다고 전해진다.

$ 10,000K

⚃ 왓탐 Wat Tham

왓 롱쿤 입장료를 내면 왓탐까지 둘러볼 수 있는데, 현지인들이 안내를 해 주겠다며 자연스레 말을 걸어온다. 동굴 내부에 불상을 모셔 놨으며 입구는 보통 열쇠로 닫아 놓는다. 정식 명칭은 왓 탐 싹까린(Wat Tham Sakkalin)이지만 왓탐으로 줄여서 부른다. 동굴을 둘러볼 예정이라면 개인 랜턴과 튼튼한 신발, 물 등을 미리 챙긴다.

4

4 ⚀

4 ⚁

4 ⚂

5 빡우 동굴 Pak Ou Caves ★★

메콩 강과 남우 강(Nam Ou)이 합류하는 지점에 위치한 동굴로, 많은 여행자들이 뱃놀이를 겸해 다녀온다. 동굴 규모는 그리 크지 않지만 내부는 300년이 넘는 금동불상을 비롯해 수천 개의 불상으로 가득해 이색적인 느낌을 풍긴다. 내려오는 이야기에 따르면 라오스의 왕이 매년 신년 기도를 이곳에서 드렸으며, 승려들이 기거하며 수련했다고 한다. 때문에 새해 축제인 삐 마이에는 순례에 나선 현지인들로 북적댄다. 두 개의 동굴로 구성돼 있는데 위쪽은 탐품(Tham Phum), 아래는 탐팅(Tham Thing)이라고 부른다. 올드타운에서 북서쪽으로 약 30km 떨어져 있으며, 배를 타고 1시간 이상 걸린다. 정기적으로 운행하는 보트는 없으며, 올드타운 선착장에서 개별적으로 흥정하거나 여행사의 투어 상품을 이용한다. 참고로 라오어로 '빡'은 '입'을, '우'는 '남우 강'을 뜻한다. 투어 상품의 경우 동굴을 오가는 길에 라오스 전통 술인 라오라오(Laolao)를 만드는 마을인 반 쌍하이(Ban Xang Hai)에 들르기도 한다.

🏠 Ban Pak Ou ⏰ 08:00-17:00
💲 20,000K(슬로보트 1대 300,000K 내외)

6 샨티 체디 Santi Chedi ★

루앙프라방에서 제일 높은 곳에 위치한 사원으로, 해외에 거주하는 라오스 사람들이 기부한 돈으로 1988년 건설되었다. '평화의 탑'이란 뜻으로 흔히 샨티 체디로 불리지만 사원의 정식 명칭은 '왓 폴파오(Wat Phol Phao)'이다. 사원은 8각형의 특이한 모양을 하고 있지만 내부에 특별한 볼거리가 있지는 않다. 주로 전망을 감상하기 위해 가는 곳으로, 다라 마켓에서 약 2km 떨어져 있다.

🏠 Ban Phanom ⏰ 월~금 08:00-10:00, 13:30-16:30

7 루앙프라방 골프 클럽
Luang Prabang Golf Club ★

총 18홀 규모로 국제 경기를 치를 수 있는 규격을 갖추고 2012년 개장했다. 7,500야드의 넓고 잘 정돈된 그린과 폭넓은 페어웨이 덕에 공격적인 스윙이 가능하다. 올드타운에서 남쪽으로 6km 떨어진 메콩 강 근처에 있으며, 2014년부터 중국인이 운영한다. 클럽과 신발 등은 현지 대여 가능.

🏠 Ban Houiphai 📞 071-260-912~3
💲 $110(주중, 18홀, 카트 포함)

8 루앙프라방 국립박물관 Luang Prabang National Museum ✪✪✪

1975년 사회주의 정부가 들어서면서 라오스 왕정이 폐지되었고 왕궁 또한 주인을 잃고 박물관으로 용도 변경되었다. 도시 역사에 비하면 왕궁의 역사가 그리 길지만은 않다. 라오스 최초의 통일 왕국인 란쌍 왕조의 왕궁은 목조로 되어 있었으며, 청나라 흑기군(黑旗軍)의 침략으로 소실되었기 때문. 이후 프랑스 식민기던 1904년, 라오스 국왕을 위해 다시 지은 것으로, 씨싸왕웡(Sisavangvong)과 그의 아들인 씨싸왕 왓따나(Sisavang Vattana) 왕이 거주했다.

왕궁박물관과 호파방 등 여러 개의 건물을 모두 둘러보려면 최소 1시간 이상 여유를 갖는 게 좋다. 왕궁박물관과 호파방 내부는 촬영을 금지해 카메라와 소지품을 매표소에 맡겨야 하며, 무릎이 드러나는 반바지나 치마, 민소매 등의 복장은 입장이 불가하다.

Thanon Sisavangvong ☎ 071-7121-2470
수~월 08:00-11:30, 13:30-16:00 화 휴관 $ 30,000K

▪ 왕궁박물관 Haw Kham

가로수 사이 정중앙에 위치한 건물로, 옛날에는 국왕이 머물렀다. 프랑스 건축가가 설계했기 때문에 라오스 전통 양식과 유럽 양식이 혼재돼 있으며, 계단은 당시 이탈리아에서 가져온 대리석으로 만들었다. 전체적으로 십자형 구조며, 출입문 위쪽은 라오스 왕족의 휘장인 황금빛 코끼리로 장식했다. 입구 오른쪽에는 국왕의 접견실이 있으며, 라오스 국왕 세 명의 흉상을 전시하고 있다. 내부에는 프랑스 화가인 알릭스 드 포테로(Alix de Fautereau)가 1930년대 루앙프라방의 모습을 그린 벽화가 있다. 창문을 통해 들어오는 빛의 양에 따라 색깔이 달라져 시간을 알려 주기도 한다. 정중앙의 집무실에는 왕이 사용하던 황금의자가 있으며, 실내를 갖가지 색유리로 장식해 화려하고 웅장하다. 뒤편으로 왕의 서재와 왕과 왕비의 침실이 있으며, 본래 왕자의 침실이던 곳에는 전통악기를 전시하고 있다. 박물관 뒤쪽에 왕족이 사용하던 클래식 자동차가 전시되어 있다.

8
LUANGPRABANG NATIONAL MUSEUM

8 ▪

왕궁박물관 내부도 및 관람 순서 안내

① 의전실
② 국왕 접견실
③ 황동북 전시실
④ 국왕 집무실
⑤ 서고
⑥ 왕비 침실
⑦ 국왕 침실
⑧ 전통악기 전시실
⑨ 식당
⑩ 왕비 접견실
⑪ 국왕 비서 접견실
⑫ 짐 보관소

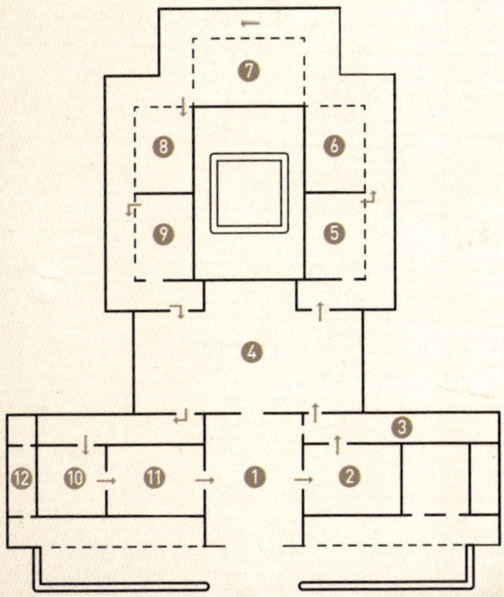
⑦
⑧
⑥
⑨
⑤
④
③
⑫
⑩
⑪
①
②

호파방 Haw Pha Bang

루앙프라방이라는 이름을 갖게 한 라오스의 수호신인 파방(Phabang)을 모시는 사원으로, 왓 호파방(Wat Ho Pha Bang)이라 부르기도 한다. 파방은 높이 83cm, 무게 53kg의 작은 입상이지만 현지인들은 신비로운 힘을 가지고 있다고 믿는다. 전해 오는 이야기에 따르면 파방은 스리랑카에서 만들어져 11세기경에 크메르 제국에 선물로 보낸 후, 1359년 란쌍 왕조를 건립한 파응움(Fa Ngum) 왕 때 라오스로 건너온 것으로 알려져 있다. 그동안 전쟁으로 인해 여러 사원에서 안치하다가 2013년부터 이곳에서 일반에게 공개하고 있다.

왕립극장 Royal Theater

매표소 뒤쪽에 있는 건물로, 연못 주변에 씨싸왕웡 왕의 동상을 세워두었다. 성수기에는 일주일에 서너 번 이상 라오스 전통 무용과 연극을 올린다. 공연은 대체로 오후 6시에 시작하며 가격은 $6~15.

9 왓 씨앙통 Wat Xieng Thong ✪✪✪

여행자 거리 북쪽, 메콩 강과 남칸 강이 만나는 지점에 있으며, 입구는 모두 세 곳이다. 세 겹으로 기울여 쌓은 사원의 지붕은 그 흐름이 유려하게 바닥으로 떨어지는 라오스 전통 양식이며, 이는 태국이나 캄보디아 등 주변국들의 사원과 확연하게 다른 모양새로 금세 눈에 띈다. 사원 이름은 '황금도시의 사원'이라는 뜻으로, 쎗타티랏 왕에 의해 1560년에 건립되었다. 1887년 청나라 흑기군이 침략했을 당시, 그들이 본거지로 사용했기 때문에 다른 사원에 비해 비교적 원형을 잘 보존할 수 있었다고 전해진다. 화려한 색감의 벽화, 500여 장이 넘는 대장경판고, 불탑 등이 있어 루앙프라방 사원 중에서 가장 역사적 가치가 높으며 아름다운 곳으로 손꼽힌다.

Thanon Sakkalin ⏲ 08:00-17:30 $ 20,000K

씸 Sim

대법전인 씸 내부는 부처의 생애를 담은 금빛 벽화를 비롯해 부처의 가르침을 뜻하는 둥근 수레바퀴 모양의 법륜(法輪) 등으로 화려하게 치장했다. 특히 바깥을 통째로 할애해 공을 들인 벽화 〈마이똥 트리(Mai Tong Tree)〉는 '생명의 나무'란 뜻으로, 화려하고 섬세한 모자이크가 몽환적이다.

8

8

9

9

호 랏싸랏 Ho Latsalath

대법전 맞은편에는 위치한 자그마한 황금색 법당으로, 왕실 장례 마차를 보관 중이다. 왕의 시신을 운구하기 위해 나무로 만든 마차는 그 높이가 12m이며, 뱀의 형상을 한 일곱 개의 나가(Naga)가 지키고 있다. 출입문과 외벽은 동양의 오디세이라고 불리는, 인도의 고대 대서사시인 라마야나(Ramayana)를 라오스식으로 각색해 황금빛 부조로 꾸몄다.

호 따이 Ho Tai

대법전 뒤쪽으로 있는 사원으로, 부처 탄생 2500주년을 기념하기 위해 지어졌다. 프랑스 식민지 때 붉은 법당(La Chapelle Rouge)이라는 애칭으로 불렸지만 실제 벽화는 분홍에 가깝다. 갖가지 색상을 입힌 유리와 금으로 모자이크 처리된 장식이 당시 루앙프라방의 세공기법이 얼마나 화려하며 섬세했는지 알려 준다.

10 푸씨 산 Phu Si ✪✪

라오어로 '푸'는 '산'을, '씨'는 '신성하다'는 뜻이다. 현지인들은 이곳을 불교에서 말하는 세계의 중심인 '수미산'처럼 여기며, 여러 개의 탑과 사원을 건설했다. 숲속 곳곳에 있는 대부분의 사원은 큰 볼거리는 없지만 산책 삼아 빙 둘러보기 알맞다. 정상 인근에 가면 황금색으로 덧칠한 부처의 족적(足跡)도 있다. 부처의 탄생지인 네팔 룸비니(Lumbini)에 남아 있는 것과 달리 보통사람의 발자국 크기에 불과하지만 현지인들은 실제 부처의 발자국이라 믿으면서 신성하게 받든다. 도시 어디서나 보이는 황금빛의 '탓 쫌씨(That Chomsi)'는 푸씨 산 정상에 우뚝 솟은 탑으로, 도시의 전망대 역할을 한다. 특히 도시가 어둠에서 깨어나는 이른 새벽과 황금빛으로 물들어가는 일몰 때 사람들이 많이 몰린다. 총 3개의 길이 정상까지 연결되어 있는데, 왕궁박물관 맞은편의 계단을 가장 많이 이용한다.

Thanon Sisavangvong 07:00-18:00 $ 20,000K

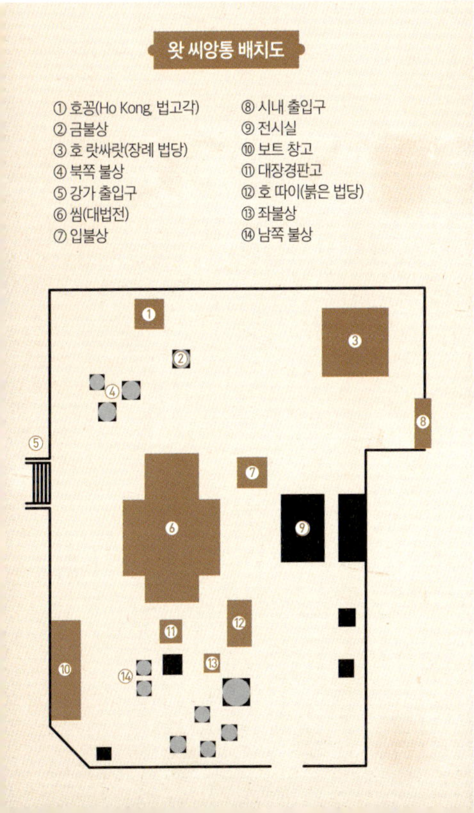
왓 씨앙통 배치도
① 호꽁(Ho Kong, 법고각)
② 금불상
③ 호 랏싸랏(장례 법당)
④ 북쪽 불상
⑤ 강가 출입구
⑥ 씸(대법전)
⑦ 입불상
⑧ 시내 출입구
⑨ 전시실
⑩ 보트 창고
⑪ 대장경판고
⑫ 호 따이(붉은 법당)
⑬ 좌불상
⑭ 남쪽 불상

9

9

10

11 왓 마이 Wat Mai ✪✪

공식적인 이름은 왓 마이 쑤완나품아함(Wat Mai Suwanna phumaham)이지만 줄여서 왓 마이라고 부른다. '새로운 사원'이라는 뜻과 달리 18세기 후반에 지어진 것으로 알려져 있다. 왕족들이 수행하던 사원 중 하나로, 한때 라오스 최고의 큰 스님의 거처로 사용되기도 했다. 왕궁박물관 바로 옆에 있으며, 호파방이 완성될 때까지 파방을 모셨던 사원이다. 지금도 매년 라오스 새해 축제인 삐 마이 기간 동안 파방을 다시 이곳에 안치해 물로 정성스럽게 씻으며 소원을 빈다.

🏠 Thanon Sisavangvong ⏲ 08:00-17:30 $ 10,000K

12 왓 씨앙무안 Wat Xieng Muan ✪

조용한 뒷골목에 자리한 사원으로, '즐거운 마을 사원'이라는 이름을 갖고 있다. 역사적 가치와 건축적인 아름다움은 크지 않지만 젊은 승려들의 활기찬 분위기를 느낄 수 있다. 유네스코의 후원을 받아 젊은 승려들이 이곳에 모여 사원 건축 기술 및 복원 기술 등을 배우고 있기 때문이다.

🏠 Thanon Xotikhoumman ⏲ 08:00-17:00

13 왓쎈 Wat Sene ✪

라오어로 '쎈'은 '100,000'을 뜻하는데, 사원 건설 당시인 1714년 100,000K의 보시를 받은 데서 유래하는 것으로 알려져 있다. 공식 이름은 왓 쎈 쑤카람(Wat Sen Soukharam)이지만 흔히 왓쎈으로 부른다. 지금의 모습은 부처 탄생 2500주년을 기념해 보수한 것으로, 높은 지붕과 붉은색 기와 등 태국의 사원 양식이 가미되었다. 마당에는 비를 부르는 자세를 취한 입불상과 부처의 발자국 모양의 비석이 있으며, 배 축제에 사용되는 두 척의 배가 보관되어 있다. 이 외에도 왓 빠파이(Wat Paphai), 왓 키리(Wat Khiri), 왓 호씨앙(Wat Hoxieng) 등 여행자 거리와 가까운 사원들은 입장료가 없으므로 오가다 들리기 알맞다.

🏠 Thanon Sakkalin ⏲ 08:00-17:00

14 왓 판루앙 Wat Phan Luang ✪

남칸 강 건너편에 있는 사원으로, 올드타운의 싸이남칸 리버 뷰(Saynamkhan River View) 앞쪽의 나무다리나 공항 방향에 있는 오래된 나무철교를 통해 갈 수 있다. 여행자 거리가 점점 팽창하면서 왓 판루앙 인근에도 숙박 시설이 하나둘 생겨나고 있다. 한적한 시골마을의 정취를 느끼려 강 건너 잠시 놀러 가는 것도 나쁘지는 않다.

🏠 Ban Phan Luang ⏲ 08:00-17:00

11

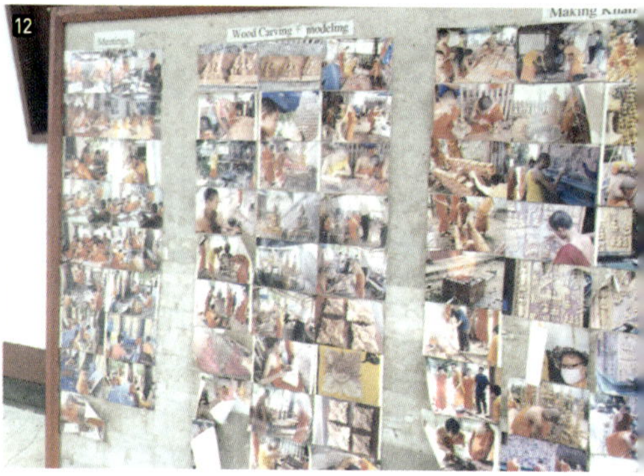
12

13

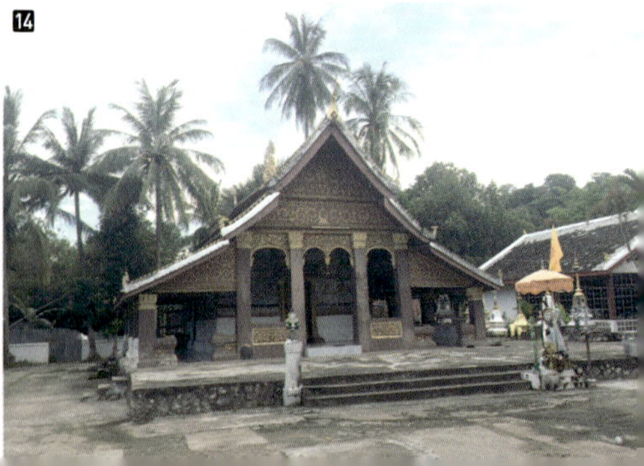
14

Zoom in

탁발 Tak Bat [딱밧]

루앙프라방의 최고 명물로 꼽히는 것이 바로 승려들의 탁발 수행이다. 올드타운에만 10개가 넘는 사원이 몰려 있어 타논 씨싸왕웡 거리와 타논 싹까린 거리 일대에서 이뤄지는 탁발 행렬은 그 규모 면에서도 장관을 이룬다. 동자승부터 나이 지긋한 노승까지 주황색 승려복을 입고 맨발로 줄지어 가는 모습을 보기 위해 이른 새벽부터 여행자들이 하나둘 몰려든다. 시주를 하기 위해 동트기 전부터 일찌감치 거리에 나온 현지인들은 무릎을 꿇은 채 승려들이 사원을 나서기를 조용히 기다린다. 일상을 더욱 풍요롭게 하는 성스러운 종교 의식이기 때문에 비가 와도 어김없이 탁발 수행이 이뤄진다.

뭐니 뭐니 해도 탁발의 진정한 미덕은 받은 사랑을 다시 나눈다는 데 있다. 하루치 음식을 공양받은 승려들은 가난한 이들에게 음식을 다시 나누어 준 뒤에야 사원으로 돌아간다.

간혹 북사지낄 떠들기나 플래시를 터뜨리는 등 무분별한 행동을 일삼는 여행자가 있어 눈살을 찌푸리게 만드는데, 승려들의 행렬을 방해하거나 가까이서 사진을 찍는 것은 예의에 어긋나므로 주의한다. 관광 상품이 아닌 경건한 종교의식임을 반드시 숙지하고, 찰밥이나 바나나 등의 공양물을 직접 준비해 참여해 보는 것도 좋은 경험이 된다. 탁발은 모든 사원에서 행해지기 때문에 자신이 묵는 숙소와 가까운 사원 앞에서 해 뜨는 시간에 맞춰 기다리면 된다.

Leisure

15 민속 공연 Lao Traditional Show ✪✪

루앙프라방 국립박물관 내 왕립극장 외에도 왓 씨앙통 인근의 '가라웩(Garavek)'에서는 매일 밤 6시 30분부터 한 시간 동안 루앙프라방과 관련된 스토리텔링 뮤지컬을 상영한다. 또한 올드타운에 있는 쏜 파오(Son Phao), 흐안 루앙프라방(Huean Luang Pravang)에서는 민속춤을 보며 저녁 만찬을 즐길 수 있다. 여행사에서는 디너쇼를 겸한 메콩 강 야간 크루즈 상품을 판매한다.

16 쿠킹 클래스 Cooking Class ✪✪

루앙프라방에는 쿠킹 클래스를 진행하는 레스토랑이 여러 개 있다. 그중 타마린드(Tamarind)와 땀낙 라오(Tamnak Lao)가 유명하다. 하루 코스(1 Day Class)는 보통 오전 10시부터 오후 5시 정도까지 진행하며, 아침에 모여 다 함께 시장에 가서 식재료를 사는 것부터 시작한다. 5가지 이상의 요리를 배운 후, 직접 만들어 시식하는 시간을 갖는다. 저녁 코스(Diner Class)는 오후 4시 반에 시작해 직접 요리를 해서 저녁상을 차린다. 금액은 가게마다 다르지만 하루 코스는 보통 $40불 내외다.

15

16

COOKING CLASS
$ 35
PRIVATE LESSON
BY CHEF

17 코끼리 트레킹 Elephant Trekking ✪

라오스의 다른 도시와 달리 코끼리 트레킹이 가능하다. 여행사가 몰려 있는 타논 씨싸왕웡 거리에서 코끼리 마을(Elephant Village)이나 코끼리 캠프(Elephant Camp)라고 적힌 것을 손쉽게 발견할 수 있다. 1시간 정도 코끼리를 타고 정글을 둘러보는 상품부터 코끼리 먹이 주기와 목욕시키기, 숙식을 포함한 1박 2일 투어까지 다양하다. 가격은 $25부터.

18 노바 투어 Nova Tour ✪

루앙프라방에 있는 유일한 한인여행사로, 2015년 초에 문을 열었다. 다양한 투어 상품을 판매하며, 현지 버스 예약, 차량 렌트 서비스 등도 실시한다. 게스트하우스인 노바하우스를 함께 운영한다.

Thanon Khem Khong, 알룬 싸왓 게스트하우스 인근
070-7366-7488 카톡 아이디 novatour
월~토 08:00-18:00 cafe.naver.com/laosnovatour

Shopping

19 옥뽑똑 Ock Pop Tok ✪✪

전통 방식으로 직조한 옷과 스카프, 침구, 액세서리 등의 수공예 제품을 구매할 수 있는 곳. 포씨 마켓(Phosi Market) 맞은편 메콩 강변에 위치한 공방(Ock Pop Tok Living Craft Centre)에서는 천을 짜는 과정과 천연 염색 등을 직접 시연하며 이를 직접 체험하는 프로그램도 진행한다. 숙소와 함께 레스토랑도 운영하며 디너를 겸한 영화 상영회 등의 이벤트도 열린다.

Thanon Phayameungchan, 더 창 인 루앙프라방 옆
071-254-761 08:00-21:00
www.ockpoptok.com

17

18
NOVA TOUR CO.,LTD
TEL:030 589 8090
nova TOUR

19
THE BOUTIQUE
BY OCK POP TOK
EST. 2000
Phayameungchan Rd

20 타마린드 Tamarind ✪✪✪

모던한 분위기 속에서 전통 라오스 음식을 먹을 수 있는 곳. 단품 메뉴도 훌륭하지만 2인 이상 주문할 수 있는 디너 세트도 만족도가 높다. 라오스 음식을 직접 체험할 수 있는 쿠킹 클래스를 운영한다.

- Thanon Kingkitsarath ☎ 071-213-128
- 월~토 11:00-16:00, 17:30-21:00 $ 40,000~120,000K
- www.tamarindlaos.com

21 블루 라군 Blue Lagoon ✪✪✪

저녁에만 문을 여는 파인 다이닝으로 아늑한 정원과 친절한 서비스 덕에 돈이 아깝다는 생각이 들지 않는다. 서양식을 가미한 라오스 퓨전 요리를 선보이며 스페셜 코스도 훌륭하다.

- Thanon Ounheun, 왕궁박물관 옆 골목 ☎ 020-5925-2525
- 18:00-23:30 $ 80,000~140,000K
- www.blue-lagoon-restaurant.com

22 렐레팡 L'Elephant ✪✪✪

근사한 분위기의 프렌치 레스토랑으로 콜로니얼풍의 노란 건물이 금세 눈에 띈다. 프랑스인이 운영하며 신선한 빵과 샐러드, 스테이크와 생선요리, 프랑스 와인을 선보인다.

- Thanon Kounxoua, 왓 농씨쿤므앙 맞은편
- ☎ 071-252-482 11:00-14:30, 18:30-22:30
- $ 100,000~200,000K elephant-restau.com

23 디 압사라 레스토랑 The Apsara Restaurant ✪✪✪

압사라 호텔 1층에 있으며 메콩 강을 볼 수 있는 야외 테이블이 인기다. 아시안과 웨스턴 퓨전의 두 가지 코스 메뉴가 있으며, 파스타와 생선요리 등 단품 주문도 가능하다.

- Thanon Kingkitsarath ☎ 071-254-670
- 07:00-22:00 $ 80,000~140,000K
- www.theapsara.com/the-apsara-restaurant.html

24 르 바네통 Le Banneton ✪✪✪

프렌치 베이커리 겸 카페로, 루앙프라방에서 가장 맛있는 크루아상을 맛볼 수 있다. 바게트 샌드위치에 커피를 곁들인 아침 혹은 브런치를 즐기기 알맞다. 인근의 카페 반 왓쎈(Cafe Ban Vat Sene)도 분위기가 비슷하다.

- Thanon Sakkalin, 왓쌉 맞은편 ☎ 030-578-8340
- 06:30-18:00 $ 20,000~50,000K

25 남콩 카페 Nam Khong Cafe ✪✪

메콩 강변에 위치한 작은 카페로, 합리적인 가격에 간단히 아침을 먹기 좋다. 조식과 생과일 셰이크, 아이스커피 등을 저렴하게 판매하며, 야외 테라스에서 메콩 강이 보인다.

- Thanon Khem Khong, 왕궁박물관 뒤쪽 ☎ 071-213-094
- 07:00-21:00 $ 15,000~30,000K

20

21

22

23

24

25

26 씬닷 뷔페 Sindad Buffet

돼지고기, 소고기, 닭고기는 물론 새우와 어묵 등을 실컷 먹을 수 있다. 샤브샤브 재료 외에도 볶음국수와 스프링 롤 같은 다양한 밑반찬과 과일이 준비돼 있다. 메콩 강변의 리버사이드 바비큐(Riverside BBQ)와 켐칸(Khem Khan) 등이 유명하다.

리버사이드 바비큐

Thanon Khem Khong, 왕궁박물관 뒤쪽
020-5599-9945 17:00-23:00 30,000~60,000K

켐칸

Thanon Kingkitsarath 17:30-23:00 50,000K

27 루앙프라방 키친 Luang Prabang Kitchen

쌀국수 등의 라오스 메뉴도 있지만 이름과 달리 스테이크와 피자, 파스타 등 서양 음식이 맛있다. 높은 천장의 실내와 건물 뒤편의 야외 테이블 모두 분위기가 근사하다.

Thanon Sakkaline, 왓 농씨쿤므앙 인근
071-260-686 50,000~100,000K

28 사프론 에스프레소 Saffron Espresso

모던한 커피 전문점으로 라오스 남부 볼라벤에서 공수한 공정무역 커피를 선보인다. 커피 가격이 다른 곳에 비해 조금 더 비싸지만 메콩 강을 마주하고 있어 경치가 좋다.

Ban Houa Xieng 020-5539-9557 07:00-21:00
25,000~40,000K

29 카이팬 Khaiphaen

캄보디아에 기반을 둔 NGO에서 운영하는 레스토랑으로 저소득층 청소년들을 위한 취업 프로젝트를 겸한다. 삼겹살 구이와 생선요리, 타파스 등 메뉴가 다양하고 음식 하나하나 맛과 재료, 플레이팅까지 고심한 흔적이 느껴진다. 가게 한쪽에서는 각종 기념품과 수공예 장식품을 판매한다.

Ban Wat Nong, 왓 빠파이 뒤편 030-515-5221
월~토 11:00-22:30 40,000~100,000K

30 덴 싸바이 Dyen Sabai

무성한 대나무 숲 사이에 숨은 듯 위치한 레스토랑. 메뉴 모두 훌륭하지만 해질 무렵 프라이빗한 분위기에서 먹는 씬닷은 조금 더 근사하다. 목조다리를 이용해 남칸 강을 건너야 하며, 저녁 6시 이후에는 통행료를 받지 않는다. 우기 때는 레스토랑에서 무료 보트를 운행한다.

Ban Phan Luang 020-5510-4817 금~수 건기 08:00-23:00 우기 12:00-23:00(해피 아워 12:00-19:00)
40,000~80,000K dyen-sabai.jimdo.com

26

27

28

29

30

31 쏜파오 Son Phao ✪✪

일본인 주인이 운영하는 레스토랑으로, 돈가스 같은 일본 음식 외에 6가지 음식과 찰밥, 후식으로 구성된 라오스 세트 메뉴를 선보인다. 매일 저녁 7시 30분부터 8시 15분까지 민속무용 공연이 열린다. 공연장 좌석은 20석으로 한정되어 있어 예약하는 것이 좋다.

🏠 Thanon Xatikhoumman, 왓 쫌콩 뒤편
📞 071-253-489 🕘 11:30-21:30 💲 30,000~90,000K

32 필그림즈 카페 Pilgrim's Cafe ✪✪

그냥 지나치기 쉬운 자그마한 카페로 친절한 주인장과 합리적인 가격으로 입소문이 난 곳. 프렌치토스트, 피자, 햄버거 등의 메뉴와 함께 인도 정식인 탈리(Thali)와 네팔식 만두인 모모(Momo)도 판매한다.

🏠 Thanon Sisavangvong, 왕궁박물관 옆 📞 020-5486-7499
🕘 06:30-18:00 💲 16,000~30,000K

33 아이콘 클럽 Icon Klub ✪✪

헝가리에서 온 매력적인 여주인이 운영하는 아담한 유럽식 바. 저녁식사를 마치고 모히토나 마티니 같은 칵테일을 마시며 시간을 보내기 좋다. 다양한 음악 장르를 넘나드는 소규모 공연이 비정기적으로 열린다.

🏠 Thanon Sakkaline, 목조다리 인근 📞 071-254-905
🕘 화~일 17:00-23:30 💲 40,000~80,000K
🖥 www.iconklub.com

34 빅 트리 카페 Big Tree Café ✪✪

메콩 강변의 소박한 한식 레스토랑으로, 이름처럼 큰 나무가 이는 야외 레스토랑을 겸한다. 음식이 나오는 건물 내부에는 여러 개의 사진이 걸려 있어 갤러리 같은 분위기를 풍긴다. 라면과 김밥 같은 소박한 분식부터 된장찌개, 김치찌개 같은 한식, 라오스 요리가 엄마 밥상처럼 펼쳐진다.

🏠 Ban Vat Nong 📞 020-7777-6748 🕘 월~토 09:00-21:00
💲 40,000~10,000K 🖥 www.bigtreecafe.com

35 국숫집 Noodle Shop ✪✪

왓 키리 옆 카오 삐악 가게와 왓씬 맞은편의 카우 쏘이 집이 동양인 여행자들 사이에서 유명하다. 두 집 모두 오전 7시경 문을 열어 점심이 지나면 문을 닫는다. 참고로 우리나라 칼국수와 비슷한 카오 삐악과 달리 카우 쏘이는 된장 맛과 특유의 향신료 맛이 강하다.

36 스칸디나비안 베이커리 Scandinavian Bakery ✪

갓 구운 빵과 신선한 커피가 있는 곳. 주스와 커피, 계란과 빵을 제공하는 투 에그 스페셜(Two Egg Special)이 아침 메뉴로 인기가 많다. 매장이 좁고 직원들의 서비스 정신이 부족하지만 가격 대비 맛은 나쁘지 않다.

🏠 Thanon Sisavangvong, 왓씬 인근
📞 071-252-223 🕘 07:00-20:00 💲 20,000~40,000K

31

32

ICON KLUB
33

34

LAO TELECOM
35

OPEN
36

37 빅토리아 씨앙통 팰리스 Victoria Xiengthong Palace ✪✪✪

라오스의 마지막 왕족이 머물던 궁전을 리모델링한 부티크 호텔로, 건물 일부분은 유네스코 문화유산이다. 객실은 모두 26개이며, 복층 구조의 씨앙통 빌라에는 자쿠지 시설이 있다. 얼리버드를 통하면 20% 저렴하며 성수기 예약은 필수다.

Thanon Kounxoua, Ban Phonehueng 071-213-200
팰리스 $99 빅토리아 스위트 $119 씨앙통 빌라 $150
victoriahotels.asia/en/hotel-in-laos/victoria-xiengthong-place

38 메콩 리버뷰 호텔 Mekong Riverview Hotel ✪✪✪

올드타운 가장 북쪽에 있어 모든 객실에서 메콩 강 조망이 가능하다. 넓은 실내에 고급스러운 가구와 실내장식, 야외 테라스와 히노키 욕조까지 갖췄다. 특히 이곳의 뷰포인트 카페(Viewpoint Café)는 메콩 강과 남칸 강이 합류하는 지점이라 다른 곳보다 시야가 넓고 평화롭다.

Thanon Khem Khong 071-254-900
디럭스 $150~ 슈피리어 $180~ 주니어 스위트 $220~
www.mekongriverview.com

39 스리 나가스 호텔 3 Nagas Hotel ✪✪✪

프랑스 식민지 시절 건물을 리모델링한 고풍스러운 부티크 호텔로, 세계적인 호텔 체인인 아코르 그룹에서 관리한다. 3개의 건물로 총 15개의 객실을 갖췄다. 야외 정원을 갖춘 1층의 레스토랑 역시 수준 높은 서비스와 음식으로 인기가 높다.

Thanon Sakkaline, Ban Vat Nong 071-253-888
슈피리어 $250 디럭스 $300 www.3-nagas.com

40 로투스 빌라 Lotus Villa ✪✪✪

2008년 오픈한 이래 꾸준히 여행자들에게 사랑받아 온 부티크호텔로, 아늑한 정원과 클래식한 인테리어, 맛있는 조식 등 서비스 면에서 어느 하나 모자람 없다. 15개의 객실과 2개의 스위트룸을 운영한다. 비수기에는 성수기 요금에서 $10~15 정도 할인하므로 흥정한다.

15 Thanon Kounxoua, Ban Phone Heuang 071-255-050
싱글 $75~ 더블 $80~ www.lotusvillalaos.com

37

38

39

40

41 라오 우든 하우스 Lao Wooden House ★★

라오스 전통 목조 가옥으로 객실은 총 6개이며, 작은 안마당의 야외 테라스에서 간단한 조식을 제공한다. 성수기 때는 $20 이상 가격이 오르므로 인근의 빌라 짬빠(Villa Champa)나 암마따 게스트하우스 호텔(Ammata Guesthouse Hotel) 등과 비교해서 방을 얻는다.

Thanon Kounxoua ☎ 071-260-283
$ 더블 $60(에어컨, 개인욕실, 냉장고, TV, 조식 포함)
www.laowoodenhouse.com

42 더 창 인 루앙프라방 The Chang Inn Luang Prabang ★★

총 8개의 객실을 갖춘 아담한 호텔. 프랑스 식민지 시절 콜로니얼 건물로 작은 안마당을 가지고 있다. 1층 카페에서는 삼투압 방식으로 커피를 추출하는 사이폰 커피를 판매한다. 성수기와 비수기 요금 차이가 크고, 시즌별 프로모션을 운영하므로 홈페이지에서 요금을 먼저 확인한다.

Thanon Sakkaline, Ban Phon Heuang ☎ 071-253-553
$ 슈피리어 $60 디럭스 $70 www.the-chang.com

43 푸씨 게스트하우스 Phou Si Guest House ★

왕궁박물관과 가까운 위치의 중급 숙소로, 두 개의 건물로 되어 있다. 총 19개의 객실을 보유하고 있으며 1층에서는 야외 레스토랑을 운영한다. 조식을 원할 경우 $5가 추가된다.

29 Ban Choum Khong ☎ 071-212-973, 071-253-910
$ 1F $25 2F $30(에어컨, 개인욕실, 냉장고, TV, 조식 불포함, 성수기)
phousiguesthouse.com

44 싸까린 게스트하우스 Sackarinh Guest House ★

여행자들로 북적이는 메인 도로에 안쪽에 있으며, 총 11개의 룸을 운영한다. 내부 시설에 비해서는 비싼 편이지만 위치상으로는 편리해 서양 여행객들이 많다. 약간 후미진 골목 입구에는 쌀국수를 파는 노점이 있다.

Thanon Sisavangvong ☎ 071-254-512
$ 더블 $25(선풍기, 개인욕실, TV)

45 쭘콩 게스트하우스 Choum Khong Guest House ★

일반 집을 게스트하우스로 바꾼 전형적인 곳으로, 1층에는 현지인 가족이 머물며 생활한다. 총 6개의 방이 있으며 2층의 야외 테라스에는 휴식 공간도 마련해 놓았다.

Thanon Ounheun ☎ 071-252-690
$ 더블 150,000K(에어컨, 개인욕실, 성수기)

46 붕나쑥 게스트하우스 Boungnasouk Guest House ★

라오스 노부부가 운영하는 게스트하우스로, 총 7개의 룸이 있다. 메콩 강변의 숙소 중 저렴한 가격이라 내부 시설이나 서비스 등은 크게 기대할 것이 못되지만 혼자서 조용하게 머물기에는 충분하다.

Thanon Khem Khong ☎ 071-212-749
$ 더블 85,000K(선풍기, 개인욕실, 성수기)

41
Lao wooden house

42

43
PHOUSI GUEST HOUSE
PHOUSI GUESTHOUSE
Free!

44

45
CHOUMKHONG

46

Attraction

47 왓 위쑨나랏 Wat Visounnarat ✪

1513년 위쑨나랏(Visounnarat) 왕이 파방을 안치하기 위해 만든 사원으로, 앙코르와트를 세운 크메르 제국의 건축양식이 남아 있을 정도로 루앙프라방의 사원 중 가장 오래된 역사를 자랑한다. 대법전 맞은편의 '위대한 연꽃탑'을 뜻하는 탓 빠툼(That Pathum)은 1514년 만들어진 것으로 부처의 사리가 들어 있다고 전해진다. 실제로 1932년 실시한 보수공사 때 15세기 불상과 유물 등이 약 180점 출토돼 현재는 왕궁박물관에 전시 중이다. 사원을 건설한 왕을 기리기 위해 이름 붙였으며, 줄여서 왓 위쑨(Wat Vison)으로 부르기도 한다. 대법전 안에는 루앙프라방에서 가장 큰 불상이 안치되어 있으며, 법문과 불공 같은 현지인 대상의 다양한 불교 행사가 꾸준히 열린다. 얼핏 한 사원이라고 느껴질 만큼 바로 연결되어 있는 왓 아함(Wat Aham)은 입장료가 없다. 두 사원 모두 여행자의 발길이 뜸해 비교적 한적하다.

⌂ Thanon Phommathat ◷ 08:00-17:00 $ 20,000K

Leisure

48 적십자 사우나 & 마사지 Red Cross Traditional Sauna & Massage ✪✪

여행자 거리 곳곳에 스파와 마사지 업소가 있다. 이곳은 특이하게 적십자에서 운영하는 스파 시설로, 옛 목조건물에 내부는 소박하게 꾸며놓았다. 라오스 전통 방식의 허브 사우나와 마사지를 받을 수 있으며, 공인된 단체에서 운영하는 덕에 가격 대비 만족도가 높다. 수익금 전액은 적십자를 통해 좋은 일에 쓰인다.

⌂ 왓 위쑨나랏 맞은편, 다라 마켓에서 걸어서 15분
☏ 071-252-856 ◷ 14:00-21:00
$ 사우나 10,000K, 전신 마사지 50,000K(1시간)

47

48

Tel : 071 252 856
Lao Red Cross

메콩 강
Mekhong River
Thanon Manthatoulat
쳉 백패커스 호스텔 1
Cheng Backpackers Hostel 1
77
금빛노을
62
씬닷 뷔페 26
Sindad Buffet
반 쫌펫 마을행 페리 선착장
바이크 렌트
사프론 에스프레소
Saffron Espresso
72 루앙프라방 리버 롯지
Luang Prabang River Lodge
왓 폰싸이
Wat Phonxay
남콩 카페
Nam Khong Cafe
25
마사지숍
31 쏜 파오
Son Phao
싸요 게스트하우스
Sayo G. H.
루앙프라방 국립박물관
Luang Prabang National Museum
왓 쫌콩
Wat Choumkhong
LPQ 백패커스 호스텔
LPQ Backpackers Hostel
76
75 호씨앙 게스트하우스
Hoxieng G. H.
52 재래시장
Local Market
Thanon Sathotan
74
니라씸 게스트하우스
Nirasim G. H.
녹노이 란쌍 게스트하우스 73
Nocknoy Lanexang G. H.
59 먹자골목
라오 텔레콤
Lao Telecom
라오 개발 은행
Lao Development Bank
21 블루 라군
Blue Lagoon
12 왓 씨앙무안
Wat Xieng Muan
71 싸요 나가 게스트하우스
Sayo Naga G. H.
조마 베이커리
Jama Bakery
57
우체국
ATM
여행자 안내소
인디고 하우스
Indigo House
69
왓 마이
Wat Mai
11
8
호파방
Haw Pha Bang
32 필그림스 카페
Pilgrim's Cafe
코코넛 가든
Coconut Garden
남푸 분수
Namphu Fountain
Thanon Chao Fa Ngum
ATM
Thanon Phothisalath
49 야시장
Night Market
Thanon Sisavangvong
17
약국
노벨티 카페
Novelty Cafe
더 피자
The Pizza
66 메종 쑤완나폼
Maison Souvannaphoum
왓 프라마하탓
Wat Phramahathat
왓 호씨앙
Wat Hoxieng
61 바게트 샌드위치 노점
Baguette Sandwich Street Vendors
코끼리 트레킹 (여행사 거리)
Elephant Trekking
33 아이콘 클럽
Icon Klub
67 메종 달라부아
Maison Dalabua
분짤른 게스트하우스
Bounchaleurn G. H.
78
학교
Thanon Kitsalat
Thanon Bounkhong
79 꾼싸완 게스트하우스
Kounsavan G. H.
50 TAEC
푸씨 산
Phu Si
10
빌라 말리 65
Villa Maly
Thanon Souvannaphoumma
Thanon Norrasan
목조다리 (건기에만 통행 가능)
왓 탓 루앙
Wat That Luang
자전거 렌트
약국
53 다라 마켓
Dara Market
라오 라오 가든
Lao Lao Garden
더 하우스
The House
56
하이브 바
Hive Bar
Thanon Kingkitsarath
레몬 라오 백패커스
Lemon Lao Backpackers
80
현지인 반찬 가게(노점)
꼽노이 51 58
Kopnoi
60
Thanon Soukhaseum
Thanon Ratsavong
싸바이디 바
Sabaidee Bar
바이크 렌트
슈퍼
68 씨따 노라씽 인
Sita Norasingh Inn
남칸 강
Nam Khan
아만타카 리조트 64
Amantaka Resort
오지 스포츠 바
Aussie Sports Bar
왓 아함
Wat Aham
반 판루앙 마을
Ban Phan Luang
니샤 55
Nisha
짤리야 게스트하우스
Jaliya G. H.
70 미싸이 게스트하우스
Mixay G. H.
왓 마노롬
Wat Manorom
경찰서
퐁싸완 은행
Phongsavanh Bank
라오 개발 은행
Lao Development Bank
바이크 렌트
47 왓 위쑨나랏
Wat Visounnarat
Thanon Phomathat
Thanon Manomai
라오항공
Lao Airlines
슈퍼
Thanon Visounnarath
주유소
48 적십자 사우나 & 마사지
Red Cross
Traditional Sauna & Massage
유토피아
Utopia
54
0 58m
슈퍼
마이 드림 부티크 리조트
My Dream Boutique Resort
빌라 메리 1
Villa Merry 1
콜드 리버 게스트하우스
Cold River G. H.
소피텔 루앙프라방
Sofitel Luang Prabang
Thanon Vatmou-Enna
르 벨 에어 부티크 리조트 & 빌라
Le Bel Air Boutique Resort & Villa
왓 무나
Wat Mounena
나무철교
(자전거 & 바이크 통행 가능, 차량 불가)
선웨이 호텔
Sunway Hotel
Thanon Phouvao
Thanon Souphanouvong
63 김삿갓
베트남 총영사관

49 야시장 Night Market ✪✪✪

어둠이 깔리기 시작하면 타논 씨싸왕웡 거리는 화려하게 변신한다. 오후 5시가 되면 거리 입구에는 자동차 통행을 금지하는 바리케이드가 설치되고 천막이 하나둘 들어선다. 무엇보다 과한 호객 행위가 없어서 어슬렁대며 마음 편히 시장을 둘러볼 수 있다. 다른 도시의 야시장은 대부분 먹을거리 위주인 데 반해 손으로 직접 깎아 만든 장식품과 대나무 악기, 색색의 실로 수놓아 만든 아기자기한 손가방, 고산족 전통 의상 등을 판매한다. 정찰제가 아니므로 흥정은 필수지만 가격 대비 만족스러운 쇼핑이 가능하다.

Thanon Sisavangvong 17:00-22:00

50 TAEC(The Traditional Arts and Ethnology Centre) ✪

전통 공예와 민속학을 연구하는 사설기관으로 앞머리 글자만 따서 TAEC라고 부른다. 다라 마켓 쪽으로 직진하다가 왼쪽에 있는 언덕길을 따라 올라가면 나타난다. 센터 내에는 몽 족, 아카(Akha) 족, 카무(Khamu) 족 등 라오스 북부 고산족의 전통 의상과 장신구, 공예품 등을 전시하고 있다. 박물관 뒤편으로 공예품을 파는 가게와 카페를 함께 운영하는데, 민속학 센터와 달리 입장료 없이 후문으로 들어갈 수 있다. 2014년 여행자 거리에 분점을 오픈했다.

Thanon Kingkitsarath 071-253-364
화~일 09:00-18:00 25,000K www.taeclaos.org

51 꼽노이 Kopnoi ✪

라오스 각 지역에서 생산한 수준 높은 수공예품 등을 비롯한 공정무역 제품을 판매하는 곳. 장소를 이전해 루앙프라방의 터줏대감 같은 레트랑제 북스 앤드 티(L'Etranger Book & Tea)와 공간을 함께 쓰고 있다. 간단한 음료와 간식거리도 판매한다.

Thanon Kingkitsarath 071-260-248 07:00-22:00

52 재래시장 Local Market ✪

왓 마이 뒷편으로 매일 아침 좌판이 벌어지는데 탁발 행렬을 본 후에 방문하면 좋다. 생선, 육류, 채소 등을 팔며 아침 9시가 지나면 파장한다. 왓 폰싸이 옆 골목 노점은 오후 4시까지 문을 연다. 우체국 건너편 큰 도로에는 열대 과일을 파는 노점이 몰려 있다. 루앙프라방에서 가장 큰 시장인 포씨 마켓은 남푸 분수대를 지나 약 1.5km 직진하면 나타난다.

Thanon Kitsalat, 왓 마이와 왓 폰싸이 인근 05:30-16:00

53 다라 마켓 Dara Maket ✪

상가 형식으로 되어 있는 현대적 시장으로, 옷이나 신발, 그릇 등 공산품을 주로 취급하며 마치 우리나라 남대문을 연상시킨다. 값이 그리 싼 편이 아니므로 흥정은 필수다. 입구에 있는 가전제품 매장에서 심 카드도 판매한다.

Thanon Kingkitsarath 08:00-16:00

49

50

51
kopnoi
made in laos

52

53

54 유토피아 Utopia ✪✪

자유분방한 분위기의 레스토랑으로 현지인 주택가 골목을 지나 남칸 강변에 있다. 낮에는 누워 게으름을 부리다가 저녁에 맥주 마시기 알맞다. 스프링 롤 같은 간단한 스낵부터 스테이크까지 다양한 메뉴를 갖추었다. 월요일부터 토요일까지 아침 7시 30분부터 1시간 요가 수업을 진행한다.

Thanon Kingkitsarath 020-2388-1771 08:00-23:30
30,000~80,000K www.utopialuangprabang.com

55 니샤 Nisha ✪✪

부담 없이 들러 식사할 수 있는 남인도 요리 전문점으로 작고 허름하지만 가격도 합리적이고 음식 맛도 꽤 괜찮은 편이다. 다라 마켓 인근에 위치해 한적한 분위기에서 식사할 수 있다.

Thanon Kitsalat, 아만타카 리조트 인근
071-253-746 09:00-22:00
35,000~60,000K

56 더 하우스 The House ✪✪

시원한 벨기에 맥주와 두툼한 스테이크, 피자와 파스타를 먹을 수 있는 곳으로, 매일 밤 소규모의 영화 상영회도 열린다. 영화 티켓은 50,000K이며 라오맥주 혹은 하우스 와인 등을 무료로 준다.

Thanon Kingkitsarath, 푸씨 산 남동쪽 071-255-021
17:00-23:30 40,000~120,000K
www.thehouselaos.com

57 조마 베이커리 Joma Bakery ✪✪

라오스 최대 커피 체인점으로 루앙프라방이 본점이다. 여행자 거리의 이정표 역할을 하는 곳으로, 커피 외에도 크루아상, 시나몬 롤, 치즈케이크 등을 판매한다. 남칸 강변에 목조 건물로 된 분점도 오픈했다.

Thanon Chao Fa Ngum, 우체국 인근 071-252-292
07:00-21:00 20,000~40,000K

54
Utopi

55
NISHA RESTAURANT
INDIAN FOOD
WALL'S

56
THE HOUSE RESTAURANT
GIAN BEERS

57

58 하이브 바 Hive Bar ✪✪

야외 정원에서 근사한 저녁식사와 함께 시원한 맥주나 칵테일을 즐기기 손색없는 곳. 화요일부터 토요일까지 저녁 7시에 라오스 전통 의상 패션쇼와 힙합 댄스 공연이 열린다.

🏠 Thanon Kingkitsarath ☎ 020-5999-5370 🕘 07:00-23:30
$ 20,000~90,000K

59 먹자골목 Vegetarian Buffet ✪✪

야시장 입구 골목에서 각종 꼬치와 국수 등을 파는데, 그 중 다양한 음식을 진열해 놓은 식당이 여럿이다. 밥과 볶음국수, 반찬, 과일 등을 한 접시에 담아 계산하는 방식으로, 흔히 10,000K 뷔페라고 부른다. 가격이 올라 한 접시에 15,000K을 받지만 주머니 사정이 넉넉지 않을 때는 그나마 도 고맙다.

🏠 Thanon Sisavangvong, 인디고 하우스 왼쪽 골목
🕘 17:00-22:00 $ 10,000~30,000K

60 라오 라오 가든 Lao Lao Garden ✪

야외 정원이 매력적인 곳으로, 아침 일찍부터 문을 열지만 대부분의 여행자가 식사보다는 술을 마시며 시간을 보낸다. 쌀쌀한 겨울에는 모닥불도 피운다. 인근에 저렴하고 편안한 분위기의 고만고만한 가게가 몰려 있다. 건너편의 오지 스포츠 바(Aussie Sports Bar)에서는 축구와 야구 등의 스포츠 중계를 틀어 준다.

🏠 Thanon Kingkitsarath, 푸씨 산 남동쪽 ☎ 020-7777-4414
🕘 08:00-23:30 $ 15,000~90,000K

61 바게트 샌드위치 노점 Baguette Sandwich Street Vendors ✪

타논 씨싸왕웡 거리 입구에 라오스식 바게트 샌드위치와 과일 주스를 파는 노점이 줄지어 있다. 저렴한 가격으로 한 끼 식사를 하기 무난하다.

🏠 Thanon Sisavangvong, 여행자 안내소 인근
🕘 06:00-22:00 $ 10,000~25,000K

62 금빛노을 ✪

메콩 강변에 있어 강바람을 시원하게 맞으며 저녁 먹기 좋은 곳. 돼지고기 바비큐와 제육볶음, 불고기 등의 한식이 메인 요리이며 아이스커피 등의 음료 메뉴도 갖추었다.

🏠 Thanon Manthatoulat, 메콩 강변
☎ 020-5956-8727 🕘 09:00-22:00
$ 50,000~120,000K

63 김삿갓 ✪

삼겹살, 돼지갈비, 김치찌개, 된장찌개 등의 한식을 전문으로 하는 식당으로, 여행자 거리에서 살짝 떨어져 있어서 일반 여행자보다는 단체 관광객이 많은 편이다. 반찬도 넉넉하고 주인장 인심이 후하다.

🏠 Ban Meuna, 올드브릿지 방향 왓 문나 인근 ☎ 071-260-130, 020-5855-0000, 020-9999-5800 카톡아이디 laosksc
🕘 09:00-21:00 $ 40,000~120,000K
🖥 cafe.naver.com/ksclaos

58
hive
bar & restaurant

59

60
LAO LAO
Garden

61

62

63
한국식당
김삿갓

64 아만타카 리조트 Amantaka Resort ✪✪✪

라오스에서 가장 좋은 컨디션을 자랑하는 특급 리조트로, 프랑스 식민지 시절 병원으로 쓰였던 건물을 외관은 살리고 내부는 현대식으로 말끔히 리모델링했다. 24개의 객실은 사생활을 철저히 보호하는 단독 빌라 형태로, 넓은 야외 수영장을 중심으로 여유롭게 배치되어 있다. 매일 요가 레슨을 비롯해 시티 투어 등 다양한 이벤트를 운영한다.

🏠 55/3 Thanon Kingkitsarath ☎ 071-860-333
$ 스위트 $1,368 풀 스위트 $1,548(세금, 봉사료 포함)
🖥 www.aman.com/resorts/amantaka

65 빌라 말리 Villa Maly ✪✪✪

2008년 오픈한 4성급 호텔로 총 33개의 룸을 운영한다. 잘 가꾼 정원과 야외 수영장, 피트니스 센터, 레스토랑 등의 부대시설을 갖췄다. 여행자 거리와 살짝 떨어져 있어 한적하고 평화롭게 쉬기 좋다.

🏠 75 Thanon Oupalath Khamboua ☎ 071-253-903
$ 슈피리어 $214~320 디럭스 $254~360 🖥 villa-maly.com

66 메종 쑤완나폼 Maison Souvannaphoum ✪✪✪

과거 라오스 왕자가 살던 곳으로, 현재는 태국의 리조트 회사인 앙사나(Angsana)에서 운영한다. 야외 수영장과 앙사나 스파(Angsana Spa) 등의 부대시설을 갖췄으며, 잘 가꾼 정원에 자리한 레스토랑에서는 프랑스와 라오스 요리를 선보인다. 객실 수는 총 25개이며, 메종 룸으로 불리는 214호실은 라오스 왕자가 실제 침실로 사용했던 곳이다.

🏠 Thanon Chao Fa Ngum ☎ 071-254-609
$ 가든 윙 $230 짬빠 $305 메종 룸 $400
🖥 www.angsana.com

67 메종 달라부아 Maison Dalabua ✪✪✪

프랑스인이 운영하는 부티크호텔로, 가격 대비 서비스가 훌륭하다. 정원과 연못을 끼고 야외 레스토랑이 있으며 실외 수영장도 갖췄다. 룸은 총 15개이며 4월부터 비수기에 돌입하면 최대 $30까지 깎아 준다. 참고로 가게 이름은 '연꽃의 왕자'라는 뜻이다.

🏠 Thanon Phothisalath, Ban That Luang ☎ 071-255-588
$ 클래식 $92 디럭스 $106 방갈로 $182(성수기)
🖥 maison-dalabua.com

64

65

66

67

68 씨따 노라씽 인 Sita Norasingh Inn ✪✪

2011년 문을 연 숙소로 다라 마켓 인근에서 가격 대비 컨디션이 좋은 중급 숙소다. 친절한 라오스 주인장이 운영하며, 방도 넓고 침구 등의 관리 상태도 훌륭하다. 발코니가 딸린 2층이 1층보다 채광이 좋지만 도로 소음으로 인해 시끄러울 수 있다. 비수기에는 50,000K 정도 할인해 흥정한다.

🏠 Thanon Chao Sisouphanh 📞 020-7760-1670
💲 1층 130,000K 2층 160,000K(에어컨, 개인욕실, 조식 불포함, 성수기) 🖥 www.sitanorasingh.com

69 인디고 하우스 Indigo House ✪✪

야시장 초입에 위치한 호텔로, 리모델링을 하며 이름을 바꾸었다. 총 12개의 룸이 있으며, 1층에는 카페 겸 베이커리를 운영한다. 방마다 테라스 등 꾸밈새가 다르므로 사전에 살펴보고 룸을 선택하는 것이 좋다. 4층에 마련된 넓은 테라스에서는 야시장이 한눈에 들어오지만 엘리베이터가 없어 불편하다. 비수기에는 $10~15 저렴해진다.

🏠 Thanon Sisavangvong, Ban Pakham 📞 071-212-264
💲 싱글 $85 더블 $90(에어컨, 개인욕실, 냉장고, TV, 성수기)
🖥 www.indigohouse.la

70 짤리아 게스트하우스 Jaliya Guesthouse ✪✪

조용한 주택가에 있으며, 올드타운까지는 걸어서 10분 정도 걸린다. 낡은 건물 외관에 비해 객실 내부는 상태가 양호하다. 앞쪽 건물 2층 객실은 발코니가 딸려 있으며, 뒤편으로 정원을 겸한 단층 건물의 숙소가 있다. 선풍기만 사용할 경우 방값을 할인해 준다.

🏠 Ban Viengxay 📞 071-252-154
💲 120,000K(에어컨, 개인욕실, 조식 불포함)

71 싸요 나가 게스트하우스 Sayo Naga Guest House ✪✪

프랑스 식민지 시절 목조건물을 리모델링한 숙소로, 건물 앞에 작은 정원이 있어 밝고 깨끗한 느낌이 든다. 개별 룸의 크기도 크고 욕실에는 욕조까지 갖췄다. 같은 이름의 체인이 메콩 강변을 비롯해 총 3개 있으며, 숙소 컨디션은 비슷비슷하다. 비수기에는 $10 할인한다.

🏠 Ban Hoxieng 📞 071-212-297
💲 스탠다드 더블 $35~(에어컨, 개인욕실, 냉장고, TV, 조식 포함, 성수기) 🖥 www.sayoguesthouse.com

68

69

70

71

SAYO
NAGA
1934

72 루앙프라방 리버 롯지
Luangprabang River Lodge ✪✪

메콩 강변에 있는 3성급 숙소로, 직원들이 매우 친절하다. 2007년 12월에 오픈했고 룸은 총 13개를 운영한다. 2층에서 바로 강변이 보이며, 간단한 아침식사를 제공한다. 비수기에는 $5~10 할인을 요구하자.

Ban Phonxay 071-253-314
$50(에어컨, 개인욕실, 냉장고, TV, 성수기)

73 녹노이 란쌍 게스트하우스
Nocknoy Lanexang Guest House ✪✪

비교적 최근에 오픈한 숙소답게 내·외관 모두 깔끔하며, 실내도 크고 환한 편이라 시설 대비 만족도가 높다. 2층 건물에 총 19개의 객실이 있으며, 인근에 있는 녹노이 게스트하우스(Nocknoy Guesthouse)와 주인장이 같다.

Ban Hoxieng, 조마 베이커리 골목 020-9629-0936
더블 $38 디럭스 $51(에어컨, 개인욕실, 조식 불포함, 성수기)

74 니라씸 게스트하우스
Nirasim Guest House ✪

아담한 2층 건물에 총 5개의 숙소를 운영하며, 주인장도 친절한 편이다. 비교적 저렴한 가격에 무난하고 깨끗한 시설을 갖췄다. 단, 주인장이 자리를 비울 때가 많아 체크인하기가 쉽지 않다. 선풍기만 사용할 경우 요금을 깎아 주며, 비수기에는 약 50,000K 정도 할인한다.

Ban Hoxieng, 남푸 분수 골목 020-7770-0402
더블 160,000K(에어컨, 개인욕실, 조식 불포함, 성수기)
www.facebook.com/NirasimGuestHouse

75 호씨앙 게스트하우스
Hoxieng Guest House ✪

오랫동안 인기 높은 숙소로, 2층 건물에 총 9개의 룸을 운영한다. 오래된 외관에 비하면 객실 내부가 비교적 넓고 깨끗하다. 친절한 라오스 주인장이 같은 골목에 호씨앙2를 운영 중이며, 비교적 새 건물인 대신 방값도 두 배 비싸다. 비수기에는 $3~5 할인하며, 선풍기 룸은 반값에 흥정한다.

Ban Hoxieng 071-212-703
더블 $13(에어컨, 개인욕실, 조식 불포함, 성수기)

76 LPQ 백패커스 호스텔
LPQ Backpackers Hostel ✪

젊은 분위기로 가득한 백패커스 호스텔로, 공용 화장실이 넓은 편이며 1층에는 당구대와 휴게시설 등을 갖췄다. 도미토리는 조식 포함.

Ban Wat That 071-252-538, 020-9113-8686
도미토리 45,000K www.facebook.com/LPQ-Backpackers-Hostel-529465450466350/

77 쳉 백패커스 호스텔 1
Cheng Backpackers Hostel 1 ✪

가장 저렴한 숙소로, 여행 중에 루앙프라방에 눌러 앉은 중국인 주인장이 운영하고 있으며 공용 주방과 로커가 있다. 단, 건물 상태가 오래되었고 도미토리 숙소는 침대가 아닌 이불형이다.

Ban Hoxieng 020-2801-5138, 020-2863-7088
도미토리 40,000K~

72

73

74

75

76

77

78 분짤른 게스트하우스
Bounchaleurn Guest House ✪

조용한 주택가에 위치해 조용히 쉬기 좋다. 큰 꾸밈새 없이 단출하지만 객실 내부 관리 상태는 양호하다. 작은 마당에 휴식 공간이 있으며, 1층 테이블에는 무료 다과가 준비돼 있다. 한국인 주인장과 라오스 아내가 함께 운영하며, 사전 예약이 원활하지는 않다. 비수기에는 요금을 할인한다.

- Ban phark, Pasa 학교 옆
- 020-5410-1005, 071-253-944, 020-682-8400
- 더블 140,000K(에어컨, 개인욕실, 조식 불포함, 성수기)

79 꾼싸완 게스트하우스
Kounsavan Guest House ✪

총 3개의 동으로 구성되어 있으며, 트리플 룸부터 더블 룸, 도미토리까지 다양한 룸 타입을 운영한다. 그중 특히 이곳의 도미토리는 가격 대비 성능이 좋기로 입소문이 났다. 넓은 마당이 있어 쉴 곳이 많은 데다 수영장을 이용할 수 있고, 조식까지 제공되기 때문이다.

- Ban Thong Chaluern · 020-9685-7399
- 도미토리 50,000K(에어컨, 공동욕실, 6인용, 조식 포함)

80 레몬 라오 백패커스
Lemon Lao Backpackers ✪

히피 분위기가 물씬 풍기는 호스텔로, '스파이시 라오스(Spicy Laos)'에서 이름을 변경했다. 입구의 2층 목조건물에는 라오스 주인장이 기거하며 손님은 뒤편 건물에서 묵는다. 마당이 넓고 채광이 좋은 편이지만 객실 내부가 그리 깔끔하지는 않다. 조식의 경우 추가 요금을 받는다.

- Thanon Samsantha, Ban Thong Cha Leaun
- 071-212-500, 020-2255-5539
- 도미토리 팬 30,000K 도미토리 에어컨 50,000K
- www.facebook.com/lemonlaos/

78

79

LAOS
Backpackers
80

폰싸완

Phonsavan | ໂພນສະຫວັນ

'낙원의 언덕'이라는 이름처럼 해발 1,000m 고원에 위치한 평화롭고 아름다운 도시 폰싸완. 하지만 그 이면에는 전쟁의 상처가 아직도 아리게 남아 있다. 두 번의 큰 전쟁을 치르는 동안 약 6,000,000t의 폭탄이 집중적으로 떨어졌기 때문. 베트남과 라오스의 공산화를 꺼린 미국은 비밀리에 약 10년간 이 일대에 하루도 쉬지 않고 융단폭격을 가했다. 세계에서 가장 많은 폭탄이 투하된 곳으로 알려진 폰싸완 외곽은 여전히 불발탄 제거 작업이 이뤄지고 있다. 본래 씨앙쿠앙Xieng Khouang이라 불리던 올드 캐피탈은 모두 파괴되어 현재는 전쟁의 참화에서 살아남은 16세기 유물 몇 점이 과거의 영화를 말해 줄 뿐이다. 올드 캐피탈은 현재 므앙쿤Muang Khoun이라 불리며, 1975년부터 지금의 위치에 씨앙쿠앙의 주도州都인 폰싸완을 건설했다. 아직도 미스터리로 남아 있는 항아리 유적이 드넓은 고원에서 신비함을 간직한 채 사람들을 불러 모은다.

Access

+ **비엔티안** 비행기 30분, 버스 9시간
+ **방비엥** 버스 7시간
+ **루앙프라방** 버스 10시간
+ **베트남 빈** 버스 10시간

Model Course

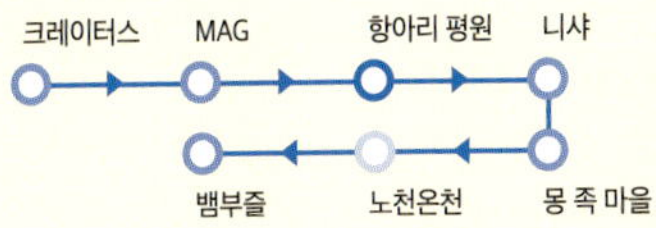

크레이터스
MAG
항아리 평원
니샤
몽 족 마을
노천온천
뱀부즐

중국
China
징홍
Jinghong
멍라
Mengla
디엔비엔푸
Điện Biên Phủ
쏩훈
Sop Hun
떠이 짱
Tây Trang
미얀마
Myanmar
므앙씽
Muang Sing
루앙남타
Luang Namtha
므앙응오이
Muang Ngoi
므앙싸이
Muang Xai
농키아우
Nong Khiaw
훼이싸이
Huay Xai
치앙콩
Chiang Khong
빡벵
Pakbeng
루앙프라방
Luang Prabang
폰싸완
Phonsavan
하노이
Ha nội
하이퐁
Hai Phong
베트남
Vietnam
치앙마이
Chiang Mai
방비엥
Vang Vieng
남중국해
South China Sea
라오스
Laos
빈
Vinh
꺼우 쩨오
Cầu Treo
비엔티안
Vientiane
남파오
Nam Phao
농카이
Nong Khai
짜로
Cha Lo
우돈타니
Udon Thani
나콘파놈
Nakhon Phanom
타켁
Thakhek
나파오
Na Phao
묵다한
Mukdahan
싸완나켓
Savannakhet
단싸완
Dansavan
라오 바오
Lao Bao
후에
Huế
타이
Thailand
빡쎄
Pakse
총멕
Chong Mek
짬빠싹
Champasak
버이
Bờ Y
씨판돈
Si Phan Don
원캄 Veun Kham
캄보디아
Cambodia
동 크랄로
Dong Kralor
방콕
Bangkok
프놈펜
Phnom Penh
시엠립
Siem Reap
스퉁트렝
Stung Treng

폰싸완

기본 정보

–

INFORMATION

1 방향 잡기

대부분의 불거리가 외곽에 있고 도시 규모에 비해 여행자 거리가 크지 않으므로 길을 헤맬 염려가 없다. 루앙프라방이나 비엔티안 등지에서 미니밴을 타면 대부분 두앙짜이 미니버스 터미널Duangchai Mini Bus Station에 도착한다. 200m 정도 직진하면 폰싸이 레스토랑Phonxay Restaurant이 보이고, 도로 맞은편에 나이스 게스트하우스Nice Guest House가 나타난다. 이 길을 타논 싸이싸나Thanon Xaysana라고 부르는데, 여행자를 위한 대부분의 편의시설이 이곳에 몰려 있다. 출발지에 따라 외곽에 위치한 로컬 버스터미널에 도착하는 경우도 있는데, 이때는 인근에서 가장 규모가 큰 호텔인 씨앙쿠앙 호텔Xieng Khouang Hotel을 찾아오면 된다. 뚝뚝을 타고 "빠이 홍햄 씨앙쿠앙"이라고 말하면 데려다준다. 참고로 라오어로 '홍햄'은 '호텔'을, '빠이'는 '간다'는 뜻이다.

PHONXAY RESTAURAN
GOM CHAO PHO

2 환전

씨앙쿠앙 호텔 옆에 BECL 은행과 ATM이 있고, 숙소와 레스토랑에서 달러를 통용하므로 환전 때문에 걱정할 일은 없다. 하지만 보통은 도착한 다음 날 바로 일일 투어에 나서므로 루앙프라방이나 비엔티안 같은 큰 도시에서 미리 넉넉하게 환전해 오는 것이 좋다.

3 여행자 안내소

여행자 거리에서 약 2.5km 떨어진 딸랏 남 응암Talat Nam Ngam 시장 맞은편에 있다. 주변 불거리와 역사에 대한 정보를 제공하며 다양한 종류의 불발 폭탄도 전시 중이다. 불발 폭탄으로 만든 스푼과 포크, 열쇠고리 등의 기념품도 판매한다. 월요일부터 금요일까지 오전 8시부터 오후 4시까지만 운영하며, 오전 11시 30분부터 오후 1시 30분까지는 점심시간으로 문을 닫는다.

4 시내 교통수단

여행자 거리가 워낙 작아서 특별한 교통수단이 필요 없다. 하지만 외곽에 있는 항아리 유적이나 버스터미널에 갈 때는 차량 이동을 해야 한다. 씨앙쿠앙 버스터미널과 분미싸이 남부 버스터미널을 오갈 때는 뚝뚝이나 썽태우를 합승하며 1인당 10,000~20,000K에 흥정한다. 항아리 유적의 경우 여행사의 투어 상품을 이용하거나 뚝뚝을 대절해서 다녀온다. 뚝뚝은 하루 150,000~200,000K 정도에 흥정 가능하므로 인원을 많이 모을수록 유리하다. 최근에는 오토바이를 빌려 폰싸완 일대를 둘러보는 서양 여행자들을 손쉽게 볼 수 있는데, 오토바이는 24시간 기준 80,000K부터 렌트 가능하다.

5 여행 시기

해발 1,000m 이상에 위치해 대체로 선선한 날씨가 계속된다. 하지만 4월과 5월은 더운 데다 농사를 짓기 위해 불을 지르므로 공기가 탁하다. 6월부터 7월까지는 우기에 해당하지만 온종일 비가 쏟아져 내리지는 않으며, 평균 기온은 25℃ 내외를 유지한다. 건기인 11월부터 3월까지가 여행객이 가장 많이 몰리는 시기로, 라오스의 겨울에 해당한다. 특히 1월에서 2월까지는 밤 기온이 10℃ 아래로 내려가므로 두꺼운 곳을 꼭 챙겨야 한다.

6 주의사항

여행객이 가는 곳 대부분은 불발 폭탄과 지뢰가 모두 제거된 곳이다. 하지만 매년 불발탄으로 인한 사상자가 꾸준히 나오고 있으므로 안전에 유의한다. 도로가 아닌 곳이나 인적이 드문 곳은 피하고, 함부로 이상하게 생긴 물체를 만지거나 발로 차는 등의 행동도 금물이다.

폰싸완

드나들기

–

TRANSIT

1 비행기

씨앙쿠앙 공항Xieng Khouang Airport은 여행자 거리에서 남서쪽으로 약 4km 떨어져 있으며, 라오항공에서 비엔티안-폰싸완 국내 노선만 운항한다. 하루 1회 이상 정기 운항하며, 총 30분 소요된다. 요금은 약 $190로, 라오항공 홈페이지를 통해 예매 가능하다.

2 버스

여러 개의 버스회사에서 도시 이곳저곳에 개별적으로 터미널을 운영하기 때문에 폰싸완을 방문할 때는 로컬 버스보다는 미니밴을 타고 이동하는 게 여러모로 편리하다.

• 두앙짜이 미니버스터미널 Duangchai Mini Bus Station

비엔티안, 루앙프라방, 방비엥에서 출발한 미니밴은 여행자 거리와 가까운 이곳에 도착하므로 걸어서 이동하기 좋다.

• 씨앙쿠앙 버스터미널 Xieng Khouang Bus Station

여행자 거리에서 서쪽으로 4km 떨어져 있다. 비엔티안과 루앙프라방 등지를 오가는 로컬 버스와 베트남 빈Vinh으로 가는 국제버스 등이 다니는 메인 버스 터미널이다.

• 분미싸이 남부 버스터미널 Bounmixay Southern Bus Station

여행자 거리에서 남쪽으로 4km 이상 떨어져 있으며, 빡싼Paksan을 경유해 비엔티안 남부 버스터미널까지 버스를 운행한다. 여행사와 숙소에서 픽업 서비스를 포함해 버스 티켓을 판매하지만 대부분의 여행자는 두앙짜이 미니버스 터미널에서 직접 표를 끊는다.

• 딸랏 남 응암 시장 Talat Nam Ngam 앞 정류장

므앙쿤을 개별적으로 가는 여행자가 이용한다. 폰싸완 외곽 도시로 가는 미니밴과 썽태우가 이른 아침부터 오가며 인원수가 어느 정도 모이는 대로 출발한다. 므앙쿤까지는 차량으로 45분 정도 걸리며 요금은 20,000K을 받는다. 돌아오는 막차가 오후 2시에 끊기므로 사전에 반드시 확인한다.

두앙짜이 미니버스 터미널 주요 노선

목적지	종류	출발 시각	요금(K)	소요 시간
비엔티안	미니버스	07:30	130,000	10시간
	로컬	06:30, 08:30, 17:30	110,000	
	VIP	19:30	130,000	
방비엥	미니버스	08:30	10,000	9시간
루앙프라방	미니버스	08:30	110,000	8시간

씨앙쿠앙 버스터미널 주요 노선

목적지	종류	출발 시각	요금(K)	소요 시간
비엔티안	로컬	07:00, 08:00, 16:30, 18:30	110,000	10시간
	VIP	20:00	110,000	
방비엥	로컬	07:30	110,000	6시간
루앙프라방	로컬	08:30	98,000	8시간
베트남 빈	로컬	06:30(화, 목, 금, 토)	150,000	10시간

분미싸이 남부 버스터미널 주요 노선

목적지	종류	출발 시각	요금(K)	소요 시간
비엔티안	로컬	06:30, 08:30	110,000	8시간
	VIP	20:00	130,000	

1 항아리 평원 Plain of Jars ✪✪✪

현재까지 60여 개 지역에서 4,000개 이상의 돌 항아리가 발견되었으며, 일대를 라오어로 '통 하이 힌(Thong Hai Hin)'이라 부른다. 가장 큰 것은 2m가 넘는데, 이것을 두고 쌀을 저장하거나 술을 발효했다는 등 여러 학설이 분분했다. 그러던 중 프랑스 식민지 시절, 여성 고고학자인 마들렌 콜라니(Madeleine Colani)에 의해 돌 항아리 아래에서 유골이 출토되면서 선사시대 만들어진 무덤으로 밝혀졌다. 돌을 움푹하게 깎아 장례를 지낸 후 시체가 썩어 뼈만 남으면 이를 꺼내어 다시 땅에 묻었을 것으로 추측하고 있다. 신분이 높을수록 크고 모양도 정교하며, 어떤 것은 뚜껑이 있어 기묘하기도 하다. 하지만 여전히 누구의 무덤인지, 어떻게 운반했는지 등은 미스터리로 남아 있다. 또한 미군의 엄청난 폭격에도 불구하고 돌 항아리들이 비교적 잘 보존되어 있어 신비스러움마저 더한다.

미비한 도로 사정과 불발탄 때문에 일반인의 출입은 일곱 곳으로 제한하고 있으며, 그중 3군데를 가장 많이 방문한다. 외곽에 위치한 데다 대중교통이 없기 때문에 대부분의 여행자는 뚝뚝을 대절하거나 여행사의 투어 상품을 이용한다. 3개의 유적과 러시아 탱크, 라오스 위스키인 라오라오를 만드는 마을을 둘러보는 여행사 투어 상품은 보통 1인 200,000K(6인 출발 기준)이다. 입장료와 점심 포함 여부에 따라 가격이 달라지기도 하므로 미리 확인한다. 항아리 제1구역과 폰싸완 외곽의 노천온천과 올드 캐피탈인 므앙쿤 등을 포함해 코스를 구성할 수도 있다.

■ 항아리 1구역 Jar Site 1

폰싸완 시내와 가장 가까우며 유적 규모도 가장 크다. 50cm부터 2m까지 크고 작은 330여 개의 돌 항아리가 몰려 있으며, 곳곳에 폭격으로 형성된 거대한 크레이터가 남아 있다. 항아리 무리 한편으로는 전쟁기간 동안 빠텟라오(Pathet Lao)가 은신처로 사용했던 동굴도 볼 수 있다. 언덕에는 가장 큰 항아리인 '하이 채움(Hai Caeun)'이 있는데 크기가 2.5m, 무게가 무려 6t이 넘는다. 현지인들 사이에서는 옛날 잔인한 임금에게서 사람들을 구해낸 군주가 승리를 기념하기 위해 항아리에서 술을 빚었다고 전해진다. 참고로 라오어로 '하이'는 '항아리', '채움'은 '군주'를 뜻한다. 여행자 거리에서 약 10km 정도 떨어져 있으며, 입구의 방문객 센터에서 입장료 15,000K을 받는다.

⁚ 항아리 2구역 Jar Site 2

폰싸완 시내에서 남쪽으로 약 25km 떨어져 있으며, 푸싸라또 산에 있어서 '하이 힌 푸 싸라또(Hai Hin Phu Salato)'라고도 부른다. 매표소를 지나 언덕길을 따라 오르면 좌우로 언덕이 나타나며, 이곳에 약 90개의 항아리가 흩어져 있다. 막힘없이 너른 고원이 펼쳐져 이곳에서 보는 풍경이 특히 아름답다.

1 ■

1

1 ⁚

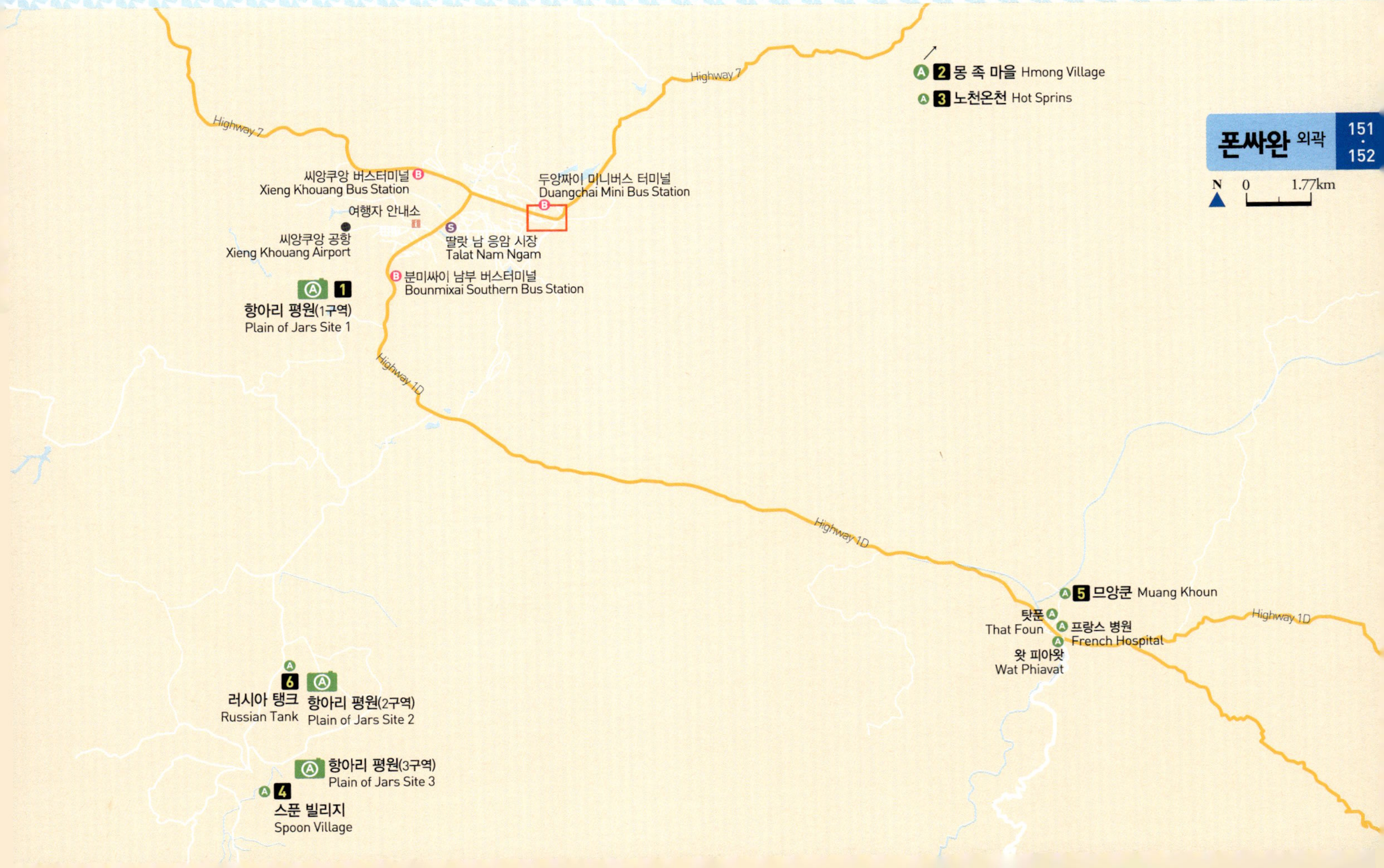
폰싸완 외곽
151 · 152
N
0 1.77km
2 몽 족 마을 Hmong Village
3 노천온천 Hot Sprins
Highway 7
씨앙쿠앙 버스터미널
Xieng Khouang Bus Station
두앙짜이 미니버스 터미널
Duangchai Mini Bus Station
여행자 안내소
씨앙쿠앙 공항
Xieng Khouang Airport
딸랏 남 응암 시장
Talat Nam Ngam
분미싸이 남부 버스터미널
Bounmixai Southern Bus Station
1
항아리 평원(1구역)
Plain of Jars Site 1
Highway 1D
5 므앙쿤 Muang Khoun
탓푼
That Foun
프랑스 병원
French Hospital
왓 피아왓
Wat Phiavat
6
러시아 탱크
Russian Tank
항아리 평원(2구역)
Plain of Jars Site 2
항아리 평원(3구역)
Plain of Jars Site 3
4
스푼 빌리지
Spoon Village

폰싸완 시내

N
0
51m
씨앙쿠앙 버스터미널
씨앙쿠앙 공항
BCEL 은행
씨앙쿠앙 호텔
Xieng Khouang Hotel
16
ATM
우체국
라오 텔레콤
Lao Telecom
주유소
15
딸랏 까씨깜 시장
Talat Kasikam
Highway 7(Thanon Xaysana)
QLA
8
MAG
7
ATM
13
씸말리
Simmaly
10
크레이터스
Craters
당구장
슈퍼
쩬니다
게스트하우스
Jennida G. H.
독쿤 호텔
Dok Khoune
Hotel
20
폰싸이
Phonexay
12
아누락 켄라오 호텔
Anoulack
Khenlao Hotel
17
화이트 오키드 게스트하우스
White Orchid G. H.
자전거 렌트
19
나이스 게스트하우스
Nice G. H.
후아판 게스트하우스
Houaphan G. H.
21
싸바이디
게스트하우스
Sabaidee G. H.
뱀부즐 Bamboozle
9
국숫집
11
니샤 Nisha
14
칸 베이커리
Khanh Bakery
18
남짜이 게스트하우스
Namchai G. H.
두앙짜이 미니버스 터미널
Duangchai Mini Bus Station
꽁 께오 게스트하우스
Kong Keo G. H.
주유소
Highway 7
쎙따완 게스트하우스
Sengtavane G. H.

항아리 3구역 Jar Site 3

씨앙디 마을에 있어서 '하이 힌 씨앙디(Hai Hin Xiang Di)'라고도 부르며, 폰싸완 시내에서 약 30km 떨어져 있다. 150여 개의 아기자기한 돌 항아리가 몰려 있으며, 일부러 찾아오는 여행자 수가 적어 비교적 한적하다. 주변에 펼쳐진 논밭의 풍경이 아름다워 서양 여행자들은 여기서 항아리 2구역까지 걸어가기도 한다. 이때는 반드시 불발탄이 제거된 안전한 길로 걸어야 하며, 가이드가 동행해야 한다.

2 몽 족 마을 Hmong Village ✪✪

폰싸완 인근은 오래전부터 몽 족이 터를 일구고 살아온 곳으로, 프랑스 식민지 시절 통치자에게 대항하며 반란을 일으키기도 했다. 프랑스가 떠난 후 이들은 공산주의에 반대하고, 베트남전쟁 중에는 미군과 함께 게릴라전을 펼치기도 했다. 이런 이유로 지금까지 라오스 정부로부터 많은 핍박을 받고 있지만 몽 족은 자신들만의 고유한 문화를 지키며 여전히 해발 1,000m 이상의 고산지대에서 화전을 일구며 자급자족 방식으로 살아가고 있다. 아이러니하게도 미군이 투하한 폭탄을 이용해 건물 지지대 등을 만들어 사용하는 까닭에 실제 이름인 반 따족(Ban Tajok) 마을보다 '폭탄 마을(Bomb Village)'로 더 알려져 있다. 7번 국도를 따라 폰싸완 시내에서 북쪽으로 30km 떨어져 있으며, 일일 투어나 트레킹으로 다녀온다.

3 노천온천 Hot Springs ✪

폰싸완 외곽에 두 개의 노천온천이 있다. 우리나라처럼 잘 정돈된 것이 아니라 냇가에 자리한 자그마한 노천온천과 작은 매점이 있을 뿐이다. 계란이 삶길 정도로 뜨거운 온도는 아니지만 반신욕이나 족욕을 즐기기에는 나쁘지 않다. 7번 국도를 따라 므앙캄(Muang Kham) 방면에 있으며, 시내 중심가와 50km 이상 떨어져 있어 여행사 투어를 통해 다녀오기도 한다. 참고로 반쌍(Ban Xang) 마을보다 남혼보냐이(Nam Hon Bo Nyai) 리조트가 규모가 더 크다. 입장료는 10,000K.

4 스푼 빌리지 Spoon Village ✪

불발탄을 녹여 숟가락과 젓가락, 새와 포탄 모양의 기념품을 만드는 곳으로, 서양 여행자들에게는 '스푼 빌리지'로 통한다. 마을의 실제 이름은 '반 나삐아(Ban Napia)'이며, 항아리 2~3구역을 둘러볼 때 코스로 함께 묶는다. 마을 대부분이 농사를 지으며, 기념품을 가내수공업 방식으로 제작한다.

5 므앙쿤 Muang Khoun ✪

라오스 북부 지대에 건설된 고대 씨앙쿠앙 왕국의 수도로, 프랑스 식민지 시절까지만 해도 루앙프라방과 견주어도 손색없을 정도로 아름답기로 손꼽히던 곳이다. 전해지는 말에 따르면 원래는 보석으로 화려하게 장식된 62개의 탑과 30여 개의 사원이 있었다고 한다. 하지만 태국과 베트남, 중국의 침략 그리고 세계대전 당시 폭탄 투하 등을 거치며 과거의 영화는 바람처럼 사라지고 신도시 폰싸완이 건설되면서 이름마저 므앙쿤으로 바뀌었다. 현지인들조차 이제는 씨앙쿠앙이라고 말하면 폰싸완을 떠올릴 정도.

차분한 시골마을에 지나지 않지만 항아리 평원과 함께 유유자적 둘러보기 알맞다. 폰싸완 시내에서 남쪽으로 약 30km 떨어져 있으며, 편도로 약 45분 정도 소요된다. 므앙쿤까지 가는 길이 대체로 잘 닦여 있는 편이라 여행사 투어 상품 외에 개별적으로 바이크 투어를 나서기도 한다. 딸랏 남응암 시장 앞의 정류장에서 미니밴이나 썽태우를 탈 경우, 영어가 통하지 않기 때문에 행선지 확인과 함께 되돌아오는 막차 시간을 반드시 엄수한다. 므앙쿤 정류장 맞은편의 므앙쿤 게스트하우스(Muang Khoun Guesthouse)를 비롯해 BECL 은행 주변에 기본적인 시설을 갖춘 게스트하우스가 몇 개 있으므로 만일 숙박을 해야 한다면 하루 80,000K 정도에 흥정한다.

⚀ 탓푼 That Foun

므앙쿤 정류장 뒤편 언덕에 보이는 오래된 탑으로, 16세기에 만들어졌다. 벽돌을 높이 30m까지 쌓은 것으로, 부처의 사리를 모시기 위해 지어졌다고 한다. 언덕을 따라 조금 더 올라가면 비슷한 시기에 제작된 뾰족탑인 탓쫌펫(That Chom Phet)이 나타난다. 미군이 투하한 폭탄에 맞아 일부가 소실되었지만 제작되었을 당시에는 탑 상단부에 다이아몬드가 박혀 있었다고 한다.

⚁ 왓 피아왓 Wat Phiavat

과거 건설된 30여 개의 사원 중 전쟁을 거치며 유일하게 살아남은 곳으로, 14세기에 건설된 것으로 알려져 있다. 법당은 폭격을 맞아 몇몇 기둥과 기단만을 남긴 채 사라졌고, 사원 건설 당시 미얀마에서 기증받은 불상이 덩그러니 사원을 지키고 있을 뿐이다.

5

5 ⚁

5 ⚀

프랑스 병원 French Hospital

식민지 시절 만들어진 프랑스 병원으로, 현재는 지붕이 날아간 채 외벽만 간신히 지키고 있다. 병원이 초토화될 만큼 전쟁이 얼마나 잔인하게 치러졌는지 역설적으로 알려 주기도 한다.

6 러시아 탱크 Russian Tank

우리가 보기에는 버려진 한낱 고철 덩어리에 불과하지만 현지인들은 자랑스러운 유물처럼 여긴다. 미국이 융단폭격을 쏟을 때 러시아가 빠텟라오와 북베트남을 도와 미군을 공격했기 때문이다. 실제로 러시아 부대는 2차 세계대전 때 전후방을 가리지 않고 탱크를 통한 기습전으로 적을 교란했다.

5

6

Zoom in

UXO
unexploded ordnance, 불발탄

미군은 1964년부터 1973년까지 580,000번 이상의 폭격을 쏟아 부었다. 단순하게 계산해 봐도 9년 동안 밤낮 없이 8분마다 폭격을 가했다는 얘기다. 실제로 이곳 사람들은 여러 해 동안 폭격을 피해 동굴과 터널 속에 숨어 살았다고 한다. 그럼에도 미국은 이런 사실을 인정하지 않는다. 라오스는 당시 전쟁 당사국이 아닌 중립 지대였기 때문. 그래서 이를 두고 '더러운 전쟁(Dirty War)' 혹은 '비밀 전쟁(Secreet War)'이라고 부른다.

라오스 국토 4분의 1에는 여전히 전쟁 당시 사용된 수류탄, 지뢰, 폭탄의 30%가 터지지 않은 채 존재하며, 이로 인해 매년 300명 이상이 죽거나 다친다. 가장 안타까운 것은 사망자 10명 중 4명이 어린아이들이라는 점.

그나마 다행인 것은 최근 UXO 위험성 인지 교육과 사고 확률이 높은 지역에서의 불발탄 우선 제거 작업을 통해 직접적인 사고 발생률이 떨어지고 있다는 점이다.

하지만 UXO 문제의 심각성은 직접적인 피해자 발생에만 그치지 않는다. 폭탄은 주로 호치민 트레일을 따라 뿌려졌는데, 어디에 있을지 모르는 UXO로 인해 농사는 물론 도로, 상수도 등 기초 인프라 구축에도 어려움을 겪고 있다. 해당 지역은 40년이 넘는 세월 동안 아무런 보상 없이 발전도 하지 못한 채 방치되어 있는 것이다. 가장 많은 폭탄이 투하된 지역 중 하나인 므앙쿤도 마찬가지. 1968년 공습과 함께 도시는 아예 그 자취를 감췄고, 폰싸완에게 주도를 내어 주고 말았다.

7 MAG(Mines Advisory Group) ✪✪

영국에 기반을 둔 국제적인 단체인 MAG가 운영하는 곳으로, 폰싸완 지역을 중심으로 전쟁 중 투하된 불발탄 제거 작업에 대한 내용을 전시하고 있다. 미국의 공습으로 인한 피해 현황과 이로 인해 힘든 삶을 살아가는 라오스 사람들의 이야기를 담은 다큐멘터리를 상영한다. 참고로 미국은 씨앙쿠앙 지역에 약 580,000번의 출격을 통해 2,000,000t 이상의 폭탄을 투하했으며, 새로 개발한 폭탄을 이곳에서 시험했다는 이야기도 전해진다. 미국이 집중 투하한 폭탄은 클러스터 폭탄(Cluster Bomb)으로, 어뢰 모양의 커다란 폭탄 속에 600여 개의 작은 폭탄이 들어가 있다. 하나의 폭탄으로 넓은 지역을 타격하기 위한 대량 인명 살상용으로, 공식적으로 집계되지는 않았지만 이중 30%가 터지지 않고 땅에 박혀 있는 것으로 추정된다.

Thanon Xaysana 061-211-010
10:00-20:00 기부금 대체
www.maginternational.org

8 QLA(Quality of Life Association) ✪✪

아기자기한 카페처럼 꾸며 놓았지만 불발탄 생존자 지원 센터(UXO Survivor Information Center)이자 불발탄으로 상처를 입은 사람들의 재활을 돕는 곳이다. 불발탄으로 인해 사회생활이 어려운 사람들이 직접 만든 손가방을 비롯한 각종 공예품을 판매한다. 한쪽 벽면에 매년 늘어나는 희생자들의 명단을 적어 두고, 아직도 현실에서 일어나는 사고임을 일깨우고 있다. 실제로 전쟁 이후 불발탄 사고로 인해 지금까지 20,000명 이상 사망한 것으로 추산되며, 이는 전 세계의 불발탄 사망 사고의 약 50%를 차지한다. 기부를 하거나 작은 소품을 사는 것만으로도 그들에게는 큰 도움이 된다.

Thanon Xaysana 061-211-124
평일 08:00-22:00 주말 10:00-22:00
기부금 대체 www.facebook.com/QLACenter/

7
MAG
saves lives builds futures

8

MAG's donors
USDA
nzaid

Our Life with the Bombs
WHAMM!!

9 뱀부즐 Bamboozle ✪✪

대나무로 내·외관을 장식했지만 샐러드와 피자, 파스타 등을 파는 여행자 식당이다. 저녁 시간이 되면 편안한 분위기에서 식사를 하려는 여행자들로 북적인다. 폰싸완에 기반을 둔 '론 버펄로 재단(Lone Buffalo Foundation)'을 후원하며, 불발탄 생존자 및 그들의 자녀를 지원한다.

🏠 Thanon Xaysana ☎ 030-952-3913
🕘 07:00-10:30, 15:00-23:00 $ 15,000~50,000K
🖥 www.facebook.com/BamboozleRestaurantBar/

10 크레이터스 Craters ✪✪

오랫동안 사랑받아 온 여행자 식당으로, 입구의 불발탄 장식이 시선을 모은다. 스테이크부터 라오스 음식까지 메뉴도 다양하다. 외곽 투어를 시작하기 전 아침을 먹거나 맥주 한 잔하며 하루를 마감하기 좋다.

🏠 Thanon Xaysana ☎ 020-647-4022
🕘 06:30-22:00 $ 30,000~50,000K

11 니샤 Nisha ✪✪

허름한 외관과 달리 제법 맛있는 인도 음식을 내어 주는 꽤 괜찮은 인도 음식점이다. 채식주의자를 위한 메뉴도 갖추었으며, 매콤한 카레인 치킨 티카마살라와 인도 요구르트 음료인 라씨가 인기 메뉴다. 손님이 많을 때는 음식이 나오는 데 시간이 오래 걸린다.

🏠 Thanon Xaysana ☎ 020-9826-6023
🕘 07:00-22:00 $ 30,000~80,000K

12 폰싸이 Phonexay ✪

라오스 현지인이 운영하는 곳으로, 야외 테라스에 앉아 맥주를 마시며 거리 구경하기 좋다. 원활한 소통은 안 되지만 영어 메뉴판이 있어 주문이 어렵지는 않다.

🏠 Thanon Xaysana 🕘 06:30-21:00 $ 15,000~40,000K

13 씸말리 Simmaly ✪

쌀국수, 볶음국수, 볶음밥 같은 간단한 메뉴가 주를 이루는 현지인 식당이다. 저렴하고 양이 많아 여행자들에게도 인기 있으며, 영어 메뉴판이 있어 주문하는 데 어려움이 없다.

🏠 Thanon Xaysana ☎ 061-211-013 🕘 07:00-22:00
$ 30,000~80,000K

9

10

13

11

12

14 칸 베이커리 Khanh Bakery

베트남 제빵사가 자기 이름을 내걸고 매일 아침 맛있는 빵을 굽는 곳으로, 폰싸완 일대에 바게트를 공급한다. 라오스식 바게트 샌드위치와 채소를 얹은 피자, 딸기잼을 넣은 샌드위치 등 속 재료는 단출하지만 간식 삼아 먹기에는 충분하다.

Thanon Xaysana
06:30-19:00 5,000~20,000K

15 딸랏 까씨깜 시장 Talat Kasikam

매일 아침 6시부터 시장이 열린다. 신선한 채소와 열대 과일, 생선과 고기 등을 파는 좌판이 펼쳐지며, 천막이 쳐진 상설시장 안쪽에서는 따뜻한 국수도 판매한다. 아침시간이 가장 분주하지만 오후 6시까지 영업해 오후에도 사람이 많다.

라오 텔레콤 남쪽 06:00-18:00

Hotel

16 씨앙쿠앙 호텔 Xieng Khouang Hotel

여행자 거리의 이정표 역할을 하는 3성급 호텔로, 총 객실 수는 47개다. 1층 레스토랑에서 조식을 제공하며, 내부도 깔끔한 편이다. 하지만 같은 가격에 싱글 룸에서 머문다면 다른 숙소를 알아보는 게 낫다. 방도 좁고 채광도 좋지 않기 때문. 호텔 예약 사이트를 통하면 정상가보다 할인된 가격으로 저렴하게 묵을 수 있다.

Thanon Xaysana 061-213-567
스탠다드 트윈 170,000K 슈피리어 더블 200,000K

17 아누락 켄라오 호텔 Anoulack Khenlao Hotel

두앙짜이 미니버스 터미널과 가까워 여행자들 사이에서 인기 있는 중급 숙소로, 총 80개의 객실을 갖추고 있다. 특별히 눈에 띌 만한 인테리어는 없지만 폰싸완 여행자 거리에서 가장 좋은 컨디션을 자랑한다. 숙소 안에서도 와이파이가 빠른 편이며 욕실에는 욕조까지 갖췄다. 비수기에는 가격을 낮추어 흥정한다.

Ban Phonsavanh Tai 061-213-599, 061-312-308
더블 250,000K~(에어컨, 개인욕실, TV, 냉장고, 조식 포함, 성수기)

14

15

16

17

18 남짜이 게스트하우스 Namchai Guest House ✪✪

비교적 새롭게 생긴 숙소로 총 40개의 객실을 갖추고 있다. 여행자 거리에서 살짝 벗어나 있어서 비교적 한적하며, 복도에서 주변 풍경을 감상하기 좋다. 외관을 비롯한 실내도 깔끔하고 넓은 편이다.

🏠 Thanon Navieng, Ban Phonesavanh
📞 061-312-095, 020-234-0546
💲 더블 80,000K(선풍기, 개인욕실, TV, 성수기)

19 나이스 게스트하우스 Nice Guest House ✪

여행자들에게 꾸준히 인기를 끌어온 숙소 중 하나로, 위치나 서비스 면에서 가격 대비 만족도가 높다. 건물 입구를 지나 작은 마당을 겸하는 휴게공간이 나타난다. 바로 옆에 독쿤 게스트하우스(Dok Khoune Guest House)와 마주하고 서 있어서 객실 내 채광 상태는 썩 좋지 않지만 침대와 욕실 모두 깔끔해 만족스럽다. 선풍기만 사용하거나 비수기일 때는 80,000K 아래에서 흥정 가능하다.

🏠 Thanon Xaysana 📞 061-312-454, 020-2222-8658
💲 더블 80,000K(선풍기, 개인욕실, TV, 성수기)

20 독쿤 호텔 Dok Khoune Hotel ✪

독쿤 게스트하우스와 같은 주인장이 운영하는 곳으로 복도를 따라 일렬로 방이 배치되어 있다. 총 객실 수는 36개이며, 특별한 가구가 없어 객실이 더 넓어 보인다. 독쿤 게스트하우스는 총 30개의 객실이 있으며, 객실료가 더 저렴하다. 간혹 조식 포함을 조건으로 10,000K을 추가로 요구하기도 한다.

🏠 Thanon Xaysana 📞 061-312-289
💲 더블 120,000K(선풍기, 개인욕실, TV, 냉장고, 조식 포함, 성수기)

21 싸바이디 게스트하우스 Sabaidee Guest House ✪

폰싸완 여행자 거리에서 가장 저렴한 숙소로, 딸랏 까씨깜 시장 인근에 있으며 총 12개의 객실을 운영한다. 텔레비전 없이 기본적인 가구만 갖추었으며 침대 위에 모기장이 설치되어 있다. 방에 따라 냄새가 나거나 수압이 좋지 않을 수 있으므로 방을 얻기 전에 확인하는 게 좋다.

🏠 Thanon Navieng, Ban Phonesavanh 📞 020-5506-8174
💲 더블 60,000K(선풍기, 개인욕실, 성수기)

18

19
Nice Guesthouse

20
DOKKHOUNE HOTEL

21
TOUR OFFICE

02

북부

농키아우

-

므앙응오이

-

므앙싸이

-

루앙남타

-

므앙씽

-

훼이싸이

농키아우

Nong Khiaw | ໜອງຂຽວ

흔히 남쏭 강이 흐르는 방비엥과 비견되는 농키아우. 카르스트 지형의 높은 산들이 마을을 감싸고, 그 앞을 남우 강이 유유자적 흐르기 때문이다. 아침마다 물안개가 짙게 마을을 감싸고, 해질녘 노을은 부드럽게 산과 강을 물들인다. 방비엥이 그랬듯 여행자들은 이 외딴 시골마을의 평화로움에 반해 험한 길도 마다않고 모여든다. 여행자 거리는 그리 크지 않지만 전망 좋은 방갈로와 맛있는 레스토랑, 은행과 우체국, 여행사 등 모든 편의시설이 잘 갖춰져 있어 생활하는 데 불편함은 없다. 농키아우에 도착한 이들은 강물을 따라 카약을 타거나 튜빙을 하면서 물놀이를 하거나 방갈로의 해먹에 누워 맥주를 마시며 게으름을 부린다. 그러다 싫증 나면 깊은 산속으로 동굴 탐험을 나서거나 선착장에서 배를 타고 오지로 떠난다.

중국
China
징홍
Jinghong
멍라
Mengla
디엔비엔푸
Điện Biên Phủ
쏩훈
Sop Hun
떠이 짱
Tây Trang
미얀마
Myanmar
므앙씽
Muang Sing
루앙남타
Luang Namtha
므앙응오이
Muang Ngoi
므앙싸이
Muang Xai
농키아우
Nong Khiaw
훼이싸이
Huay Xai
치앙콩
Chiang Khong
빡벵
Pakbeng
루앙프라방
Luang Prabang
폰싸완
Phonsavan
치앙마이
Chiang Mai
방비엥
Vang Vieng
라오스
Laos
비엔티안
Vientiane
농카이
Nong Khai
우돈타니
Udon Thani
하노이
Ha nôi
하이퐁
Hai Phong
베트남
Vietnam
남중국해
South China Sea
빈
Vinh
꺼우 쨰오
Cầu Treo
남파오
Nam Phao
짜로
Cha Lo
나파오
Na Phao
나콘파놈
Nakhon Phanom
타켁
Thakhek
묵다한
Mukdahan
싸완나켓
Savannakhet
단싸완
Dansavan
라오 바오
Lao Bao
후에
Huế
타이
Thailand
빡쎄
Pakse
총멕
Chong Mek
짬빠싹
Champasak
버이
Bờ Y
씨판돈
Si Phan Don
원캄 Veun Kham
동 크랄로
Dong Kralor
스퉁트렝
Stung Treng
캄보디아
Cambodia
프놈펜
Phnom Penh
시엠립
Siem Reap
방콕
Bangkok

Access

+ **루앙프라방** 버스 4시간
+ **므앙싸이** 버스 4시간
+ **므앙응오이** 배 1시간

Model Course

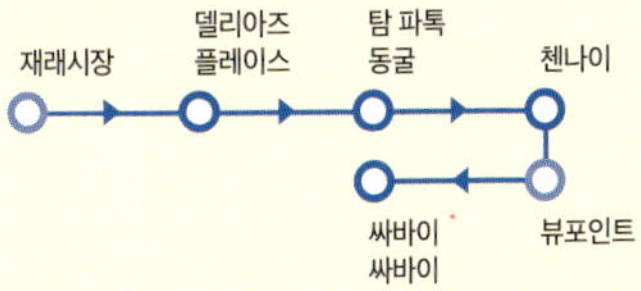

재래시장
델리아즈 플레이스
탐 파톡 동굴
첸나이
뷰포인트
싸바이 싸바이

농키아우

기본 정보

-

INFORMATION

1 방향 잡기

루앙프라방에서 미니밴을 타고 올 경우, 운이 좋으면 버스터미널이 아닌 BECL 은행이나 여행자 거리가 시작되는 다리까지 데려다주기도 한다. 버스터미널에서 내렸을 경우에는 주유소가 있는 메인 도로를 따라 걷거나 뚝뚝을 합승하면 된다. 여행자 거리는 마을을 가로지르는 남우 강을 기준으로 두 개의 마을로 나뉜다. 서쪽은 반 농키아우Ban Nong Khiaw, 동쪽은 반 쏩훈Ban Sop Houn으로 부르며, 반 쏩훈 마을에 비교적 저렴한 숙소가 몰려 있다.

2 환전

2012년 BECL 은행이 들어서면서 다리 건너 반 쏩훈 마을에도 ATM이 생겨 환전이나 현금 인출에 큰 어려움은 없다. 은행은 월요일부터 금요일, 오전 8시 30분부터 오후 3시 30분까지 업무를 보며, 주말에는 문을 닫는다. 므앙응오이를 비롯 남우 강 주변의 오지마을에 들어갈 예정이라면 넉넉하게 환전해 둔다.

3 여행자 안내소

선착장 부근에 안내소가 있지만 간단한 사진 정보만 있을 뿐 제대로 운영되지 않는다. 사설 여행사보다 제공하는 정보가 적고, 비수기를 포함해 보트 일꾼들이 사용하는 경우가 많다. 차라리 반 농키아우 마을에 있는 그린 디스커버리나 타이거 트레일Tiger Trail에서 제대로 된 여행 정보를 얻을 수 있으며, 다리 건너에는 암벽등반을 안내하는 주얼Jewel 등의 현지 여행사가 줄지어 있다.

Tourism Information

4 시내 교통수단

여행자 거리가 크지 않아 대부분 걸어서 다닌다. 버스터미널에서 여행자 거리까지는 1인당 5,000K에 합승 가능하다. 탐 파톡Tham Pha Thok 동굴 등을 가기 위해서는 산악용 자전거나 오토바이를 빌려야 하는데 자전거는 24시간 기준 일반 30,000K, 산악용은 50,000K에 렌트 가능하다. 오토바이는 70,000만K부터.

5 여행 시기

우기를 목전에 둔 4월이 가장 덥지만 한낮에도 30℃를 넘지 않으며, 산과 강 덕택에 다른 곳보다는 시원한 편이다. 우기에 속하는 5월부터 10월까지는 수량이 늘어나므로 남우 강에서 카약을 타거나 물놀이 등의 액티비티를 할 경우 주의해야 한다. 건기인 12월부터 1월까지는 평균 기온이 20℃를 넘지 않으며, 아침저녁으로 춥다고 느껴질 정도이므로 긴팔 옷을 미리 챙긴다.

6 주의사항

방비엥과 마찬가지로 조용한 시골마을에 지나지 않지만 여행자를 위한 각종 액티비티가 다양하다. 수영에 익숙하지 않다면 카약이나 튜브를 타고 물놀이할 때 반드시 구명조끼를 입는다. 카르스트 지형인 관계로 산 곳곳에 크고 작은 동굴이 있는데, 개인적인 탐험보다는 현지 지리에 밝은 가이드를 따라나서는 것이 안전하다. 경사가 험한 곳이 많으므로 트레킹을 나설 때는 슬리퍼가 아닌 스포츠 샌들이나 운동화를 신는 것이 좋다. 목조나 대나무로 만든 방갈로 등의 허술한 숙소에서 간혹 도난 사건이 생기기도 하므로, 외출할 때는 개인 자물쇠로 문단속을 철저히 한다.

농키아우

드나들기

–

TRANSIT

1 버스

여행자 거리는 버스터미널에서 서쪽으로 1.5km 떨어져 있으며, 썽태우를 합승할 경우 1인당 5,000K에 흥정한다. 농키아우 버스터미널을 오가는 차편은 단출하다. 루앙프라방과 므앙싸이, 빡몽 Pak Mong 등지를 오가는 미니밴이 하루 1회 이상 출발할 뿐이다. 루앙프라방으로 가는 차편은 남부와 북부로 가느냐에 따라 출발하는 시간과 티켓 값이 다르므로 미리 확인한다. 북쪽에 위치한 루앙남타, 훼이싸이 등지로 가고 싶다면 빡몽에서 로컬 버스로 갈아타야 하는데, 9인승 미니밴에 최대 18명까지 합승하기도 하므로 장시간 탑승하는 것은 심사숙고해서 결정한다. 빡몽에서는 또 남쪽에 있는 방비엥이나 비엔티안으로 가는 슬리핑 버스도 운행한다.

농키아우 버스터미널 주요 노선

목적지	종류	출발 시각	요금(K)	소요 시간
루앙프라방(북부)	로컬	08:30, 10:00, 12:00	40,000	4시간
루앙프라방(남부)	미니밴	13:30	55,000	
므앙싸이(우돔싸이)	미니밴	11:00	45,000	4.5시간
빡몽	미니밴	인원 모이는 대로 수시 출발	25,000	1시간

NONG KHIAW BUS STATION

2 보트

간혹 루앙프라방까지 보트가 운행되기도 하지만 버스보다 속도도 느리고 불편해 이용하는 사람이 적다. 선착장에서 배를 타는 대부분의 경우는 남우 강을 거슬러 므앙응오이Muang Ngoi 같은 오지마을로 가기 위해서다. 다리 밑 매표소에 정해진 가격에 티켓을 판매하며, 보통 오전과 오후로 나누어 하루 두 차례 출발한다. 보통 최소 출발 인원은 5명이며, 므앙쿠아Muang Khua처럼 여행자의 발길이 뜸한 곳을 갈 때는 보트 전체를 빌려야 하는 일도 발생한다. 므앙응오이에 가기 위해 보트를 하루 대여할 경우 6명 기준, 500,000K이며, 므앙쿠아까지는 1,500,000K, 루앙프라방까지 갈 경우에는 1,850,000K이다.

보트 주요 노선

목적지	출발 시각	요금(K)	소요 시간
므앙응오이	11:00, 14:00	25,000	1시간
므앙쿠아	11:00(최소 출발 10명)	120,000	5시간

Attraction

1 탐 파톡 동굴 Tham Pha Thok ✪✪✪

베트남전쟁 당시 미국은 인도차이나 반도에 어마어마한 양의 폭탄과 고엽제를 뿌려댔다. 당시 하늘에서 쏟아지는 폭탄 세례를 피하기 위해 많은 주민들이 탐 파톡이나 주변에 있는 탐 뱅크(Tham Bank) 같은 동굴로 숨어들었다고 한다. 다리에서 동쪽으로 약 3km 떨어져 있으며, 작은 갯가 대나무다리를 지나면 동굴 입구가 나타난다. 안은 매우 어두우므로 휴대용 랜턴 없이는 깊이 들어가지 않는다. 오가는 시골길이 아름다우므로 가벼운 사이클링 삼아 나서 보길.

Ban Pha Thok Ⓢ 5,000K

2 뷰포인트 View Point ✪✪

다리에서 500m 떨어진, 반 쏩훈 마을의 숙소 밀집지역 끝에 표지판이 있으므로 입구를 찾기 어렵지 않다. 다만 올라가는 길이 험하므로 슬리퍼보다는 운동화 등을 착용하고, 일출과 일몰 때는 휴대용 랜턴을 반드시 지참한다. 한 시간 반의 힘든 산행을 마치면 그림처럼 아름다운 풍경이 발아래 펼쳐진다.

Ban Sop Houn Ⓢ 20,000K

Leisure

3 폭포 & 오지마을 투어 Waterfall & Village Tour ✪✪

농키아우 주변의 시골마을을 둘러보며 각종 액티비티를 즐기는 프로그램으로, 크고 작은 폭포와 몽 족 마을 홈스테이, 트레킹 등을 결합했다. 일정과 코스에 따라 보트를 타거나 사이클링, 카약킹 등을 추가할 수도 있다. 그린 디스커버리 등 대부분의 여행사에서 비슷한 상품을 취급하지만 일정과 가격, 안정성 등을 비교해서 선택한다.

4 암벽등반 Climbing ✪✪

방비엥과 마찬가지로 농키아우에서도 아찔한 암벽등반을 즐길 수 있다. 등반자의 레벨에 맞춰 다양한 코스가 준비돼 있으며, 클라이밍 센터를 통하면 등반화와 하네스, 로프 등의 물건도 대여해 준다.

1

View Point
360°
Community Project
GREAT PanoramaView
Notice

2

3

Nong Khiaw Climbing Center

4

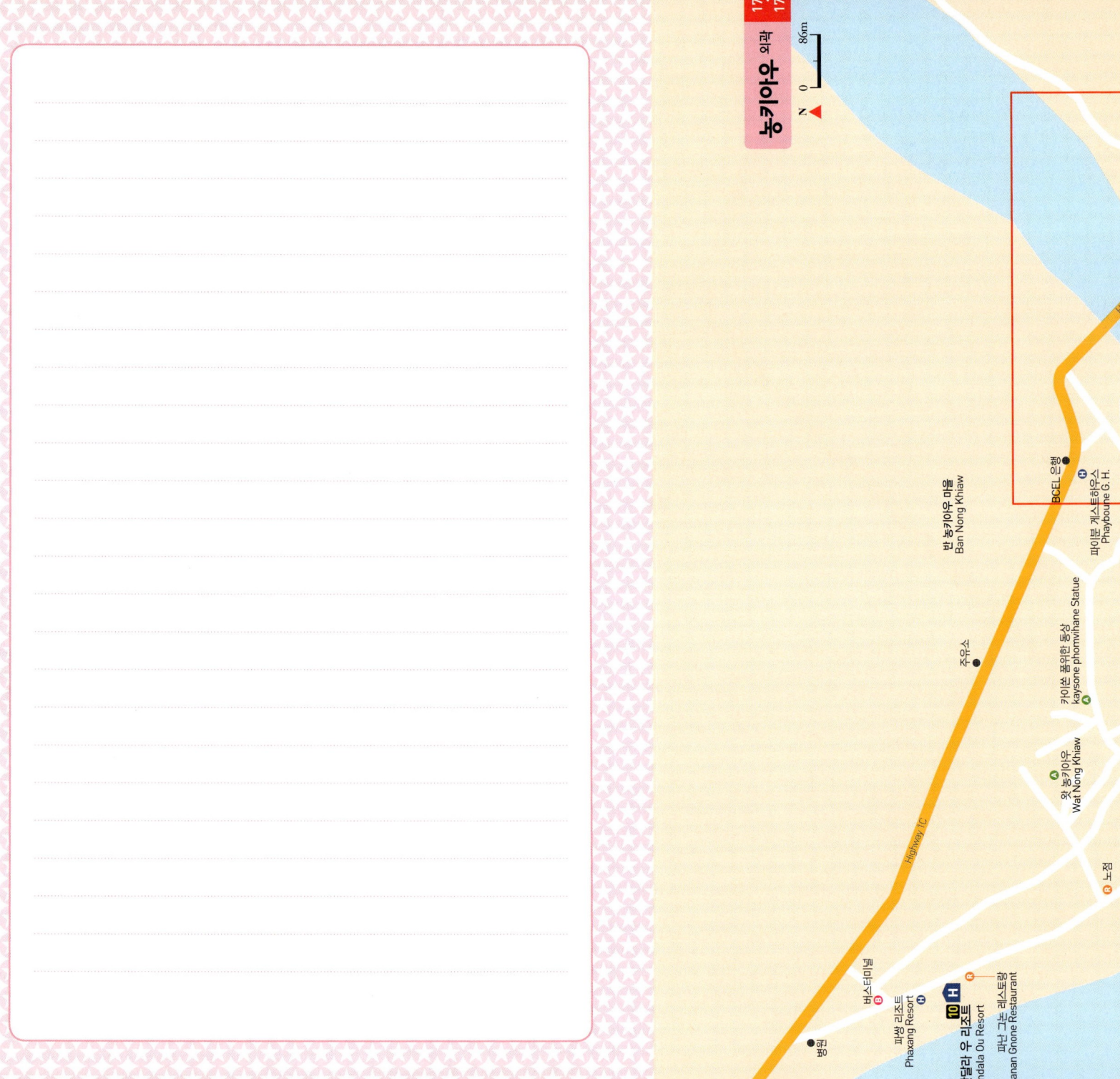

농키아우 외곽
171
172
N
0
86m
병원
버스터미널
파쌍 리조트
Phaxang Resort
10
만달라 우 리조트
Mandala Ou Resort
파난 그논 레스토랑
Phanan Gnone Restaurant
Highway 1C
주유소
반 농키아우 마을
Ban Nong Khiaw
왓 농키아우
Wat Nong Khiaw
카이쏜 폼위한 동상
kaysone phomvihane Statue
BCEL 은행
파이분 게스트하우스
Phayboune G. H.
노점
노점
5
재래시장
약국
보트 선착장
(므앙응오이/므앙쿠아/
루앙프라방행)
Highway 1C
반 쏩훈 마을
Ban Sop Houn
남우 강
Nam Ou
포 싸이 게스트하우스
Pho Sai G. H.
남우 리버 롯지
Nam Ou River Lodge
1 탐 파톡 동굴 Tham Pha Thok

농키아우 시내

N 0 33m
농키아우 리버사이드 11 Nong Khiau Riverside
선라이즈 게스트하우스 Sunrise G. H. 13
ATM
파노이 게스트하우스 Phanoi G. H.
딘 레스토랑 Deen Restaurant
웡 마니 게스트하우스 Vong Mani G. H.
위낫 레스토랑 Vinat Restaurant
7 쩬나이 Chennai
풀리싹 게스트하우스 Phulisack G. H.
농키아우 백패커스 & 돔 NK Backpackers & Dorm
싸이탄 게스트하우스 Sythane G. H.
반 쏩훈 마을 Ban Sop Houn
선셋 게스트하우스 Sunset G. H. 12
뱀부 게스트하우스 Bamboo G. H.
노이매니 레스토랑 Noymany Restaurant
미싸이 게스트하우스 14 Meexai G. H.
9 알렉스 Alex
8 싸바이 싸바이 Sabai Sabai
2 뷰포인트 View Point
왓 쏩훈 Wat Sophoun
남훈 게스트하우스 Nam Houn G. H.
암파이 게스트하우스 Amphai G. H.
Highway 1C
남우 강 Nam Ou
BCEL 은행
파이분 게스트하우스 Phayboune G. H.
짠다이 마사지 Chandai Massage
미니슈퍼
약국
델리아즈 플레이스 6 Deliah's Place
쎙다오 찌따웡 게스트하우스 Sengdao Chittavong G. H.
우체국
3 4 그린 디스커버리 Green Discovery
바이크 렌트
농키아우 뷰 게스트하우스 Nong Khiaw View G. H.
반 농키아우 마을 Ban Nong Khiaw
노점
여행자 안내소
보트 선착장

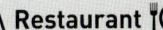

5 재래시장 Local Market ✪✪

남우 강을 따라 마을을 아우르는 도로변에 커다란 나무와 학교가 있다. 그 주변 공터에 매일 새벽 6시부터 두 시간 정도 소박한 재래시장이 펼쳐지는데, 특히 토요일에는 농키아우 주변의 오지마을에서도 물건을 사고팔기 위해 많은 사람들이 내려와 제법 큰 장이 선다.

6 델리아즈 플레이스 Deliah's Place ✪✪✪

타이거 트레일 주인장이 운영하는 레스토랑이자 각종 엔터테인먼트를 겸한 자유분방한 곳으로, 매일 밤 영화를 보고 맥주를 마시며 당구도 칠 수 있다. 샌드위치를 비롯한 여행자 메뉴도 훌륭하지만 아이스커피나 생과일 주스 같은 음료도 괜찮다. 안쪽에는 도미토리를 운영한다.

Ban Nong Khiaw · 020-5439-5686 · 07:00-22:00
15,000~40,000K · www.facebook.com/delilahscafe/

7 첸나이 Chennai ✪✪✪

산간벽지에 웬 인도 음식점인가 하고 반문할지 몰라도 제법 그럴 듯한 맛을 낸다. 채식주의자를 위한 채소 카레와 생선요리 등도 선보이며, 아쉽게도 맥주는 마실 수 없다.

Ban Sop Houn · 020-9574-6407
07:30-22:00 · 30,000~50,000K

8 싸바이 싸바이 Sabai Sabai ✪✪✪

다리 동쪽에 있는 이곳은 라오스 전통 마사지와 스팀 허브 사우나, 근사한 야외 레스토랑을 겸하는 곳이다. 다양한 허브를 이용한 뜨끈한 스팀 사우나와 마사지로 여행의 피로를 푼 뒤, 잘 가꾼 정원에서 시원한 맥주와 함께 저녁까지 든든하게 먹고 나면 세상 부러울 게 없다.

Ban Sop Houn · 020-5868-6068
09:00-20:00
스팀 허브 사우나 20,000K 전신 마사지 50,000K~

9 알렉스 Alex ✪✪

선착장 반대편에 형성된 숙소 밀집 지역에 있어 한적하고 아늑하다. 쌀국수, 볶음밥 같은 간단한 라오스 음식부터 각종 서양 요리까지 온갖 메뉴가 총망라되어 있지만 음식 나오는 속도가 조금 더딘 편이다.

Ban Sop Houn · 030-5544-0540 · 06:30-23:00
20,000~40,000K

7

5

Restaurant Rooms Tours
DELILAH's
Free WiFi
Dorms
RESTAURANT
Bakery Cafe
DAILY SPECIALS
6

CHENNAI RESTAURANT
INDIAN FOOD
7

8

9

10 만달라 우 리조트
Mandala Ou Resort ✪✪✪

버스터미널 인근에 위치한 부티크호텔로, 농키아우에서 유일하게 수영장을 갖추고 있다. 10개의 객실과 레스토랑을 운영하며, 스페셜 메뉴인 만달라 버거는 홈메이드 소고기 패티에 신선한 채소와 치즈가 어우러져 풍성한 맛을 선사한다. 무료로 자전거를 대여해 주며 비수기에는 숙박비를 $20 정도 할인한다.

Ban Nong Khiaw 030-537-7332
리버 뷰 방갈로 $65 가든 뷰 방갈로 $55
www.mandala-ou.com

11 농키아우 리버사이드
Nong Khiau Riverside ✪✪✪

농키아우에서 가장 좋은 컨디션을 자랑하는 방갈로형 리조트. 남우 강이 한눈에 들어오는 풍광도 근사하고 서비스도 만족스럽다. 냉장고와 안전금고, 온수 샤워가 가능한 개인욕실을 갖췄으며, 객실마다 발코니도 있다. 15개의 객실과 레스토랑을 운영하며, 조식 및 자전거 대여는 무료다.

Ban Sop Houn 071-810-004
더블 $54 nongkiau.com

12 선셋 게스트하우스
Sunset Guest House ✪✪

남우 강을 바라보고 지어진 목조 방갈로 형태로, 기본적인 시설만 갖췄지만 숙소 내부는 깔끔한 편이다. 이름처럼 강변에 위치한 레스토랑과 숙소에서 일몰을 바라볼 수 있다.

Ban Sop Houn 071-810-033, 020-5557-1033
더블 100,000K(선풍기, 개인욕실)

13 선라이즈 게스트하우스
Sunrise Guest House ✪

다리를 건너자마자 왼편에 나타나는 첫 번째 방갈로 숙소로, 오랫동안 여행자의 사랑을 받아왔다. 남우 강을 바라보고 지어진 방갈로마다 해먹이 걸려 있다.

Ban Sop Houn 020-2247-8799
더블 60,000K~(선풍기, 개인욕실)

14 미싸이 게스트하우스
Meexai Guest House ✪

보트 선착장 맞은편에 자리한 합리적인 가격의 숙소. 복층의 콘크리트 건물에 바닥도 타일로 되어 있어 객실 내부가 깔끔한 편이다. 강변 조망은 2층 발코니에서만 가능하다.

Ban Sop Houn 030-923-0762
70,000K(선풍기, 개인욕실)

10

11

14

12

13

므앙응오이

Muang Ngoi | เมืองงอย

산속 작은 마을인 므앙응오이는 라오스에서도 오지에 속한다. 소박하고 인심 좋은 우리네 시골 같아서 생각보다 오래 머물게 되는 곳이기도 하다. 육지 속의 섬 같은 곳이라 갈 수 있는 방법은 오직 보트를 타는 것뿐이지만 가는 길의 풍경이 아름다워, 고되기보다는 뱃놀이 삼아 즐길 만하다. 마을에 도착하면 소들은 무리지어 강변에서 풀을 먹고, 흙먼지 풀럭이는 길에서 눈 맑은 꼬마들이 뛰어다니는 모습을 볼 수 있다. 입소문이 제법 퍼져 여행자를 위한 숙소와 레스토랑 등이 들어서 있지만 도시에 비하면 여전히 부족한 것투성이다. 그도 그럴 것이 2013년 전까지만 해도 므앙응오이에는 전기가 들어오지 않았다. 지금은 뒷산에서 흘러내리는 물을 이용해 발전기를 돌려 24시간 전기가 들어오고 빠르지는 않지만 무선 인터넷도 사용 가능하다.

Access

+ 농키아우 배 1시간

+ 므앙쿠아 배 4시간

Model Course

펫다완 → 탐깡 동굴 → 리버사이드 → 탐 파노이 동굴 → 비 트리 바

중국
China
징홍
Jinghong
멍라
Mengla
디엔비엔푸
Điện Biên Phủ
쏩훈
Sop Hun
떠이 짱
Tây Trang
하노이
Ha nội
미얀마
Myanmar
므앙씽
Muang Sing
루앙남타
Luang Namtha
므앙응오이
Muang Ngoi
하이퐁
Hai Phong
므앙싸이
Muang Xai
농키아우
Nong Khiaw
훼이싸이
Huay Xai
치앙콩
Chiang Khong
베트남
Vietnam
빡벵
Pakbeng
루앙프라방
Luang Prabang
폰싸완
Phonsavan
치앙마이
Chiang Mai
방비엥
Vang Vieng
남중국해
South China Sea
라오스
Laos
빈
Vinh
까우 쩨오
Cầu Treo
비엔티안
Vientiane
남파오
Nam Phao
농카이
Nong Khai
짜로
Cha Lo
우돈타니
Udon Thani
나콘파놈
Nakhon Phanom
타캑
Thakhek
나파오
Na Phao
묵다한
Mukdahan
싸완나켓
Savannakhet
단싸완
Dansavan
라오 바오
Lao Bao
후에
Huế
타이
Thailand
빡쎄
Pakse
총멕
Chong Mek
짬빠싹
Champasak
버이
Bờ Y
씨판돈
Si Phan Don
원캄
Veun Kham
방콕
Bangkok
캄보디아
Cambodia
프놈펜
Phnom Penh
동 크랄로
Dong Kralor
시엠립
Siem Reap
스퉁트렝
Stung Treng

므앙응오이

기본 정보

INFORMATION

1 방향 잡기

여행자 거리가 형성된 마을의 정식 명칭은 반 노이 까오Ban Ngoy Kao이며, 전체를 둘러보는 데 20분이면 넉넉하다. 선착장에 도착해 계단을 오르면 남북으로 긴 형태의 마을이 나타난다. 500m 남짓의 비포장도로에 은행이나 버스정류장은 없지만 기본적인 시설을 갖춘 숙소와 레스토랑, 마사지숍과 여행사 등이 줄지어 있어 생활에 큰 어려움은 없다. 곧게 뻗은 도로를 따라 북쪽 끝에 왓 오깟 싸이아람Wat Okad Sayaram이, 남쪽 끝에 비 트리 바Bee Tree Bar가 있다. 마을 동쪽으로 학교가 있으며, 이 길을 따라가면 탐깡Tham Kang 동굴과 반 훼이보Ban Huay Bo, 반 훼이쎈Ban Hauy Sen 등의 시골마을이 나타난다.

2 환전

은행은 물론 ATM도 없다. 숙소나 레스토랑 등 여행자를 상대하는 대부분의 업소에서 환전을 해 주지만 환율이 좋지 않다. 농키아우나 대도시에서 미리 환전해서 오는 게 가장 좋다.

3 여행자 안내소

외딴 마을이기 때문에 정부에서 운영하는 안내소는 없지만 선착장 부근의 라오 유스 트래블Lao Youth Travel에 가면 주변 시골마을과 동굴을 둘러보는 트레킹, 홈스테이, 카약과 낚시 등 주변 관광지와 액티비티에 대해 자세히 알아볼 수 있다. 투어 상품은 일정과 액티비티 내용에 따라 비용이 달라지며, 최소 참여 인원이 정해져 있으므로 미리 문의하는 게 좋다.

YOUTH TRAVEL

4 시내 교통수단

므앙응오이에 오갈 때를 제외하고는 대부분의 여행자가 걸어서 다닌다. 탐깡 동굴이나 멀리 있는 다른 오지마을까지도 트레킹 삼아 걷는다. 성격이 급한 여행자라면 자전거를 빌리는 것도 한 방법이다. 오토바이나 뚝뚝은 없고 자전거는 24시간 기준, 20,000K에 대여 가능하다.

5 여행 시기

4월이 가장 더운 시기지만 높은 산과 강 덕택에 무더위가 심하지는 않다. 한낮 온도가 30℃ 내외로 간단한 야외 활동을 하기 알맞다. 5월부터 10월까지는 우기에 속하며, 비수기이므로 숙소를 잡을 때 소개하는 가격보다 낮은 금액으로 협상할 수 있다. 우기에는 수량이 늘어나므로 남우 강에서 카약을 타거나 수영 등의 액티비티를 할 때 안전사고에 유의한다. 여행하기 가장 좋은 시즌은 건기인 12월부터 2월까지다. 다만 아침저녁으로 선선하기 때문에 바람막이나 긴팔 티셔츠 등을 챙기는 게 좋다.

6 주의사항

우기에는 남우 강의 수량이 늘어나므로 카약이나 수영 등의 물놀이를 할 때는 구명조끼를 입는 것이 좋다. 농키아우와 마찬가지로 일대에 곳곳에 크고 작은 동굴이 있어 개별적으로 트레킹 삼아 나서기도 하는데, 휴대용 랜턴을 꼭 지참하고 발밑이 미끄러지지 않는 스포츠 샌들이나 운동화를 신는다. 산간마을이라 해가 빨리 떨어지는 데다 메인 도로는 오후 11시경에 전체 소등하므로, 멀리 외출했다면 해가 지기 전에 돌아오는 것이 안전하다.

므앙응오이

드나들기

–

TRANSIT

1 보트

오지에 속하는 므앙응오이에도 드디어 도로가 연결되었다. 하지만 버스 등의 대중교통이 없고, 차량으로 이동할 경우 2시간 반이나 걸려 대부분의 여행자는 여전히 농키아우나 므앙쿠아 선착장에서 보트를 이용해 오간다. 므앙응오이에서 출발하는 보트는 매일 아침 9시 30분에 출발하며, 여행자의 수에 따라 배편이 확대, 축소된다. 매표소에서 하루 전에 미리 티켓을 끊거나 당일 아침에 나서서 구매하면 된다. 므앙쿠아로 갈 경우에는 출발 인원에 따라 티켓 가격이 달라지므로, 최소 출발 인원을 채우지 못했다면 가격을 흥정해야 한다. 보트 일일 대여는 6명 기준, 1,000,000~1,200,000K.

보트 주요 노선

목적지	출발 시각	요금(K)	소요 시간
농키아우	09:30	25,000	1시간
므앙쿠아	09:00(인원이 모이는 대로 출발)	100,000	5시간

2 버스

므앙응오이에서 므앙쿠아를 거쳐 가는 육로 여정을 꾸린다면 길이 조금 복잡하다. 우선 므앙쿠아 선착장에서 배를 타고 강을 건너야 한다. 썽태우나 뚝뚝을 타고 버스터미널로 다시 이동하는데, 이때 썽태우 합승 요금은 1인 5,000K이다. 버스터미널은 2km 떨어진 반 단느아Ban Dan Neua 마을에 있으며, 하루 3번08:30, 12:00, 15:00 므앙싸이로 출발한다. 로컬 버스로 3시간 걸리며, 요금은 35,000K이다.

므앙쿠아는 베트남과 국경을 면하고 있는데, 베트남 북서부 도시인 디엔비엔푸Dien Bien Phu까지는 여행사 버스로 4시간 정도 걸린다.

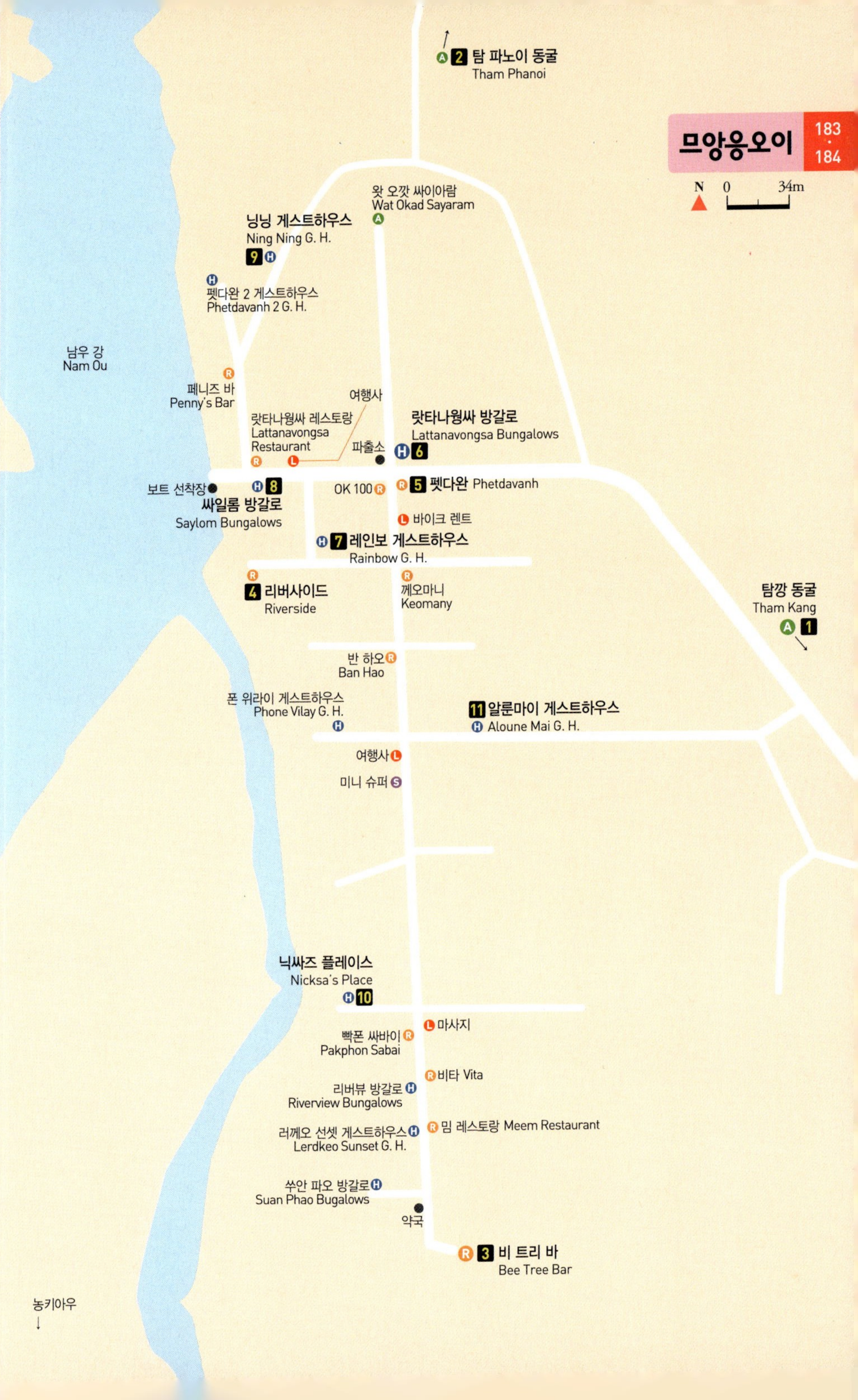

므앙응오이
183·184
N 0 34m
2 탐 파노이 동굴 Tham Phanoi
왓 오깟 싸이아람 Wat Okad Sayaram
닝닝 게스트하우스 Ning Ning G. H. 9
펫다완 2 게스트하우스 Phetdavanh 2 G. H.
남우 강 Nam Ou
페니즈 바 Penny's Bar
여행사
랏타나웡싸 레스토랑 Lattanavongsa Restaurant
파출소
랏타나웡싸 방갈로 Lattanavongsa Bungalows 6
보트 선착장
8 싸일롬 방갈로 Saylom Bungalows
OK 100
5 펫다완 Phetdavanh
바이크 렌트
7 레인보 게스트하우스 Rainbow G. H.
4 리버사이드 Riverside
께오마니 Keomany
탐깡 동굴 Tham Kang 1
반 하오 Ban Hao
폰 위라이 게스트하우스 Phone Vilay G. H.
11 알룬마이 게스트하우스 Aloune Mai G. H.
여행사
미니 슈퍼
닉싸즈 플레이스 Nicksa's Place 10
마사지
빡폰 싸바이 Pakphon Sabai
비타 Vita
리버뷰 방갈로 Riverview Bungalows
밈 레스토랑 Meem Restaurant
러께오 선셋 게스트하우스 Lerdkeo Sunset G. H.
쑤안 파오 방갈로 Suan Phao Bugalows
약국
3 비 트리 바 Bee Tree Bar
농키아우

므앙싸이
N 0 113m
루앙남타
훼이싸이
Highway 13
라오 개발 은행
Lao Development Bank
풍쌀리
비어 가든
Beer Garden
차밍 라오 호텔
Charming Lao Hotel
13
Highway 2E
병원
7 PMC
마사지
라오 텔레콤
Lao Telecom
우체국
약국
노점
카이쏜 동상
경찰서
라오 은행
Lao Bank
차이나 타운
라오 개발 은행
Lao Development Bank
암폰 호텔
Amphon Hotel
왓 싼띠팝 3
Wat Santiphab
11
므앙느아
Muang Neua
미시즈 짠쎅
Mrs. Chansek
주유소
6 재래시장
Local Market
(Thin Market)
쫌옹 동굴 투어 &
트레킹
Chom Ong Cave Tour &
Trekking
4
여행자 안내소
루싸이 시장
Luxay Market
단싸완 호텔
Dansavanh Hotel
위완 게스트하우스 Vivanh G. H.
8
마사지
미시즈 칸야
Mrs Kanya
BCEL 은행
슈퍼
우돔싸이 박물관
Oudomxay Museum
3
라오 차이니즈 레스토랑
Lao-Chinese Restaurant
주유소
남코 강
Nam Kor
빌라 께오썸싹
Villa Keoseumsack
16
15
바이크 렌트
리타위싸이 게스트하우스
Lithavixay G. H.
위라웡 17
게스트하우스
Vilavong G. H.
왓 푸탓
Wat Phu That 1
9 미미 Meemee
적십자 5
마사지 & 사우나
Red Cross
Massage & Sauna
인다라 호텔
Indara Hotel
약국
피자 알로하
Pizza Aloha
12
인도차이나 은행
Indochina Bank
씨쏘 베이커리 10
Siso Bakery
쏙싸이 호텔
Xokxay Hotel
14 프렌드십 호텔
Friendship Hotel
싸녹폰
Sanokphon
우돔싸이 공항
Oudomxay Airport
폰메일 나이트클럽
Phonemail Night Club
쑤린폰 호텔
Sourinphone Hotel
북부 버스터미널
Northern Bus Station
우돔싸이 게스트하우스
Oudomxay G. H.
Highway 13
남부 버스터미널
Southern Bus Station

Attraction

1 탐깡 동굴 Tham Kang ✪✪

므앙응오이에서 약 5km 떨어져 있으며, 메인 도로를 따라 40분 정도 걸어가면 레스토랑을 겸해 입장료를 받는 곳에 도착한다. 동굴 입구에 있는 작은 개울은 더운 날 물놀이하기 좋다. 시간이 허락하면 동굴과 함께 주변 마을도 둘러보자. 탐깡에서 30분 정도 걸으면 반나(Ban Na) 마을이 나타나며 여기서 40분 정도 더 걸으면 반 훼이보 마을에 도착한다.

$ 10,000K

2 탐 파노이 동굴 Tham Phanoi ✪

마을 북쪽의 사원을 지나면 탐 파노이 동굴과 뷰포인트(View Ponit) 이정표가 나타난다. 정상 가는 길 오른편으로 동굴이 있는데, 랜턴 없이는 깊숙이 들어가지 않는 게 좋다. 정상에 오르면 남우 강을 비롯해 주변 풍광이 발아래 펼쳐진다. 험한 산길이라 밑창이 미끄럽지 않은 신발을 신고 가길 권한다.

Restaurant

3 비 트리 바 Bee Tree Bar ✪✪

여행자 거리 남쪽 끝에 있으며, 합성조미료를 넣지 않은 라오스 음식을 선보인다. 잘 가꾼 야외 정원이 눈길을 끄는 이곳은 맥주나 칵테일 한 잔 마시며 저녁 시간을 보내기도 좋다.

☎ 030-208-4877
🕘 11:30-23:00 $ 15,000~50,000K

4 리버사이드 Riverside ✪

간단한 라오스 전통 음식부터 팬케이크, 샌드위치, 피자 같은 서양 요리까지 무난한 편이다. 선착장 입구의 랏따나웡싸(Lattanavongsa)에 비해 한적하고 좀 더 편안한 분위기를 풍기며, 강변에 위치한 탓에 탁 트인 전망을 자랑한다.

☎ 020-2337-7877 🕘 07:00-23:00 $ 25,000~60,000K

5 펫다완 Phetdavanh ✪

게스트하우스와 함께 레스토랑을 운영하는 곳으로, 저녁마다 채식 뷔페가 열린다. 볶음밥, 볶음국수, 샐러드, 커리 등 10가지 이상의 메뉴가 제공되며, 차와 디저트까지 포함돼 있어 배불리 먹을 수 있다. 성수기에는 빵과 샐러드, 커리 등으로 구성된 브렉퍼스트 뷔페를 오전에 운영한다.

☎ 030-514-1599 🕘 07:00-10:00, 18:00-22:00
$ 25,000~40,000K

1

2

3
Bee Tree
Food & Bar

4

5
DINNER
BUFFET
25,000

6 랏타나웡싸 방갈로
Lattanavongsa Bungalows ✪✪

독채 형태의 대나무 방갈로는 비교적 최근에 지어져 내부가 깔끔하다. 강변이 아니라서 조망이 아쉽지만 넓고 잘 가꿔진 정원이 있어 답답하지는 않다.

030-514-0770, 020-2236-2444

성수기 100,000K 비수기 50,000K(선풍기, 개인욕실)

7 레인보 게스트하우스
Rainbow Guest House ✪

선착장과 가까워 찾기 편리하다. 견고한 2층짜리 콘크리트 건물에 숙소가 줄지어 있으며, 1층보다는 2층이 밝고 전망이 좋다. 기본적인 가구만 갖춘 실내에는 모기장이 설치돼 있다. 저렴한 가격의 메뉴를 갖춘 레스토랑을 함께 운영한다.

030-514-2296, 020-221-0787

성수기 80,000K 비수기 50,000K(선풍기, 개인욕실)

8 싸일롬 방갈로 Saylom Bungalows ✪

선착장 바로 앞에 있는 게스트하우스로, 몇몇 방갈로에서는 남우 강을 바라볼 수 있다. 외관은 약간 허름하지만 내부는 깨끗한 편이다. 모기장도 설치돼 있다.

030-9235-830

성수기 60,000K 비수기 40,000K(선풍기, 개인욕실)

9 닝닝 게스트하우스
Ning Ning Guest House ✪

선착장에서 왼편으로 난 골목 끝에 있으며, 게스트하우스와 레스토랑을 함께 운영한다. 방갈로 내부는 다른 곳보다 조금 더 넓지만 전망은 좋지 않다. 대신 강변 레스토랑에서 한적하고 조용하게 쉬기 좋다.

020-388-0122

성수기 80,000K 비수기 50,000K(선풍기, 개인욕실)

10 닉싸즈 플레이스 Nicksa's Place ✪

마을을 관통하는 도로 중간쯤에 위치한 곳으로, 독립된 형태의 대나무 방갈로를 운영한다. 객실마다 발코니가 있으며 다른 곳과 달리 방마다 두 개의 해먹이 매달려 있다.

020-366-5957

성수기 60,000K 비수기 40,000K(선풍기, 개인욕실)

11 알룬마이 게스트하우스
Aloune Mai Guest House ✪

조용하고 한가로운 숙소로, 조금 허름하지만 나름의 운치가 있다. 커다란 1층 건물에 목조 방갈로가 나란히 붙어 있는 형태로, 객실마다 발코니가 딸려 있다.

020-2386-3255

성수기 50,000K 비수기 30,000K(선풍기, 개인욕실)

6

7

8

9

WELCOME TO
NICKSA'S PLACE BUNGALOWS
& RESTAURANT RIVER VIEW
NICKSA'S RESTAURANT
LAUNDRY
PADDLE BOAT
10

11

므앙싸이

Muang Xay | ເມືອງໄຊ

대나무가 울창하고 다양한 소수민족이 어울려 사는 작은 마을에 지나지 않았던 므앙싸이는 베트남전쟁 이후 재건되면서 라오스 북부에서 가장 활기 넘치는 도시가 되었다. 1987년 우돔싸이 Oudomxay의 주도가 되면서 라오스 북부 교통과 무역의 중심지로 자리매김했다. 특히 중국 국경과 가까운 데다 도시 인구 중 화교華僑의 비율이 높아 라오스의 차이나타운이라 불리기도 한다. 거리 곳곳에서 한자로 표기된 간판을 손쉽게 볼 수 있고, 실제 도심에는 중국인 시장이 따로 있을 정도. 중국과의 교역이 점점 커지면서 여행자 거리에는 글로벌 은행과 현대식 숙소들이 빼곡하게 들어섰다. 하지만 도시 규모에 비해 큰 볼거리는 없는 편이라 대부분의 여행자는 하루 이틀 정도 이곳에서 머물다가 라오스 북부로 향하거나 국제버스를 타고 다른 나라로 넘어간다.

Access

+ **루앙프라방** 버스 7시간
+ **농키아우** 버스 4.5시간
+ **루앙남타** 버스 3시간
+ **중국 징홍** 버스 6시간

Model Course

미시즈 칸야 → 왓 푸탓 → 우돔싸이 박물관 → 왓 싼띠팝 → 차밍라오 호텔 레스토랑 → PMC → 재래시장 → 미미

중국
China
징홍
Jinghong
멍라
Mengla
디엔비엔푸
Điện Biên Phủ
쏩훈
Sop Hun
떠이 짱
Tây Trang
미얀마
Myanmar
므앙씽
Muang Sing
루앙남타
Luang Namtha
므앙응오이
Muang Ngoi
하노이
Ha nôi
하이퐁
Hai Phong
훼이싸이
Huay Xai
므앙싸이
Muang Xai
농키아우
Nong Khiaw
치앙콩
Chiang Khong
베트남
Vietnam
빡벵
Pakbeng
루앙프라방
Luang Prabang
폰싸완
Phonsavan
치앙마이
Chiang Mai
방비엥
Vang Vieng
남중국해
South China Sea
라오스
Laos
빈
Vinh
꺼우 째오
Cầu Treo
비엔티안
Vientiane
남파오
Nam Phao
농카이
Nong Khai
짜로
Cha Lo
우돈타니
Udon Thani
나콘파놈
Nakhon Phanom
타켁
Thakhek
나파오
Na Phao
묵다한
Mukdahan
싸완나켓
Savannakhet
단싸완
Dansavan
라오 바오
Lao Bao
후에
Huế
타이
Thailand
빡쎄
Pakse
총멕
Chong Mek
짬빠싹
Champasak
버이
Bờ Y
씨판돈
Si Phan Don
원캄
Veun Kham
캄보디아
Cambodia
동 크랄로
Dong Kralor
방콕
Bangkok
프놈펜
Phnom Penh
시엠립
Siem Reap
스퉁트렝
Stung Treng

므앙싸이

기본 정보

–

INFORMATION

1 방향 잡기

버스터미널에서 북쪽으로 여행자 거리가 형성돼 있어 썽태우를 타고 중심가로 이동하는 게 편리하다. 도시는 13번 국도를 따라 남북으로 긴 방사형으로 형성되어 있으며, 남코Nam Kor 강이 도시를 관통하며 흐른다. 다리를 기준으로 북쪽에 시장과 우체국, 경찰서 등이 있고, 남쪽으로 여행자를 위한 각종 편의시설이 자리하고 있다. 저렴한 숙소는 왓 푸탓Wat Phu That 인근에 몰려 있다.

2 환전

중국과의 교역 확대로 다른 어느 곳보다 금융시설이 잘 갖춰져 있다. BECL과 라오 개발 은행 외에도 인도차이나 은행이 있으며, 시장 내에는 사설 환전소가 있다. 은행은 월요일부터 금요일, 오전 8시 30분부터 오후 3시 30분까지 업무를 보며, 주말에는 문을 닫는다. 북부 도시로 넘어갈 예정이라면 일정을 고려해 넉넉하게 환전하는 게 유리하다.

JDB
ATM
24h
VISA

3 여행자 안내소

남코 다리를 건너 단싸완 호텔Dansavanh Hotel 바로 옆에 있다. 다른 어느 도시보다 직원들이 친절하며, 여행자를 위한 지도와 정보 제공 외에 다양한 업무를 맡고 있다. 므앙싸이에서 45km 떨어져 있는 쫌옹 동굴Chom Ong Cave과 소수민족 마을을 둘러보는 트레킹, 라오스 전통 요리 교실 등의 프로그램을 운영한다. 투어 일정은 짧게는 하루, 길게는 홈스테이를 포함 2박 3일까지 선택 가능하다. 또 외곽을 손쉽게 둘러볼 수 있도록 오토바이도 렌트해 준다. 월요일부터 금요일까지 오전 8시부터 오후 4시 30분까지 운영하며, 점심시간인 오후 12시부터 오후 1시 30분까지는 문을 닫는다.

☎ 081-212-483, 020-214-8679

4 시내 교통수단

왓 푸탓과 박물관, 마켓 등 도심 안의 볼거리는 천천히 걸어서 반나절이면 충분히 볼 수 있다. 여행자 거리에서 가까운 북부 버스터미널마저도 걸어서 15분이면 충분할 정도. 외곽에 있는 폭포 등을 가기 위해 개별적으로 오토바이를 빌리기도 하지만 큰 볼거리가 있는 것은 아니므로 그리 추천하지는 않는다. 자전거 대여점은 찾기 힘들며 오토바이는 여행자 안내소 등지에서 빌릴 수 있다.

5 여행 시기

고원 산간 지대에 있어 남부보다 대체로 선선한 날씨를 보인다. 2월부터 4월까지 평균 19℃를 유지하며, 우기를 앞둔 4월부터 더워지기 시작한다. 5월에는 한낮 온도가 30℃를 훌쩍 넘어서므로 야외 활동을 자제한다. 건기인 10월부터 1월까지는 아침저녁으로 일교차가 커서 새벽녘이면 온 마을이 안개에 잠길 정도. 우리나라 가을 날씨에 해당하므로 바람막이 점퍼 등을 챙기는 게 좋다.

6 주의사항

버스터미널과 이정표 등을 보면 므앙싸이와 우돔싸이가 혼용, 병기된 것을 볼 수 있다. Muang Xai, Oudomxai, Udomxay 등 철자도 제각각이라 헷갈리기 쉽지만 모두 우돔싸이의 주도인 므앙싸이를 뜻한다. 관광 도시라기보다는 무역, 교통의 요충지로 간혹 도심에서 오토바이 소매치기 등의 사건, 사고가 일어난다. 도로를 걸을 때는 개인 소지품에 유의한다.

Tourist Information
Tourist Information Center

므앙싸이

드나들기

TRANSIT

1 비행기

우돔싸이 공항Oudomxay Airport은 시내에서 동남쪽으로 1.5km 정도 떨어져 있으며, 비엔티안을 오가는 국내선만 하루 1회 이상 운행한다. 비행 시간은 약 50분이다. 라오항공 홈페이지와 라오스카이웨이 홈페이지에서 예매 가능하다. 시내까지 뚝뚝을 탈 경우에는 10,000K 내외에서 흥정 가능하다.

OUDOMXAY AIRPORT

2 버스

북부와 남부로 버스터미널이 나뉘어 있는데, 여행자 거리와 가까운 북부 터미널을 올드 터미널, 2014년 겨울에 완공된 남부 터미널을 뉴 터미널이라고 부르기도 한다. 얼마 전까지만 해도 대부분의 버스가 여행자 거리와 가까운 북부 터미널에 정차했으나 이제는 각 터미널의 역할이 나뉘었다. 므앙싸이보다 남쪽에 있는 비엔티안, 루앙프라방, 농키아우 등지로 갈 때는 남부 버스터미널로 가야 한다.

• 북부 버스터미널

중심가에서 걸어서 15분이면 충분한 거리에 있으며, 교통의 요지답게 루앙남타, 훼이싸이를 비롯 중국 윈난 성의 징훙Jing Hong, 베트남 북부 도시인 디엔비엔푸를 오가는 국제버스가 이곳에서 출발한다.

• 남부 버스터미널

북부 터미널에서 남쪽으로 약 4km 떨어진 곳에 위치하며 루앙프라방과 비엔티안 등지를 오가는 버스가 출발한다. 남부 터미널까지는 뚝뚝이나 썽태우를 타고 이동해야 하며, 20,000K 내외에서 흥정한다.

북부 버스터미널 주요 노선

목적지	종류	출발 시각	요금(K)	소요 시간
루앙남타	로컬	08:30, 11:30, 15:30	40,000	3시간
훼이싸이(보께오)	로컬	09:00, 13:00	85,000	8시간
중국 멍라	로컬	08:00	70,000	4시간
베트남 디엔비엔푸	로컬	08:30	95,000	5시간

남부 터미널 주요 노선

목적지	종류	출발 시각	요금(K)	소요 시간
비엔티안	로컬	11:00	170,000	15시간
	VIP	14:00, 18:00	170,000	14시간
	슬리핑	16:00	190,000	
루앙프라방	미니버스	09:00, 12:00, 15:30	60,000	7시간
농키아우	로컬	10:00	45,000	4시간

1 왓 푸탓 Wat Phu That ✪✪

라오어로 '푸'는 '산'을, '푸'는 '탑'을 뜻한다. 이름처럼 므앙싸이 시내의 언덕 위에 위치한 사원으로, 황금색으로 빛나는 탑과 높이 15m의 커다란 불상이 있다. 베트남전쟁 이후 사원이 건설된 탓에 큰 의미가 있는 것은 아니지만 그나마 전망이 좋아 산책 삼아 나서기 알맞다. 입장료는 없다.

Ban Navannoy

2 왓 싼띠팝 Wat Santiphab ✪

우돔싸이 박물관을 지나 내리막길을 따라가면 왓 싼티팝으로 이어진다. 불교학교를 겸한 사원으로, 젊은 승려들을 볼 수 있다. 사원 중앙에 있는 '평화(Santi)의 나무' 아래 가부좌를 튼 부처상이 있다.

Ban Bouanfoung

3 우돔싸이 박물관 Oudomxay Museum ✪

왓 푸탓과 마주한 푸 싸이(Phou Xay) 언덕에 있으며, 가는 길에 나무들이 우거져 있어 삭막한 도심 속 공원처럼 싱그러운 느낌이 든다. 박물관 뒤편에 작은 탑이 있으며, 내부에는 우돔싸이 주에 사는 카무루(Khamu Lu) 족, 몽 족, 아카 족 등 소수민족에 대한 정보와 생활 물건 등이 전시돼 있다.

Ban Bouanfoung 5,000K

1

2

3

4 쫌옹 동굴 투어 & 트레킹
Chong Ong Cave Tour & Trekking ✪✪

시내에서 45km 떨어진 곳에 위치한 쫌옹 동굴은 남깡 강(Nam Kang)의 발원지로, 전통 수공예품을 생산하는 카무 족이 사는 쫌옹 마을 인근에 있다. 므앙싸이에서 비교적 최근에 개발한 생태 탐방 프로그램으로, 여행자 안내소에서 투어를 진행한다. 1일 투어는 최소 출발 인원이 8명이며, 1인 요금은 360,000K. 개인적으로 가려면 루앙남타 방면으로 13번 국도를 따라가면 된다. 썽태우로는 갈 수 없으므로 바이크를 렌트해 도전해볼 만하다. 높이 35m, 너비 20m의 커다란 동굴 입구를 지나 탐사를 시작하는데, 왕복 4시간이 넘게 걸린다. 2009년 1월 최초로 발견되어 아직까지 동굴 탐사가 이뤄지는 곳으로, 여전히 발견되지 않은 길도 있다. 개별적으로 갈 경우, 쫌옹 마을의 가이드를 따라 입장할 수 있으며 입장료 10,000K 외에 별도로 가이드 요금 50,000K이 든다.

여행자 안내소에서는 므앙싸이에서 28km 떨어진 곳에 있는 므앙라(Muang La)를 비롯해 주변 마을을 찾아가는 1박 2일 이상의 트레킹 프로그램도 운영한다. 므앙라에는 남팍(Nam Phak) 계곡과 사원, 온천, 소금마을 등의 볼거리가 있으며 소수민족 마을에서 홈스테이로 진행된다.

5 적십자 마사지 & 사우나
Red Cross Massage & Sauna ✪

도심 곳곳에 중국식 간판을 단 마사지숍이 있으며 왓 푸탓 언덕을 지나 내리막길을 따라가면 적십자 므앙싸이 분점에서 운영하는 마사지와 사우나가 나타난다. 한국처럼 설비가 잘 되어 있지는 않지만 작은 방에 앉아 약초를 달인 허브 사우나를 하고 나면 개운한 느낌이 든다.

🏠 Ban Navanoi ☎ 081-212-022, 081-211-477
🕘 15:00-19:00 $ 사우나 12,000K 마사지 40,000K

6 재래시장 Market ✪✪

므앙싸이에는 총 세 개의 마켓이 있다. 여행자 안내소 앞에 자리한 마켓은 공산품이 주를 이룬다. 길 건너 차이나타운 역시 마찬가지. 우체국 방면 북쪽에 위치한 틴(Thin) 시장이 현지인들이 이용하는 재래시장이다.

7 PMC(Productivity and Marketing Center) ✪

우돔싸이 주와 UN이 함께 지원하는 전통 공예 전시를 겸한 판매점으로, 소수민족이 손으로 직접 만든 한지 제품과 오일, 수공예 직물로 만든 가방과 의류 등을 판매한다.

🏠 Ban Monnea ☎ 081-212-803 🕘 08:00-12:00, 14:00-17:00

4

5

6

7

8 미시즈 칸야 Mrs. Kanya ✪✪

여행자와 현지인 모두에게 인기 있는 식당으로 생선, 돼지고기와 소고기를 활용한 라오스 요리를 선보인다. 로컬 음식점 치고는 내부도 깨끗한 편이고 맛도 괜찮다. 맥주와 아이스커피 등도 판매한다.

🏠 Ban Vanghay
📞 030-928-0013, 020-5568-1110
🕘 07:00-22:00 $ 15,000~50,000K

9 미미 Meemee ✪✪

메뉴는 쌀국수와 덮밥으로 단출하지만 현지인들에게 인기 높은 식당이다. 중국식 족발을 연상케 하는 돼지고기 덮밥이 인기가 많다. 데운 채소와 따뜻한 국물을 같이 내어 준다.

🏠 Ban Cheang 📞 020-9990-5358 🕘 07:00-22:00
$ 15,000~25,000K

10 씨쏘 베이커리 Siso Bakery ✪✪

북부 버스터미널 가는 길에 있는 작은 빵집으로, 모닝 빵과 바게트 같은 빵을 구워 판다. 간단히 아침을 먹기 좋은 곳이지만 비수기에는 거의 문을 닫는다.

🏠 Ban Phouxay 📞 020-546-3973 🕘 07:00-19:00
$ 25,000~45,000K

11 므앙느아 Muang Neua ✪

왓 싼띠팝에서 주택가 골목으로 내려오면 커다란 기타를 단 간판이 보인다. 발코니를 우산으로 장식해 두어서 한눈에 띈다. 볶음국수나 볶음밥 외에 고기와 생선을 활용한 라오스 음식을 선보인다.

🏠 Ban Bouanfoung 📞 020-567-3783
🕘 07:00-23:00 $ 25,000~50,000K

12 피자 알로하 Pizza Aloha ✪

씨쏘 베이커리 맞은편 공터에 자리 잡은 포장 전문 피자집으로, 배달도 가능하다. 우리나라와 달리 스몰 사이즈는 혼자 먹을 정도의 크기다. 아이스커피와 과일 주스 같은 음료도 판매한다.

🏠 Ban Cheang 📞 081-922-8959 🕘 09:00-20:00
$ 40,000~80,000K

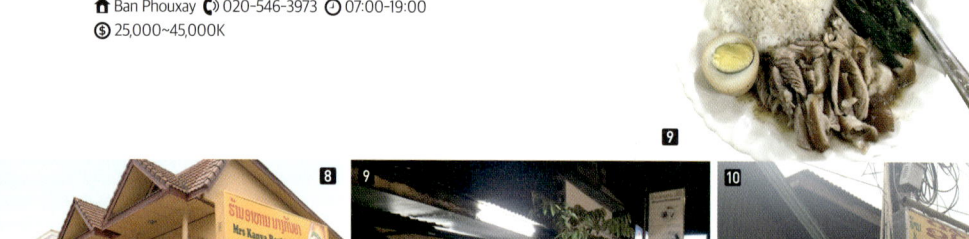

9

8
Mrs Kanya Restaurant
Beerlao

9

10
SISO
BAKERY

11

12
PIZZA
ALOHA
PIZZA ALOHA

13 차밍라오 호텔 Charming Lao Hotel ✪✪✪

므앙싸이에서 가장 좋은 컨디션을 지닌 3성급 호텔로, 총 17개의 객실을 운영한다. 건물 1층에 에스프레소 머신을 갖춘 커피숍을 운영한다. 잘 가꾼 야외 정원과 레스토랑에서 조식을 제공하며, 볶음밥과 같은 간단한 메뉴도 판매한다.

Ban Vanghai ☎ 081-212-881~3
$ 디럭스 킹 $50 디럭스 트윈 $60
www.charminglaoshotel.com

14 프렌드십 호텔 Friendship Hotel ✪✪

우돔싸이 공항과 인접한 곳에 위치한 비즈니스호텔로, 시설 대비 가격이 저렴하다. 총 57개의 객실을 운영하며 조식을 제공한다. 호텔 안에 마사지와 레스토랑, 노래방 등의 편의 시설을 갖추고 있다.

Ban Nongmangda ☎ 020-5888-0005
$ 더블 150,000K 스위트 250,000K

15 빌라 께오썸싹 Villa Keoseumsack ✪✪

객실 내부도 넓고 관리 상태도 좋은 편이다. 1층에 레스토랑을 운영하며, 야외 휴게실도 마련돼 있다. 객실은 모두 15개이고, 조식을 원할 경우 30,000K이 추가된다.

Ban Navannoy ☎ 081-213-170, 020-558-0674
$ 더블 160,000K(에어컨, TV, 냉장고, 개인욕실)

16 릿타위싸이 게스트하우스 Lithavixay Guest House ✪

왓 푸탓 맞은편에 위치한 오래된 게스트하우스로, 1층 접수대에서 여행사 업무도 함께 본다. 도로변에 있어 건물 안쪽에 있는 방이 더 조용하며, 집기는 단출하다.

Ban Vanghay ☎ 081-212-175, 020-9872-0000
$ 더블 100,000K 트리플 150,000K(에어컨, TV, 냉장고, 개인욕실)

17 위라웡 게스트하우스 Vilavong Guest House ✪

메인 도로에 위치한 무난한 2층 건물로 친절한 라오스 가족이 운영한다. 저렴한 가격에 비해 채광 상태도 괜찮은 편이나 방음은 잘 안 된다. 1층보다 2층 방값이 더 비싸다.

Ban Navannoy ☎ 081-212-503, 020-5530-9992
$ 더블 70,000K(선풍기, 개인욕실)

13

14
FRIENDSHIP HOTEL

15

16
Lao Skyway

17

루앙남타

Luang Namtha | ຫລວງນ້ຳທາ

이름처럼 '성스러운 남타 강'이 흐르는 도시로, 지리적으로 태국과 중국을 연결하는 길목에 있다. 대부분의 여행자는 이곳에서 하루 이틀 머물다 국경을 넘어 태국 북부로 가거나 라오스 북서부 끝에 위치한 남하 국립보호구역Nam Ha National Protected Area으로 향한다. 남하 국립보호구역은 20여 개에 이르는 라오스의 국립보호구역 가운데 최초로 지정된 곳이자 최대 규모를 자랑한다. 시내 여행사에서는 남하 국립보호구역의 고산족과 소수민족 마을에서 숙식을 해결하며 트레킹을 하거나 카약을 타는 투어 상품을 판매한다. 하지만 루앙남타를 가장 손쉽게 즐기는 방법은 자전거를 타고 외딴 마을을 유유자적 둘러보는 것. 도심을 조금만 벗어나도 논밭을 일구며 살아가는 소수민족을 쉽사리 만날 수 있다. 하루를 마치며 야시장에서 맥주와 함께 맛보는 바비큐도 별미다.

Access

+ **루앙프라방** 버스 10시간
+ **므앙싸이** 버스 3시간
+ **므앙씽** 미니밴 2시간
+ **훼이싸이** 버스 4시간
+ **중국 징홍** 버스 6시간

Model Course

재래시장 → 마니콩 베이커리 카페 → 소수민족 마을 투어 → 뱀부 라운지 → 땃 남디 폭포 → 마사지 & 사우나 → 야시장

중국
China
징홍
Jinghong
멍라
Mengla
디엔비엔푸
Điện Biên Phủ
미얀마
Myanmar
므앙씽
Muang Sing
루앙남타
Luang Namtha
쏩훈
Sop Hun
떠이 짱
Tây Trang
므앙응오이
Muang Ngoi
하노이
Ha nôi
하이퐁
Hai Phong
훼이싸이
Huay Xai
므앙싸이
Muang Xai
농키아우
Nong Khiaw
치앙콩
Chiang Khong
베트남
Vietnam
빡벵
Pakbeng
루앙프라방
Luang Prabang
폰싸완
Phonsavan
치앙마이
Chiang Mai
방비엥
Vang Vieng
남중국해
South China Sea
라오스
Laos
빈
Vinh
꺼우 째오
Cầu Treo
비엔티안
Vientiane
남파오
Nam Phao
농카이
Nong Khai
짜로
Cha Lo
우돈타니
Udon Thani
나콘파놈
Nakhon Phanom
타켁
Thakhek
나파오
Na Phao
묵다한
Mukdahan
싸완나켓
Savannakhet
단싸완
Dansavan
라오 바오
Lao Bao
후에
Huế
타이
Thailand
빡쎄
Pakse
총맥
Chong Mek
짬빠싹
Champasak
버이
Bờ Y
씨판돈
Si Phan Don
원캄
Veun Kham
방콕
Bangkok
캄보디아
Cambodia
동 크랄로
Dong Kralor
프놈펜
Phnom Penh
시엠립
Siem Reap
스퉁트렝
Stung Treng

루앙남타

기본 정보

–

INFORMATION

1 방향 잡기

루앙남타에는 두 개의 마을이 발달해 있다. 하나는 공항과 선착장이 있는 구시가지로 베트남전쟁 당시 폭격을 받았던 곳이고, 다른 하나는 메인 버스터미널에서 북쪽으로 약 11km 떨어져 있는 신시가지다. 신시가지는 1970년대 후반 새롭게 건설되어 저렴한 숙소와 레스토랑, 여행사 등 편의시설이 모여 있어 대부분의 여행자가 이곳에 머문다. 여행자 거리 중심에 BECL 은행이 있으며, 메인 도로 서쪽으로 커다란 중국식 슈퍼마켓이 있어 편리하다. 마을 동쪽으로 남타Nam Tha 강이 흐른다.

2 환전

메인 도로를 따라 여러 개의 은행이 있어 환전하는 데 큰 어려움이 없다. 은행은 월요일부터 금요일, 오전 8시 30분부터 오후 3시 30분까지 운영하며, 점심시간과 주말 및 국경일에는 문을 닫는다. 대부분의 숙소와 레스토랑, 여행사에서는 미국 달러와 태국 바트로도 계산이 가능하다.

3 여행자 안내소

야시장이 들어서는 공터 뒤편으로 정부에서 운영하는 안내소가 있다. 남하 국립보호구역과 루앙남타에 사는 고산족과 소수민족에 대한 정보를 제공하며, 남하 국립보호구역을 둘러보는 자체 트레킹 프로그램도 운영한다. 오전 8시부터 오후 4시까지 업무를 진행하며, 점심시간과 주말에는 문을 닫는다. 시내에 위치한 그린 디스커버리 등의 여행사에서도 비슷한 정보를 무료로 제공한다.

4 시내 교통수단

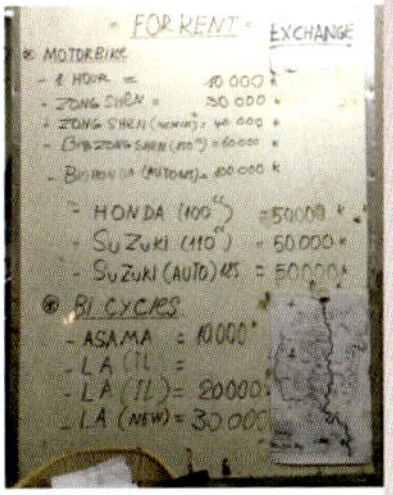
FOR RENT
EXCHANGE
MOTORBIKE
HONDA (100)
SUZUKI (110)
SUZUKI (AUTO)
BI CYCLES
ASAMA = 10000
LA (TL) = 20000
LA (NEW) = 30000

시내 중심가는 대부분 걸어서 다닌다. 탓 루앙남타That Luang Namtha나 땃 남디Tad Nam Dee 폭포, 외곽에 있는 소수민족 마을을 개별적으로 가기 위해서는 자전거나 오토바이를 타는 게 편리하다. 자전거는 하루 10,000K이며, 오토바이는 상태에 따라 50,000K부터 대여 가능하다. 숙소와 메인 로드에서 손쉽게 빌릴 수 있다.

5 여행 시기

루앙남타는 라오스 북서부에 위치하지만 고도가 낮고, 평평한 분지 지형이라 루앙프라방이나 비엔티안 등과 날씨가 비슷하다. 여행하기 가장 좋은 시기는 맑은 날씨가 계속되는 11월부터 3월까지. 이 시기는 우리나라 가을 날씨와 비슷하며, 아침저녁으로 쌀쌀하기 때문에 긴팔 옷을 챙긴다. 우기를 앞둔 4월에서 5월이 가장 더우며, 6월부터 10월까지는 한낮에 소나기가 쏟아지는 우기다.

6 주의사항

남하 국립보호구역을 둘러볼 생각이라면 우기보다는 건기를 추천한다. 한낮에 소나기가 쏟아지는 데다 발밑이 미끄러워 하루 5시간 내외의 트레킹에 다소 무리가 따르기 때문. 트레킹 상품은 일정과 인원에 따라 여행사마다 요금이 제각각이므로, 꼼꼼히 비교하고 선택한다. 최악의 경우에는 남하 국립보호구역 언저리의 소수민족 마을에서 하룻밤 머물고 돌아오는 불상사가 생긴다.

루앙남타

드나들기

TRANSIT

1 비행기

구시가지에 루앙남타 공항Luang Namtha Airport이 있다. 시내에서 남쪽으로 6km 정도 떨어져 있으며, 비엔티안으로 가는 국내선만 운항한다. 비엔티안에서 비행기로 55분 걸리며, 라오항공과 라오스카이웨이 두 항공사가 출항한다. 라오항공은 화요일을 제외하고 하루 1회 이상 운영하며, 라오스카이웨이는 월, 수, 금 운항한다. 각 항공사의 홈페이지에서 예매 가능하다. 공항까지 뚝뚝으로 갈 경우, 20,000K 내외에서 협상한다.

2 버스

• 메인 버스터미널

여행자 거리에서 남쪽으로 11km 떨어져 있으며, 북쪽의 훼이싸이와 남쪽의 므앙싸이, 루앙프라방을 포함한 주요 도시를 잇는다. 중국 멍라Mung Lar와 징훙으로 가는 국제버스도 탈 수 있다. 시내에서 메인 버스터미널까지는 뚝뚝이나 썽태우를 10,000~20,000K에 합승하며, 혼자 탈 경우에는 30,000K 이상을 요구한다. 여행자 거리에 있는 여행사에서는 픽업을 포함, 수수료를 얹혀 티켓을 예매해 준다.

• 로컬 정류장

여행자 거리에서 1km 떨어져 있어서 걸어서 쉽게 갈 수 있다. 므앙씽을 비롯해 주변 도시를 썽태우와 미니밴이 수시로 오가며, 중국 국경과 접한 보텐Boten으로 가는 차편도 탈 수 있다. 므앙씽으로 가는 썽태우와 미니밴은 오전 8시부터 하루 6차례8:00, 09:30, 11:00, 12:30, 14:00, 15:30 인원이 모이는 대로 출발한다. 도로 상태에 따라 2시간 이상 소요되며, 요금은 25,000K이다.

메인 버스터미널 주요 노선

목적지	종류	출발 시각	요금(K)	소요 시간
비엔티안	로컬	08:30, 14:30	200,000	22시간
루앙프라방	로컬	09:00	100,000	8시간
므앙싸이 (우돔싸이)	로컬	09:30, 12:00, 14:30	40,000	3시간
훼이싸이(보께오)	로컬	09:00, 12:30, 16:00	60,000	4시간
중국 멍라	로컬	08:00	50,000	3시간
중국 징훙	로컬	08:00	90,000	6시간
베트남 디엔비엔푸	로컬	07:30	130,000	8시간

남타 강
Nam Tha
Highway 17A
탓 루앙남타
That Luang Namtha
2 A
Highway 3A
반 후아나 마을
Ban Houana
A 1
땃 남디 폭포
Tad Nam Dee
반 빠뿌아 마을
Ban Pa Poua
반 통짜이따이 마을
Ban Tong Chai Tai
반 돈쌈푼 마을
Ban Don Samphun
반 남통 마을
Ban Nam Thoung
루앙남타 공항
Luang Namtha Airport
반 빠싹 마을
Ban Pasak
Highway 3
B 메인 버스터미널
루앙남타 외곽
205·206
N
0 570m

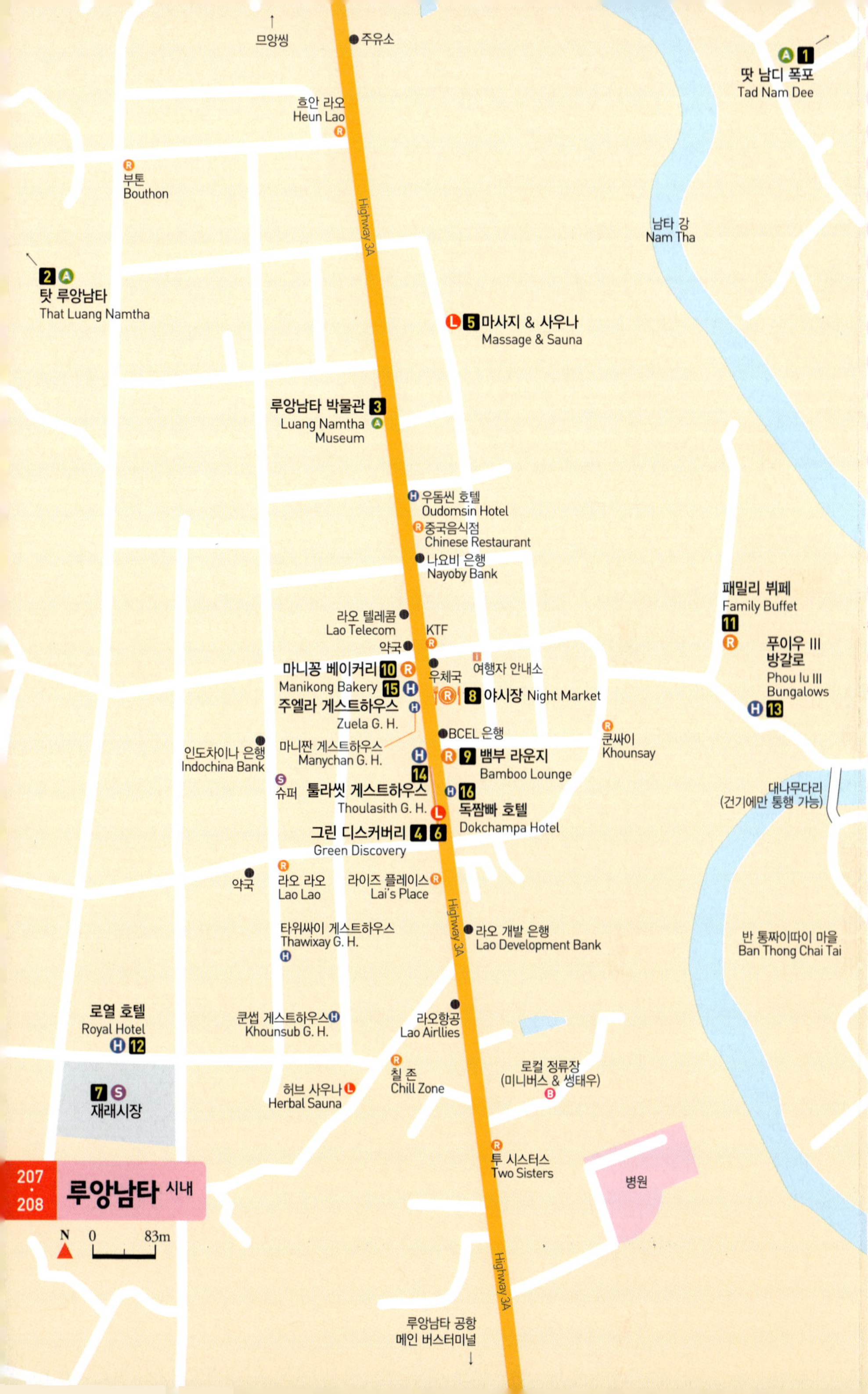

207 · 208 루앙남타 시내
N 0 83m
므앙씽
주유소
흐안 라오 Heun Lao
부톤 Bouthon
2 탓 루앙남타 That Luang Namtha
1 땃 남디 폭포 Tad Nam Dee
남타 강 Nam Tha
5 마사지 & 사우나 Massage & Sauna
루앙남타 박물관 3 Luang Namtha Museum
우돔씬 호텔 Oudomsin Hotel
중국음식점 Chinese Restaurant
나요비 은행 Nayoby Bank
패밀리 뷔페 Family Buffet 11
푸이우 III 방갈로 Phou lu III Bungalows 13
라오 텔레콤 Lao Telecom
KTF
약국
여행자 안내소
마니꽁 베이커리 10 Manikong Bakery 15
우체국
8 야시장 Night Market
주엘라 게스트하우스 Zuela G. H.
BCEL 은행
쿤싸이 Khounsay
인도차이나 은행 Indochina Bank
마니짠 게스트하우스 Manychan G. H.
9 뱀부 라운지 Bamboo Lounge
14
슈퍼
툴라씻 게스트하우스 Thoulasith G. H.
16 독짬빠 호텔 Dokchampa Hotel
대나무다리 (건기에만 통행 가능)
그린 디스커버리 4 6 Green Discovery
약국
라오 라오 Lao Lao
라이즈 플레이스 Lai's Place
타위싸이 게스트하우스 Thawixay G. H.
라오 개발 은행 Lao Development Bank
반 통짜이따이 마을 Ban Thong Chai Tai
로열 호텔 Royal Hotel 12
쿤썹 게스트하우스 Khounsub G. H.
라오항공 Lao Airlies
로컬 정류장 (미니버스 & 썽태우)
7 재래시장
허브 사우나 Herbal Sauna
칠 존 Chill Zone
투 시스터스 Two Sisters
병원
Highway 3A
루앙남타 공항 메인 버스터미널

Attraction

1 땃 남디 폭포 Tad Nam Dee ✪✪

북동쪽으로 난 도로를 따라 약 5km 정도 가면 나타난다. 3A를 따라가다가 나오는 작은 사거리에서 왼편, 작은 학교를 지나 비포장도로를 따라가면 된다. 음료수 등을 파는 작은 가게에서 입장료를 받는다. 2개의 폭포로 구성돼 있으며, 위쪽에 있는 것이 더 크다. 마을에서 홈스테이를 할 수 있다.

🏠 Ban Nam Dee Ⓢ 2,000K

2 탓 루앙남타 That Luang Namtha ✪✪

여행자 거리에서 북서쪽으로 1.5km 떨어진 언덕에 대형 황금불탑인 탓 루앙남타가 우뚝 솟아 있다. 불탑 뒤편으로는 누워 있는 와불상이 있으며, 작은 동굴 안에 여러 개의 부처를 모셔 놨다. 오르는 언덕 길은 가파르다.

🏠 Ban Na Houmew

3 루앙남타 박물관 Luang Namtha Museum ✪

메인 도로변에 붉은색 지붕에 새로 지어진 루앙남타 박물관이 있다. 인근에 사는 소수민족에 대한 설명과 생활용품 등을 전시하고 있지만 눈에 띄는 볼거리는 없다.

🏠 Ban Oudomsin 🕘 08:30-16:00(점심시간 휴무) Ⓢ 5,000K

1

2

3

4 남하 국립보호구역 트레킹
Nam Ha NPA Trekking ✪✪

해발 2,000m, 총면적 2,000km²가 넘는 남하 국립보호구역은 라오스에서 가장 큰 규모의 자연림으로, 중국과 미얀마, 라오스에 걸쳐 있다. 원시림에는 약 300여 종의 동물이 서식하며, 25개가 넘는 소수민족이 살아가고 있다. 아카 족과 몽 족이 가장 많고, 험준한 산악지대에서는 이제는 사라진 언어가 된 고대 중국어를 쓰는 란띠엔(Lantien)족을 만날 수도 있다. 루앙남타 여행자 안내소와 그린 디스커버리 등 대부분의 여행사에서 1박 2일 이상의 트레킹과 카약 등의 투어 상품을 취급한다. 8명 기준 일일 투어는 200,000K, 1박 2일은 400,000K 내외다. 여행사마다 판매하는 루트와 요금이 다르므로, 어디서 먹고 자는지, 어떤 마을을 둘러보는지 깐깐하게 따져 보고 정하는 게 좋다.

5 마사지 & 사우나 Massage & Sauna ✪✪

도심 북쪽에 있는 마사지숍은 여주인이 운영하며 2015년에 시설을 리노베이션했다. 남쪽에 있는 곳은 오후 4시부터 10시까지 운영하며, 주인장이 친절하다. 사우나는 15,000K 마사지는 50,000K부터.

6 소수민족 마을 투어
Ethnic Villages ✪✪

남하 국립보호구역은 체력적으로 어느 정도 뒷받침이 돼야 둘러볼 수 있는 데 반해 루앙남타 주변 마을은 자전거나 오토바이를 타고 손쉽게 방문할 수 있다. 도심을 가로지르는 17번 국도와 3A 도로를 기준으로 큰 원형으로 돌면 된다. 남타 강을 따라 논밭을 일구며 살아가는 순박한 시골마을이 방사형으로 형성돼 있다. 여행자 거리 동쪽의 대나무다리를 건너면 반 똥짜이따이(Ban Tong Chai Tai) 마을이 있는데 강가에서 목욕하고 빨래하는 이들을 볼 수 있다. 큰 오르막길 없이 평탄한 도로라서 운전하기 수월하다.

7 재래시장 Local Market ✪✪

시내에 큰 볼거리가 없는 도시지만 쇼핑만은 편리하다. 로열 호텔(Royal Hotel) 건너편 아침 시장에는 매일 새벽마다 루앙남타 주변에 사는 소수민족이 모여들어 필요한 물품을 사고판다. 여행자들은 뜨끈한 쌀국수로 아침을 먹고, 신선한 과일과 주전부리를 사들고 온다. 현대식 중국 슈퍼마켓에서는 과자와 음료, 샴푸나 린스 등의 공산품을 살 수 있다.

4

©그린 디스커버리

5

6

7

8 야시장 Night Market ✪✪✪

옷이나 장신구 같은 물건이 아닌 쌀국수와 스프링 롤, 각종 반찬거리 등의 음식을 판매한다. 공터를 차지한 노점에서 음식을 사고, 중앙에 놓여 있는 테이블에서 먹는 형태. 먹음직한 돼지고기 바비큐나 오리구이에 맥주를 곁들이면 그럴싸한 저녁이 된다.

Ban Oudonsin 17:30-22:00 15,000~40,000K

9 뱀부 라운지 Bamboo Lounge ✪✪

가게 이름처럼 대나무를 이용해 인테리어를 한 곳으로, 화덕에 구운 이탈리아 정통 피자와 스파게티, 샐러드 등이 주 메뉴다. 에스프레소와 칵테일도 마실 수 있으며, 2층에는 작게나마 책을 읽을 수 있는 코너를 마련해 두었다. 이곳에 기부한 책은 지역 학교와 도서관에 기증된다.

Ban Oudonsin 020-5568-0031
07:00-23:30 30,000~80,000K
bambooloungelaos.com

10 마니콩 베이커리 카페 Manikong Bakery Cafe ✪✪

서양 여행자들 사이에서 인기 있는 빵집. 샌드위치나 베이글로 아침식사를 하거나 간단히 간식을 먹기 좋다. 매일 아침 빵을 직접 구워내며, 머핀, 크루아상, 쿠키, 케이트 등 종류도 다양하다.

Ban Oudonsin 020-2235-4446
06:30-22:00 30,000~80,000K

11 패밀리 뷔페 Family Buffet ✪✪

메인 도로에서 동쪽으로 난 도로를 따라가면 비포장도로 갈림길이 나타난다. 도로 왼편에 바로 보이는 넓은 정원의 레스토랑으로, 매일 저녁 무제한 씬닷 뷔페가 열린다. 라오식 불고기인 씬닷과 함께 볶음밥과 쌀국수, 후식까지 다양한 음식을 먹을 수 있어 현지인들에게 인기가 높다.

Ban Phonexay 17:00-23:00 55,000K

9

8

11

9

10
MANIKONG
Free wifi
*Real Coffee
*Homemade Cakes
Fruit Shakes
& Smoothies

12 로열 호텔 Royal Hotel ✪✪

시내에서 가장 크고 좋은 비즈니스호텔로, 2008년부터 총 95개의 객실을 운영한다. 6층까지 엘리베이터를 운행하며, 내부 상태도 수준급이다. 조식을 제공한다.

Ban Nonome 086-212-151
스탠다드 250,000K 스위트 375,000K

13 푸이우 III 방갈로 Phou Iu III Bungalows ✪✪

여행자 거리와 다소 거리가 있지만 레스토랑과 여행사를 함께 운영하기 때문에 조용하게 쉬어가기 알맞다. 잘 가꾼 널찍한 정원에 커다란 대나무 방갈로가 줄지어 있다. 내부도 넓고 객실마다 테라스와 장작 난로가 있다. 비수기에는 가격을 할인한다. 자전거도 대여한다.

Ban Phonexay
020-2239-0195, 020-9944-0084 더블 $30 트리플 $35
www.luangnamtha-oasis-resort.com

14 툴라씻 게스트하우스 Thoulasith Guest House ✪✪

2009년 오픈해 비교적 최근에 지은 건물인 데다 내부 관리 상태도 깔끔해 언제나 인기가 높다. 방이 조금 좁은 것이 흠이지만 도로와 살짝 떨어져 있어 조용하고 한적하다.

Ban Oudonsin 020-2206-3888
더블 팬 70,000K 더블 에어컨 120,000K
www.facebook.com/thoulasith/

15 주엘라 게스트하우스 Zuela Guest House ✪✪

라오스 전통 양식을 본뜬 3개의 건물에 총 17개의 객실이 있다. 객실마다 개인욕실이 딸려 있으며, 뜨거운 물을 사용할 수 있다. 테라스가 있는 2층 방이 가장 비싸다. 1층에서는 레스토랑을 운영한다.

Ban Oudonsin 020-2206-3888, 020-5696-6449
더블 팬 70,000K($25) 더블 에어컨 100,000K($38)
zuela.asia

16 독짬빠 호텔 Dokchampa Hotel ✪

여행자 거리에서 가장 큰 규모로, 4층 건물에 총 61개의 객실을 운영한다. 지리적으로 좋은 위치인 데다 가격에 비해 내부도 넓고, 텔레비전과 책상 등을 갖추었다. 단, 방음이 잘 되지 않아 단체 관광객이 몰려올 때는 다소 소란스러울 수 있다.

Ban Phonexay 086-212-226
더블 팬 70,000K 더블 에어컨 100,000K
www.dokchampahotel.com

12

ROYAL HOTEL

13

14

15

16

므앙씽

Muang Sing | ເມືອງສິງ

라오스 최북단에 위치한 작은 마을로, 조금만 길을 나서면 너른 논밭이 평화롭게 펼쳐진다. 마을 자체에는 큰 볼거리가 없지만 전통을 고수하며 살아가는 소수민족을 개별적으로 만나기 위한 여행자들이 꾸준히 므앙씽을 찾는다. 아카, 몽, 타이루Thai Lu 족 등이 산 아래 흩어져 살고 있으며, 오가는 길도 대체로 평탄해 손쉽게 접근할 수 있다. 하지만 최근 중국과의 교류 확대로 인해 화교가 늘어나고, 소수민족도 전통 복장 대신 현대식 옷차림으로 생활하면서 이국적인 느낌은 줄어들었다. 그럼에도 불구하고 여전히 다른 지역에 비해 사람들이 순박하고 인정이 많은 편이다. 할 일 없이 빈둥거리며 산책하길 좋아한다면 한번쯤 가볼 만하다.

Access

+ 루앙남타 미니밴 2시간
+ 중국 멍라 미니밴 3시간

Model Course

재래시장 → 소수민족 마을 투어 → 아미다 게스트하우스 레스토랑 → 사원 투어 → 야시장

중국
China
징홍
Jinghong
멍라
Mengla
미얀마
Myanmar
므앙씽
Muang Sing
루앙남타
Luang Namtha
훼이싸이
Huay Xai
치앙콩
Chiang Khong
빡벵
Pakbeng
므앙싸이
Muang Xai
루앙프라방
Luang Prabang
쏩훈
Sop Hun
디엔비엔푸
Điện Biên Phủ
떠이 짱
Tây Trang
므앙응오이
Muang Ngoi
농키아우
Nong Khiaw
폰싸완
Phonsavan
하노이
Ha nôi
하이퐁
Hai Phong
베트남
Vietnam
치앙마이
Chiang Mai
방비엥
Vang Vieng
라오스
Laos
비엔티안
Vientiane
농카이
Nong Khai
우돈타니
Udon Thani
빈
Vinh
꺼우 째오
Cầu Treo
남파오
Nam Phao
짜로
Cha Lo
나파오
Na Phao
타켁
Thakhek
나콘파놈
Nakhon Phanom
남중국해
South China Sea
싸완나켓
Savannakhet
묵다한
Mukdahan
단싸완
Dansavan
라오 바오
Lao Bao
후에
Huế
타이
Thailand
빡쎄
Pakse
총맥
Chong Mek
짬빠싹
Champasak
버이
Bờ Y
씨판돈
Si Phan Don
원캄
Veun Kham
동 크랄로
Dong Kralor
캄보디아
Cambodia
방콕
Bangkok
프놈펜
Phnom Penh
시엠립
Siem Reap
스퉁트렝
Stung Treng

므앙씽

기본 정보

–

INFORMATION

1 방향 잡기

천천히 걸어서 30분이면 다 둘러볼 정도로 마을 규모는 크지 않다. 여행자를 위한 몇 가지 편의시설은 여행자 안내소 남쪽에 모여 있다. 화교의 인구 비중이 늘어나면서 중국어 간판을 단 가게들을 쉽게 발견할 수 있는데, 대부분 영어 소통은 힘들다고 생각하면 된다. 마을 중심가에서 동쪽으로 난 17B도로를 따라가다 보면 너른 논밭이 펼쳐지며 소수민족이 사는 반 나캄Ban Na Kham, 반 돈 짜이Ban Done Chai 등의 마을이 나타난다.

2 환전

작은 시골마을이지만 중국과의 교류 확대로 은행이 무려 3개나 있다. 중국과 태국, 미얀마 국경과 가까워서 달러는 물론 태국 바트, 중국 위완화도 환전이 가능하다. 은행은 월요일부터 금요일, 오전 8시 30분부터 오후 3시 30분까지 업무를 보며 주말과 국경일에는 쉰다.

3 여행자 안내소

야시장이 있는 사거리 맞은편에 여행자 안내소가 있으며, 주변 소수민족과 남하 국립보호구역 트레킹 관련 정보를 제공한다. 월요일부터 금요일까지, 오전 8시부터 오후 4시까지 문을 열며, 점심시간에는 문을 닫는다. 여행자를 대상으로 자전거와 오토바이를 빌려 준다.

OFFICE

4 시내 교통수단

중심가라고 할 게 없는 작은 시골마을이라 대부분 걸어서 다닌다. 외곽을 둘러보기 위해 자전거와 오토바이를 빌리고 싶다면 여행자 안내소에 문의하자. 자전거는 하루 24시간 기준 20,000K이며, 오토바이는 상태에 따라 60,000K부터 대여 가능하다.

5 여행 시기

라오스 최북단에 위치한 므앙씽은 해발 2,000m의 산들에 둘러싸인 고원 분지에 있다. 고도 때문에 3월부터 차차 더워지기 시작해 4월에는 한낮 온도가 무려 40℃에 이른다. 5월 중순부터 우기가 시작되며 10월까지 하루에도 몇 차례씩 비가 내린다. 건기인 11월부터 2월은 밤 기온이 뚝 떨어져 아침저녁으로 쌀쌀해 바람막이 등의 긴팔 옷이 반드시 필요하다. 5월 초에는 므앙씽 인근의 소수민족이 모두 모여 대나무 로켓을 쏘아 올리는 '분 뽀이 페스티벌Boun Poiy Festival'이 열린다.

6 주의사항

길이 좋아지면서 루앙남타에서 남하 국립보호구역 트레킹 투어를 떠나는 여행객이 늘었다. 그런 만큼 므앙씽을 찾는 여행자도 줄어들어 거리는 한적하다. 특별한 편의시설도 없기 때문에 해가 지면 마을은 정적에 잠긴다. 소수민족 마을을 개별적으로 방문한다면 해가 지기 전에 되돌아오도록 하자.

므앙씽

드나들기

-

TRANSIT

1 버스

작은 시골마을답게 버스정류장도 하나다. 루앙남타를 오가는 미니밴과 남하 국립보호구역의 관문인 씨앙콕Xieng Khok 등지를 오가는 썽태우가 이곳에서 출발한다. 중국 국경도시인 멍라까지 미니밴이 오가지만 외국인은 이 국경을 넘을 수 없다. 중국으로 가고 싶다면 루앙남타 메인 버스터미널에서 징훙행 국제버스를 타야 한다.

버스정류장에서 편의시설이 몰려 있는 여행자 안내소까지는 걸어서 10분 정도 걸린다. 루앙남타에서 미니밴을 타고 므앙씽으로 들어올 경우, 미니밴 기사에게 말하면 대부분 여행자 안내소 앞에서 내려 준다. 반대로 므앙씽에서 루앙남타로 가는 미니밴은 하루 6번08:00, 09:30, 11:00, 12:30, 14:00, 15:30 출발하며, 요금은 25,000K이다. 사람이 모이는 대로 출발하며, 도로 상태에 따라 2시간 내외 소요된다.

N
0 94m
재래시장
Local Market
1
버스터미널
왓 씨양인
Wat Xieng Inn
12
주유소
왓 찌앙래
Wat Chianglae
슈퍼
캄께오
게스트하우스
Khamkeo G. H.
농업 진흥 은행
Agricultural Promotion Bank
BCEL 은행
병원
라오 개발 은행
Lao Development Bank
라오 텔레콤
Lao Telecom
빤나
Panna
Highway 17B
쌩캄미 게스트하우스
Saengkhammy G. H.
주유소
부족 박물관
Tribal Meseum
2
아디마 게스트하우스 11
Adima G. H.
13 단 느아 2 게스트하우스
Dan Neua 2 G. H.
왓 씨양윤
Wat Xiengyun
왓 씨양짜이
Wat Xiengchai
7
8
따이 루 Tai Lu
쌀국숫집
여행자 안내소
남하 국립보호구역 트레킹
소수민족 마을 투어
4 5
6 야시장 Night Market
우체국
푸이우 II
방갈로
Phou lu II
Bungalows
10 쳉징 드 호텔
Cheng Jing de Hotel
씽두앙다오 방갈로
Singduangdao
Bungalows
9
씽싸완 펍
Singsavanh Pub
씽싸이 게스트하우스
Singxay G. H.
루오밍 호텔
Luoming Hotel
짬빠 댕 게스트하우스
Champa Daeng G. H.
Highway 17B
Highway 17A
루앙남타

Attraction

1 재래시장 Local Market ✪✪

버스정류장 앞에 매일 새벽마다 아침시장인 딸랏 싸오가 열린다. 므앙씽 인근의 소수민족과 멀리 중국 멍라 등지에서 물건을 사고팔기 위해 사람들이 모여든다. 과일, 채소, 공산품 외에도 닭과 오리 등의 동물도 사고파는 전형적인 재래시장으로, 시장 규모가 커지면서 오후에도 문을 연다. 시장 안쪽에는 뜨끈한 쌀국수도 파는 노점이 줄지어 있다. 인근에 중국식 슈퍼마켓이 있다.

2 부족 박물관 Tribal Meseum ✪

주변 소수민족에 대한 정보를 전시하고 있지만 공지된 것과 달리 대부분 문이 닫혀 있다. 여행자 거리가 이 부근부터 시작되므로 이정표 삼아 알아 두면 좋다. 라오스 전통 가옥 형태의 붉은색 외관이 평범한 현대식 단층건물 사이에서 쉽게 눈에 띈다.

Ban Xieng Chai
평일 09:00-11:30, 13:30-15:30 5,000K

3 사원 투어 Temple Tour ✪

작은 마을이지만 마을 곳곳에 크고 작은 사원이 있다. 큰 볼거리가 있거나 의미가 있는 사원은 아니지만 산책 삼아 둘러보기 알맞다. 현지인들이 매일 새벽마다 탁발하는 모습도 가까이서 지켜볼 수 있다. 버스정류장 옆에 있는 왓 씨앙인(Wat Xieng Inn)을 시작으로 왓 찌앙래(Wat Chianglae), 왓 씨앙짜이(Wat Xieng Chai), 왓 씨앙윤(Wat Xieng Yun) 등 사원 앞 도로에 시간 맞춰 나가 보자.

1 2

3

Leisure

4 남하 국립보호구역 트레킹 Nam Ha NPA Trekking ✪✪

도로가 발전하기 전에는 대부분의 여행자들이 므앙씽에 들러 남하 국립보호구역으로 향했다. 여행자 안내소와 푸이우 II 방갈로(Phou Iu II Bungalows)에서 운영하는 여행사에서 남하 국립보호구역 트레킹과 홈스테이 등의 프로그램을 진행한다. 보통 8명이 한 팀을 이루며, 하루 일정은 200,000K, 1박 2일은 400,000K 내외다. 최소 3명 이상일 경우 출발하며, 일정에 따라 요금이 달라진다.

5 소수민족 마을 투어 Ethnic Villages ✪✪

소수민족 마을을 둘러보고 싶다면 마을 동쪽으로 난 17B도로를 따라 자전거나 오토바이를 타고 가면 된다. 중국 국경으로 향하는 길이라 도로 상태도 양호하다. 반 나캄, 반 돈짜이 등 길가에 마을 이정표가 잘 되어 있으며, 음료와 간단한 주전부리를 파는 구멍가게도 있어 쉬어가기 알맞다. 중국 국경과 가까운 곳에 위치한 아디마 게스트하우스(Adima Guest House) 주변에는 아카 족 마을인 반 남댓 마이(Ban Namdaet Mai)가 있는데, 아디마 게스트하우스 인근에 자전거를 세우고 비포장도로를 따라 올라가면 나타난다. 아카 족 마을 오른쪽으로는 야오(Yao) 족 마을이 있으며, 두 마을 모두 여행자에게 친절한 편이다. 오가는 길에 너른 논밭이 펼쳐져 있으며, 반나절이면 충분히 다녀온다.

Restaurant

6 야시장 Night Market ✪✪

조용한 동네에서 그나마 떠들썩한 야시장이 매일 밤 열린다. 노점에서 쌀국수와 볶음밥, 꼬치구이, 각종 반찬 등을 판매한다. 루앙남타에 비하면 작은 규모지만 맥주와 함께 소박하게 저녁을 먹기 알맞다.

Ban Xieng Chai 15:00-21:00 15,000~40,000K

7 따이 루 Tai Lu ✪

그마나 영어가 통하는 여행자 식당으로, 1층은 레스토랑 2층은 기본적인 시설을 갖춘 저렴한 게스트하우스를 운영한다. 친절한 라오스 할머니가 운영하는데, 메뉴는 다양하지만 실제로는 볶음밥과 쌀국수, 생선구이 등의 일품요리만 주문 가능할 때가 많다.

Ban Xieng Chai 081-212-375 07:00-22:00
20,000~40,000K

8 쌀국숫집 Noodle Shop ✪

따이 루 맞은편에 있으며, 진한 고기 국물에 쌀국수를 말아 준다. 넓은 면을 사용하는 라오스식 칼국수인 카오 삐악과 된장을 푼 카오 쏘이도 주문 가능하다. 맥주와 음료도 판매하며, 간단한 생필품도 진열해 두었다. 정해진 양을 다 팔면 문을 닫는다.

Ban Xieng Chai 07:00-17:00 10,000~20,000K

4

5

6

7

8

9 푸이우 II 방갈로 Phou Iu II Bungalows ✪✪

므앙씽에서 가장 요금이 비싼 곳이지만 그만큼 객실 컨디션도 좋고 아침도 제공한다. 루앙남타에 있는 푸이우 III와 주인장이 같으며 여행사와 레스토랑 업무를 함께 본다. 넓고 잘 관리된 정원에 매달아 둔 해먹이나 견고한 대나무 방갈로 안에서 한적하게 쉬기 좋다.

🏠 Ban Nam Kao Luang
📞 020-5598-5557 Ⓢ 더블 $18~
💻 www.muangsingtravel.com

10 아디마 게스트하우스 Adima Guest House ✪✪

소수민족 마을 및 중국 국경과 가까이 있어 한적하다. 개별적으로 찾아갈 때는 자전거나 오토바이를 렌트하거나 뚝뚝을 타야 한다. 인적 드문 오지마을에서 나 홀로 편히 며칠씩 쉬어가길 원한다면 대안이 될 수 있다. 레스토랑을 함께 운영하기 때문에 식사는 걱정하지 않아도 된다. 객실마다 테라스가 있으며, 책상도 놓여 있다.

🏠 Ban Namdaet Mai 📞 020-5519-7768
Ⓢ 방갈로 70,000K(선풍기, 개인욕실)

11 쳉징 드 호텔 Cheng Jing De Hotel ✪✪

오래된 숙소가 많은 므앙씽에서 보기 드물게 깨끗하고 비교적 최근에 지어진 호텔이다. 2015년 4월 완공했으며, 야시장과 가까이 있어 저녁 시간을 보내기도 좋다.

🏠 Ban Xieng Chai 📞 020-5568-6888
Ⓢ 더블 100,000K(에어컨, TV, 개인욕실)

12 캄께오 게스트하우스 Khamkeo Guest House ✪

버스정류장과 가깝고 그나마 시설이 괜찮다. 견고한 시멘트 단층 건물에 객실이 줄지어 있는 형태이며, 게스트하우스 입구에서 주인장이 여행사와 복사집을 겸하고 있다.

🏠 Ban Xieng Chai 📞 020-578-6484
Ⓢ 더블 70,000K(선풍기, TV, 개인욕실)

13 단 느아 2 게스트하우스 Dan Neau 2 Guest House ✪

무난하고 평범한 시설을 갖춘 게스트하우스. 비슷한 가격대의 다른 숙소에 비해 실내가 넓은 편이다. 박물관 맞은편에 위치하며, 1층에 작은 슈퍼를 운영한다.

🏠 Ban Xieng Chai 📞 020-9979-7434, 020-2239-3398
Ⓢ 더블 70,000K(선풍기, TV, 개인욕실)

9
Phou Iu Guest House , Restaurant
Travel-Eco-Tourism II

10

11

12

13

훼이싸이

Huay Xai | ຫ້ວຍຊາຍ

메콩 강을 사이에 두고 태국 치앙콩Chiang Khong과 마주 보고 있는 훼이싸이는 보께오Bokeo의 주도로, 버스터미널 등지에서 도시 이름을 훼이싸이 대신 보께오로 표기하기도 한다. 아담한 시골 나루터 같지만 태국과 국경을 접하고 있어 상업이 발달했으며, 과거부터 지금까지 중국과의 교류도 꾸준하다. 국경을 넘나드는 사람들로 언제나 북적거리는 이곳은 라오스의 출입문 같은 곳으로 누군가는 설레는 마음으로 라오스에 첫발을 내딛고, 누군가는 라오스에서의 마지막 일정을 아쉬워한다. 도시 자체에 큰 볼거리가 없어 대부분의 여행자는 다른 도시로 바로 떠나지만 저렴한 숙소와 레스토랑, 여행자를 위한 편의시설이 잘 갖춰져 있으므로 하루 이틀 머물며 여독을 풀기에도 알맞다. 활달한 여행자라면 라오스에서 가장 유명한 액티비티 중 하나인 긴팔원숭이 체험을 떠나 보자.

Access

+ **비엔티안** 버스 25시간
+ **루앙프라방** 버스 13시간, 슬로보트 1박 2일
+ **므앙싸이** 버스 8시간
+ **루앙남타** 4시간
+ **태국 치앙콩** 버스 30분
+ **중국 멍라** 버스 8시간

Model Course

마이 라오스 → 기번 익스피리언스 (2박 3일) → 포르 카르노 요새 → 왓 쫌 카오 마닐랏 → 다우 홈

중국
China
징홍
Jinghong
멍라
Mengla
미얀마
Myanmar
므앙씽
Muang Sing
루앙남타
Luang Namtha
훼이싸이
Huay Xai
치앙콩
Chiang Khong
므앙싸이
Muang Xai
디엔비엔푸
Điện Biên Phủ
쏩훈
Sop Hun
떠이 짱
Tây Trang
므앙응오이
Muang Ngoi
농키아우
Nong Khiaw
빡벵
Pakbeng
루앙프라방
Luang Prabang
폰싸완
Phonsavan
치앙마이
Chiang Mai
방비엥
Vang Vieng
비엔티안
Vientiane
농카이
Nong Khai
우돈타니
Udon Thani
하노이
Ha nôi
하이퐁
Hai Phong
베트남
Vietnam
남중국해
South China Sea
라오스
Laos
빈
Vinh
꺼우 째오
Cầu Treo
남파오
Nam Phao
짜로
Cha Lo
나파오
Na Phao
나콘파놈
Nakhon Phanom
타켁
Thakhek
묵다한
Mukdahan
싸완나켓
Savannakhet
단싸완
Dansavan
라오 바오
Lao Bao
후에
Huế
타이
Thailand
빡쎄
Pakse
총멕
Chong Mek
짬빠싹
Champasak
버이
Bờ Y
씨판돈
Si Phan Don
원캄 Veun Kham
동 크랄로
Dong Kralor
방콕
Bangkok
캄보디아
Cambodia
프놈펜
Phnom Penh
시엠립
Siem Reap
스퉁트렝
Stung Treng

훼이싸이

기본 정보

–

INFORMATION

1 방향 잡기

여행자 거리는 버스터미널에서 북쪽으로 6km 떨어진 반 콘께오 Ban Khonkeo 마을에 형성돼 있다. 뚝뚝이나 썽태우을 타고 중심가로 이동해야 하며, 기사들이 20,000K을 요구한다. 메콩 강 동쪽으로 길게 여행자 거리가 발달해 있으며, 여행자 안내소 인근으로 저렴한 숙소와 레스토랑을 손쉽게 찾을 수 있다.

2 환전

여행자 거리에서 은행과 ATM을 손쉽게 찾을 수 있다. 은행은 월요일부터 금요일, 오전 8시 30분부터 오후 3시 30분까지 업무를 보며, 주말과 국경일에는 쉰다. 무역과 상업이 발달한 국경도시인 만큼 대부분의 숙소에서 달러와 태국 바트로 계산이 가능하다.

3 여행자 안내소

메인 도로 중심에 자리하고 있다. 오전 8시부터 오후 4시까지 운영하며, 주말과 점심시간에는 문을 닫는다. 주변 관광지 소개보다는 버스와 보트 등의 교통편에 대한 정보를 주로 제공한다.

4 시내 교통수단

자전거나 오토바이를 빌려 주는 곳도 없을뿐더러 여행자 거리가 크지 않아 대부분 걸어 다닌다. 버스터미널로 이동할 때는 뚝뚝이나 썽태우를 이용하며 혼자 탈 경우 30,000K 내외에서 흥정한다.

5 여행 시기

건기인 11월부터 3월까지는 맑은 날씨가 계속되고, 5월과 6월은 우기로 하루에 수차례 비가 내린다. 라오스 새해 축제인 삐 마이 때는 국경을 넘나드는 사람들로 그 어느 때보다 북적거린다. 우기를 앞둔 4월이 가장 더우며 12월부터 아침저녁 온도차가 심하므로 긴팔 옷을 챙겨야 한다.

6 주의사항

태국에서 넘어오는 여행자 대부분이 슬로보트를 타고 루앙프라방으로 향한다. 지난 2015년 봄에는 보트가 뒤집히는 사고가 발생하기도 했으므로 개인 안전에 유의한다. 건기에는 수량이 많지 않아 속도도 느린 데다 간혹 보트 운행이 중지되기 때문에 버스를 타고 이동하는 게 차라리 낫다.

훼이싸이

드나들기

–

TRANSIT

1 비행기

훼이싸이 공항Huay Xai Airport은 여행자 거리에서 남쪽으로 약 6km 떨어져 있으며, 라오스카이웨이에서 비엔티안으로 향하는 비행기를 운항한다. 비엔티안에서 1시간 소요되며, 매일 오전 10시 20분에 출발한다. 홈페이지를 통해 티켓 예매가 가능하며, 모객이나 날씨 상황에 따라 결항되기도 하므로 유의한다.

2 보트

국경도시답게 여행자 거리 서쪽 계단 아래에 선착장이 보인다. 2013년까지는 외국인도 이곳에서 꼬리배를 타고 태국 국경을 넘나들었지만 이제는 내국인만 이용 가능하다. 국경을 넘어 태국으로 갈 생각이라면 국제버스를 타야 한다.
루앙프라방을 오가는 배편은 슬로보트와 스피드보트가 있으며, 두 가지의 보트 모두 얼마의 수수료를 내고 숙소에서 예매 가능하다. 하지만 라오스 북부의 도로 사정이 좋아지면서 여행자들은 보트보다 버스 이동을 선호한다.

• 슬로보트

여행자가 주로 이용하는 슬로보트는 마을 북쪽에 위치한 선착장에서 매일 출발한다. 여행자 거리와 약 1.5km 떨어져 있으며, 뚝뚝을 이용할 경우 10,000K에 흥정한다. 보트는 1박 2일 일정으로 루앙프라방까지 운행하는데, 빡벵Pak Beng에서 하룻밤 쉬어간다.
보트는 매일 아침 11시에 출발하므로, 미리 도착해 티켓을 끊고 편한 좌석을 선점하는 게 좋다. 70명 정도가 적정선이지만 성수기에는 100명까지 태우기도 한다. 또 메콩 강의 수량에 따라 이동 속도가 달라져 어느 정도 불편을 감수해야 한다. 요금은 220,000K, 빡벵에서의 숙박과 전 일정 식사 및 음료 등은 포함되어 있지 않다.

• 스피드보트

선착장은 여행자 거리에서 남쪽으로 약 4km 떨어져 있다. 루앙프라방까지 7시간 정도 걸리며 요금은 6명 기준, 340,000K이다. 정해진 출발 시각 없이 인원이 모여야 출발하는 데다 소음이 심하므로 신중하게 고려하는 게 좋다.

3 버스

훼이싸이에는 두 개의 버스터미널이 있다. 많은 여행자들이 드나드는 국경도시인 데다 상황에 따라 운행 스케줄이 바뀌기도 하므로 도착하자마자 버스 티켓을 미리 확인하는 것이 좋다. 두 개의 버스터미널 모두 뚝뚝이나 썽태우를 타고 이동해야 하는데 혼자 탈 경우 30,000K 이상을 요구한다. 여행자 거리의 숙소 등지에서는 얼마의 수수료를 받고 티켓 예매를 대행해 준다.

• 께오 짬빠 버스터미널 Keo Champa Bus Station

3번 국도를 따라 루앙남타, 므앙싸이, 루앙프라방, 비엔티안으로 가는 버스가 매일 출발한다.

• 펫 알룬 버스터미널 Phet Aloun Bus Station

께오 짬빠 버스터미널에서 동쪽으로 약 1km 떨어진 곳에 있으며 남쪽에 있는 주요 도시 외에 태국과 중국, 베트남을 오가는 국제버스를 운행한다.

께오 짬빠 버스터미널 주요 노선

목적지	종류	출발 시각	요금(K)	소요 시간
비엔티안	로컬	11:30	230,000	25시간
루앙프라방	로컬	16:00	120,000	13시간
	VIP	10:00	130,000	
므앙싸이(우돔싸이)	로컬	09:30	85,000	7시간
루앙남타	로컬	09:00, 12:30	60,000	4시간

펫 알룬 버스터미널 주요 노선

목적지	종류	출발 시각	요금(K)	소요 시간
비엔티안	로컬	10:00	250,000	25시간
방비엥	로컬	10:00	215,000	21시간
루앙프라방	로컬	18:00	145,000	13시간
므앙싸이(우돔싸이)	로컬	10:00	110,000	7시간
루앙남타	로컬	15:00	60,000	4시간
태국 치앙콩	로컬	08:00, 16:00	8,000	30분
태국 치앙라이	로컬	08:00, 16:00	57,000	3시간
베트남 하노이	로컬	16:00(목, 일)	450,000	27시간
베트남 디엔비엔푸	VIP	19:30(목, 금)	212,000	15시간

233 · 234 훼이싸이 시내
N
0
79m
슬로보트 선착장
주유소
아리미드 게스트하우스
Arimid G. H.
라오 개발 은행
Lao Development Bank
B. A. P 가든 빌리지
B. A. P Garden Village
Highway 3
쑤싼 파이 가든
Susan Phai Garden
펫다캄 게스트하우스
Phetdakham G. H.
적십자
Red Cross
병원
넛 팝 레스토랑
Nut Pop Restaurant
퐁싸완 은행
Phongsavanh Bank
싸바이디 게스트하우스
Sabaydee G. H.
12
타놈썹 게스트하우스
Thanormsub G. H.
기번 익스피리언스 3
Gibbon Experience
11 우돔폰 게스트하우스 2 Oudomphone G. H. 2
7 바 하우 Bar How?
므앙느아 Mueang Nuea 5
타위신 호텔 Thaveeshinh Hotel
6 다우 홈
Daauw Home
B. A. P 게스트하우스 13
1 왓 쫌 카오 마닐랏
Wat Jom Khao Manilat
폰팁 게스트하우스
Phonethip G. H.
BCEL은행
게이트웨이 빌라 호텔 10
Gateway Villa Hotel
호안 라오 게스트하우스
Heuan Lao G. H.
마이 라오스 4
My Laos
여행자 안내소
메콩 강
Mekong River
훼이싸이 리버사이드 호텔 9
Houay Xai Riverside Hotel
프렌드십 게스트하우스
Friendship G. H.
라오항공
Lao Airlines
14
껍짜이 게스트하우스
Kaupjai G. H.
슈퍼
우체국
노점 거리 8
약국
쏨분썹 게스트하우스
Sombounsub G. H.
프렌드십 게스트하우스 2
Friendship G. H. 2
포르 카르노 요새
Fort Carnot
2

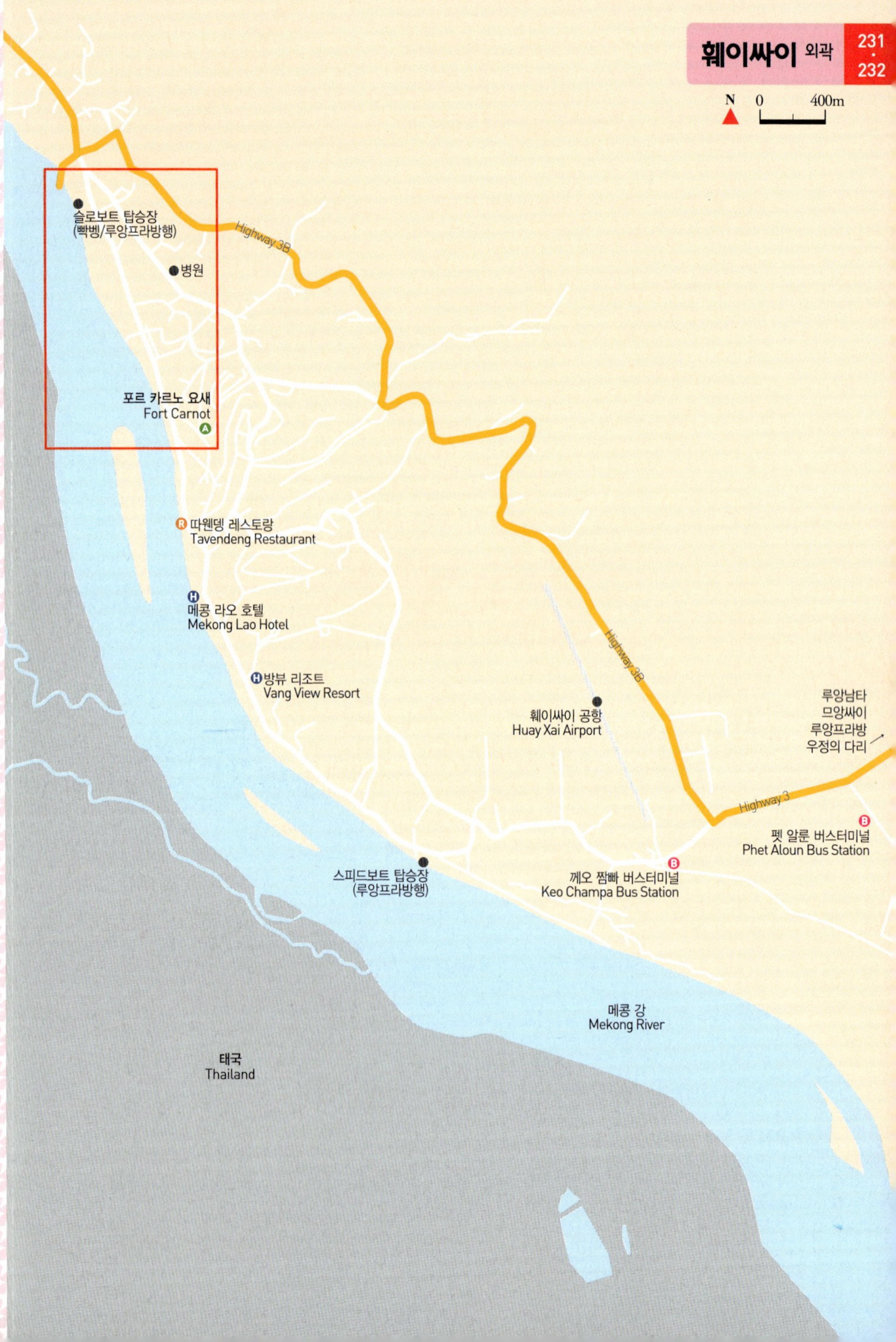

훼이싸이 외곽 231·232
N 0 400m
슬로보트 탑승장 (빡벵/루앙프라방행)
병원
Highway 3B
포르 카르노 요새 Fort Carnot
따웬뎅 레스토랑 Tavendeng Restaurant
메콩 라오 호텔 Mekong Lao Hotel
방뷰 리조트 Vang View Resort
훼이싸이 공항 Huay Xai Airport
루앙남타 므앙싸이 루앙프라방 우정의 다리
Highway 3
펫 알룬 버스터미널 Phet Aloun Bus Station
께오 짬빠 버스터미널 Keo Champa Bus Station
스피드보트 탑승장 (루앙프라방행)
메콩 강 Mekong River
태국 Thailand

Attraction

1 왓 쫌 카오 마닐랏
Wat Jom Khao Manilat ✪✪

1880년에 건설된 사원으로 뱀 모양의 계단이 언덕 위 사원까지 이어진다. 사원 대부분이 보수를 통해 현대식으로 거듭났다. 대법전 자리에서 바라보는 메콩 강의 풍경은 훼이싸이의 가장 좋은 뷰포인트 중 하나다. 입장료는 없다.

2 포르 카르노 요새
Fort Carnot(French Fort) ✪

프랑스 식민지 시절 세워진 요새로, 두 개의 탑이 아직 무너지지 않고 자리를 지키고 있다. 관광 사업의 일환으로 시설 일부를 보수 공사해 새롭게 선보일 예정이지만 아직까지는 입장료를 받지 않는다. 과거 요새가 있었던 자리인 만큼 오래된 옛 정취를 고즈넉하게 즐기기 좋다. 우체국을 지나 동쪽편의 오르막길로 올라가면 나타난다.

Leisure

3 기번 익스피리언스
Gibbon Experience ✪✪✪

라오스에서 가장 유명한 액티비티 중 하나다. 쉽게 설명하면 40m 상공에 위치한 오두막에서 실제로 긴팔원숭이(Gibbon)가 되어 생활해 보는 체험이다. 밀렵으로 인해 라오스의 숲이 파괴되고, 긴팔원숭이가 멸종 직전에 이른 것을 안타까워한 프랑스 사람이 현지인들과 함께 지난 10년간 프로그램을 이끌어 왔다. 여행자 거리에서 북쪽으로 약 80km 떨어진 보께오 국립공원(Bokeo Forest Reserve)에서 이뤄지며, 최대 8명이 한 조가 되어 움직인다. 트레킹과 짚 라인을 통해 나무 위 오두막에서 도착한 뒤 하룻밤 자고 다시 돌아오는 코스가 기본. 당연한 말이지만 휴대전화나 전기 등의 편의시설은 들어오지 않는다. 비수기에는 출발 당일인 아침 8시까지 접수를 받지만 서양 여행자들의 꾸준한 인기 덕에 대체로 빨리 마감되므로 최소 하루 전에 예약한다.

Ban Houayxay ☎ 084-212-021, 030-574-5866
$ 익스프레스 1박 2일 $180 클래식 투어 2박 3일 $290 워터폴 투어 2박 3일 $290 www.gibbonexperience.org

1

2

3

4 마이 라오스 My Laos ✪✪

특색 있는 음식점이 없는 조그마한 시골 동네에서 그나마 한껏 멋을 낸 레스토랑으로, 샌드위치와 볶음국수 외에도 딤섬과 똠얌꿍, 중국식 볶음요리 등을 판매한다.

084-212-180 07:00-22:00 20,000~50,000K

5 므앙느아 Mueang Nuea ✪✪

메인 로드에 있는 저렴한 여행자 식당으로, 쌀국수와 샌드위치, 햄버거 등의 메뉴를 선보인다. 라오스 여주인장도 친절하며 음식 맛도 무난한 편이다. 레스토랑 안쪽으로 저렴한 가격의 도미토리와 숙소를 운영한다.

020-5568-4257 07:00-22:00 15,000~40,000K

6 다우 홈 Daauw Home ✪✪

현지에서 생산한 유기농 재료로 음식을 만들며, 화덕 피자와 음료 등도 판매한다. 현지 아이들을 위한 공부방과 수공예품 판매 등을 겸하며, 산 아래 소수민족 마을에서의 홈스테이도 주선해 준다. 왓 쫌 카오 마닐랏을 오르내리는 계단 왼편의 작은 골목을 따라 50m 직진하면 나타난다.

030-904-12296 08:30-22:00 15,000~70,000K

www.projectkajsiablaos.org

7 바 하우 Bar How? ✪

밤 시간을 보내기 알맞은 작은 술집으로, 라오 맥주 외에도 보드카, 위스키, 진토닉 등 다양한 술을 구비해 두었다. 볶음밥이나 피자, 스테이크 같은 식사 메뉴도 주문 가능하다.

020-5516-7720 07:00-23:00 30,000~60,000K

8 노점 거리 Street Stalls ✪

해 질 무렵이면 메콩 강변을 따라 따웬뎅 레스토랑(Tavendeng Restaurant) 인근까지 하나둘 노점이 자리를 잡는다. 각종 채소와 닭고기 등을 끼운 꼬치구이를 숯불에 굽거나 볶음국수 등을 파는데 노을 지는 메콩 강을 바라보며 시원하게 맥주 한 잔 마시기 좋다.

5

4

5

6

7

8

9 훼이싸이 리버사이드 호텔
Houay Xai Riverside Hotel ✪✪

2010년 오픈한 훼이싸이에서 가장 크고 번듯한 호텔로, 총 42개의 객실을 운영한다. 강변에 위치하지만 일부 객실에서만 메콩 강을 볼 수 있다. 조식을 무료 제공하며, 1층의 야외 레스토랑은 일몰을 보며 맥주를 마시기 좋다.

- 🏠 Thanon R3A, Ban Khonekeo
- ☎ 084-211-765, 020-5548-3729
- $ 스탠다드 $45(에어컨, 냉장고, TV, 개인욕실)
- 🖥 www.houayxairiverside.com

10 게이트웨이 빌라 호텔
Gateway Villa Hotel ✪✪

이름처럼 현지인들이 사용하는 선착장과 매우 가까운 곳에 있다. 태국인 주인장이 운영하는 2성급 호텔이지만 깔끔한 게스트하우스라는 표현이 더 어울린다. 30개의 객실을 갖추고 있으며 조식을 제공한다.

- ☎ 084-212-180, 020-5521-3355
- $ 스탠다드 150,000K(에어컨, 냉장고, TV, 개인욕실)

11 우돔폰 게스트하우스 2
Oudomphone Guest House 2 ✪

허름한 외관에 비해 객실 내부는 넓고 깔끔한 편이다. 2층 건물에 모두 25개의 객실을 갖추고 있으며, 1층에는 레스토랑을 겸한 작은 슈퍼마켓을 운영한다.

- ☎ 084-211-308, 020-5568-3134
- $ 더블 팬 80,000K 더블 에어컨 120,000K

12 싸바이디 게스트하우스
Sabaydee Guest House ✪

깔끔한 3층짜리 콘크리트 건물로, 가격 대비 성능으로 봤을 때 좋은 숙소 중 하나다. 객실 크기도 무난하고 내부 관리 상태도 깔끔하다. 1층 객실은 다소 어둡다.

- ☎ 084-212-252, 020-569-2948
- $ 더블 팬 90,000K 더블 에어컨 120,000K

13 B. A. P 게스트하우스
B. A. P Guest House ✪

영어와 프랑스어, 스페인어를 할 줄 아는 라오스 여주인이 운영하는 곳으로, 오랫동안 여행자들에게 사랑받아 왔다. 1층에 레스토랑이 있으며, 겉보기보다 안쪽에 많은 객실이 있다. 총 16개의 객실을 운영하며, 기본적인 시설만 갖췄다.

- ☎ 084-211-083, 020-5518-5398
- $ 더블 팬 80,000K 더블 에어컨 130,000K

14 컵짜이 게스트하우스
Kaupjai Guest House ✪

여행자 거리에서 살짝 남쪽에 있어 상대적으로 한산한 편이다. 오래된 숙소가 많은 훼이싸이에서 보기 드문 신축 건물로, 깔끔한 흰색 외관처럼 객실 관리 상태도 좋은 편이다. 도로 뒤편의 테라스에서 메콩 강을 볼 수 있다.

- ☎ 020-5568-3164
- $ 더블 팬 100,000K 더블 에어컨 120,000K

9

10

HOTEL

11

12

13

14

03

남부

타켁

–

싸완나켓

–

빡쎄

–

짬빠싹

–

씨판돈–돈콩/돈뎃/돈콘

타켁

Thakhek | ທ່າແຂກ

라오스 중앙의 좁은 허리 부분에 해당하는 캄무안Khammouane의 주도로, 프랑스 식민지 시절인 1910년대에 건설되었다. '손님이 도착하는 곳'이라는 뜻을 가지고 있는 타켁은 오래전부터 외국인 무역상이 드나드는 중요한 선착장이었다. 지금도 여전히 메콩 강을 두고 태국과 마주하고 있고, 베트남으로 넘어가는 길목에 위치하고 있어 대다수의 여행자들은 강변에 머물며 한가로이 시간을 보낸 뒤 국경을 넘거나 가장 원시적인 자연의 아름다움을 간직한 푸힌분 국립보호구역Phou Hin Boun NPA으로 탐험을 떠나기도 한다. 도시 자체의 역사와 규모는 그리 크지 않지만 조금만 벗어나면 신선이 노닐 것만 같은 장관이 펼쳐진다. 올드타운의 소박한 광장에 앉아 시원한 라오 비어를 마시거나 구불구불한 길을 따라 라오스 최고의 동굴로 꼽히는 탐 꽁로Tham Kong Lo로 동굴 투어를 떠나 보자.

Access

+ **비엔티안** 버스 6시간
+ **싸완나켓** 버스 3시간
+ **빡쎄** 버스 9시간
+ **태국 나콘파놈** 버스 1시간 30분
+ **베트남 빈** 버스 10시간
+ **베트남 하노이** 버스 20시간

Model Course

미시즈 탕 → 탐 꽁로 동굴 1일 투어 → 스마일 보트 레스토랑

중국 China
징훙 Jinghong
멍라 Mengla
미얀마 Myanmar
디엔비엔푸 Điện Biên Phủ
씁훈 Sop Hun
떠이 짱 Tây Trang
하노이 Ha nội
하이퐁 Hai Phong
므앙씽 Muang Sing
루앙남타 Luang Namtha
므앙응오이 Muang Ngoi
훼이싸이 Huay Xai
므앙싸이 Muang Xai
농키아우 Nong Khiaw
치앙콩 Chiang Khong
베트남 Vietnam
빡벵 Pakbeng
루앙프라방 Luang Prabang
폰싸완 Phonsavan
치앙마이 Chiang Mai
방비엥 Vang Vieng
남중국해 South China Sea
라오스 Laos
빈 Vinh
까우 째오 Cầu Treo
비엔티안 Vientiane
남파오 Nam Phao
농카이 Nong Khai
짜로 Cha Lo
우돈타니 Udon Thani
나콘파놈 Nakhon Phanom
타켁 Thakhek
나파오 Na Phao
묵다한 Mukdahan
싸완나켓 Savannakhet
단싸완 Dansavan
라오 바오 Lao Bao
후에 Huế
타이 Thailand
빡쎄 Pakse
총멕 Chong Mek
짬빠싹 Champasak
버이 Bờ Y
씨판돈 Si Phan Don
방콕 Bangkok
캄보디아 Cambodia
원캄 Veun Kham
동 크랄로 Dong Kralor
프놈펜 Phnom Penh
스퉁트랭 Stung Treng
시엠립 Siem Reap

타켁

기본 정보

–

INFORMATION

1 방향 잡기

비엔티안이나 싸완나켓 등지에서 버스를 타면 중심가와 약 4.5km 떨어진 메인 버스터미널에 도착한다. 여행 목적에 맞춰 숙소를 먼저 정하고 이동하는 것이 편리하다. 국경도시인지라 버스터미널 인근을 비롯해 중심가까지 크고 작은 숙소가 곳곳에 흩어져 있기 때문. 여행자 대부분은 뚝뚝을 타고 왓 나보Wat Nabo가 있는 올드타운으로 향한다. 타논 짜오아누Thanon Chao Anou 거리 서쪽으로 메콩 강이 시원스레 흐르고, 인근에는 여행자를 위한 호텔과 레스토랑, 여행사 등의 편의시설이 몰려 있다. 보다 저렴한 숙소는 여행자 안내소 주변에서 찾을 수 있다.

2 환전

여행자 거리인 타논 짜오아누 거리의 광장 앞에 ATM이 있다. 환전이 가능한 은행은 여행자 안내소를 지나 딸랏 펫마니Talat Phetmany 시장까지 이어진 타논 비엔티안Thanon Vientiane 거리에 있다. 은행은 월요일부터 금요일까지만 업무를 보며, 대부분의 숙소와 레스토랑에서 달러와 바트를 통용한다.

3 여행자 안내소

왓 나보에서 동쪽으로 약 1km 떨어져 있으며, 푸힌분 국립보호구역Phou Hin Boun NPA을 비롯한 캄무안 주의 관광 명소에 대해 친절하고 자세하게 설명해준다. 영어 소통이 가능한 현지인 가이드와 함께 가까운 동굴을 방문하거나 트레킹을 하는 투어 프로그램도 운영한다. 월요일부터 금요일까지 오전 8시부터 오후 4시까지 운영하며 점심시간에는 문을 닫는다. 단, 시내 관광지도는 무료 배포가 아니라 5,000K을 받는다.

4 시내 교통수단

도시 규모가 작아서 웬만한 거리는 걸어 다닌다. 하지만 여행자 안내소나 왓 쫌통Wat Chomthong, 탓 씨코따봉That Sikhottabong 등을 모두 둘러볼 예정이라면 자전거를 렌트하는 게 편리하다. 참고로 자전거는 24시간 기준 15,000~20,000K, 오토바이는 상태에 따라 가격이 다르지만 수동 50,000K부터 렌트 가능하다. 도심 내에서 뚝뚝을 탈 일은 거의 없지만 탐 꽁로 동굴이나 외곽 등지를 개별적으로 가기 위해 딸랏 펫마니 시장이나 딸랏 쑥쏨분Talat Souksomboun 시장을 갈 경우에는 10,000K이면 충분하다.

5 여행 시기

대체로 날이 맑고 선선한 바람이 부는 11월부터 4월 초까지 여행하기 좋으며 우기를 앞둔 4월 말과 5월 초에는 한낮 온도가 30℃를 넘으므로 야외 활동을 자제한다. 6월부터 10월까지는 우기로 습하며, 겨울에 해당하는 12월과 1월에는 긴팔 옷이 필요하다. 다른 도시에 비해 여행자가 많지 않은 한산한 곳이지만 라오스 설날인 삐 마이가 되면 국경을 오가는 태국인까지 합해져 도시가 소란스레 변한다. 또한 보름달이 뜨는 10월 말에는 메콩 강 보트 경주 축제인 '라이 흐아 파이Lai Heua Fai'를 성대하게 연다. 이때는 배를 화려하게 꾸미고, 밤에 강물에 꽃을 띄워 소원을 빈다.

6 주의사항

최근에는 서양인을 중심으로 탐 꽁로 동굴을 포함해 푸힌분 국립보호구역으로 오토바이를 타고 떠나는 젊은 여행자가 늘고 있다. 여행사 및 바이크 렌트숍에서 최신 현지 정보를 꼼꼼히 챙기고, 여행자 보험 등도 체크한다. 심심찮게 사고가 발생하는 만큼 오토바이를 빌릴 때 브레이크, 헬멧 등의 장비를 철저히 점검하고, 안전운전에 주의한다. 특히 중국산 오토바이는 고장이 잦으므로 되도록 피한다.

타켁

드나들기

TRANSIT

1 버스

• 메인 버스터미널 Inter Provincial Bus Station

태국과 베트남을 오가는 국제버스를 탈 수 있는 메인 버스터미널은 여행자 거리에서 동쪽으로 약 4.5km 떨어져 있으며, 뚝뚝 편도 요금은 10,000~20,000K이면 충분하다. 비엔티안, 싸완나켓, 빡쎄 등지로 가는 로컬 버스가 약 1시간마다 있으며, 여행사나 숙소에서 얼마의 수수료를 받고 티켓 예매를 대행한다.

• 락쌈 버스터미널 Lak Saam Bus Station

딸랏 쑥쏨본 시장 앞에 있으며 12번 국도를 따라 동쪽으로 마하싸이Mahaxai, 베트남 국경인 남파오Nam Phao 등지로 가는 썽태우와 미니밴이 출발하며, 탐 씨앙리압Tham Xieng Liab 동굴 등을 개별적으로 방문할 때 이용한다.

• 딸랏 펫마니 시장 정류장

13번 국도를 따라 북쪽으로 가는 썽태우와 버스가 출발한다. 탐 꽁로를 가고자 할 때는 "반 꽁로Ban Kong Lo"라고 말해야 한다. 썽태우는 매일 아침 7시에 출발하며, 사람이 모이면 시간보다 일찍 출발할 때도 있다. 편도 요금은 75,000K. 썽태우를 타지 못했을 경우에는 반 나힌Ban Na Hin 마을 혹은 반 쿤캄Ban Khoun kham 마을이라고 행선지가 적힌 버스를 탄다. 매일 아침 7시에 출발하며, 편도 요금은 50,000K이지만 외국인에게는 20,000K 이상을 더 요구할 때도 있다. 반 나힌 마을에서 내리면 반 꽁로 마을을 오가는 썽태우가 수시로 운행하므로 걱정하지 않아도 된다. 편도 요금은 25,000K이며, 반 꽁로 마을까지 썽태우를 타고 약 1시간 30분을 달린다. 돌아오는 차편은 역순이며, 오후 2시와 다음날 오전 6시 30분에 출발한다. 참고로 반 꽁로 마을은 타켁에서 약 180km 떨어져 있고, 별도로 차량을 렌트해 갈 경우 4시간 정도 걸린다.

TOILET

메인 버스터미널 주요 노선

목적지	종류	출발 시각	요금(K)	소요 시간
비엔티안	로컬	05:30~08:30, 09:45~24:00(1시간 간격)	60,000	6시간
	VIP	09:15	80,000	
싸완나켓	로컬	10:30~23:00(1시간 간격)	30,000	3시간
빡쎄	로컬	10:30~23:00(1시간 간격)	60,000	7시간
	VIP	08:30	70,000	
태국 나콘파놈	로컬	08:00, 09:30, 10:30, 11:30, 13:00, 14:30, 16:00, 17:00	18,000(평일, ~16:00) 20,000(주말, 시간 외)	2시간
베트남 하노이	로컬	13:00(화, 토)	160,000	20시간
베트남 빈	로컬	07:00, 20:00	90,000	10시간
베트남 다낭	로컬	20:00(월, 금)	120,000	15시간

1 탐 꽁로 동굴 Tham Kong Lo

라오스 최고의 동굴로 꼽히는 곳으로, 최근 타켁을 찾는 대부분의 서양 여행자는 이곳을 방문한다 해도 과언이 아니다. 반 꽁로 마을에서 입장료를 내면 보트 기사가 구명조끼와 헤드 랜턴을 챙겨 준다. 모터가 달린 긴 꼬리배를 타고 투어를 떠나는데, 규모가 너무 커서 현지인의 도움 없이는 둘러볼 수 없다. 동굴 너비가 100m가 넘는 지점도 있고 높이도 그만큼 높아, 대충 둘러봐도 왕복으로 두 시간 이상 걸린다. 동굴 뒤편으로 작은 마을이 있는데 경우에 따라 함께 둘러보기도 한다.

탐 꽁로 동굴은 타켁에서 일일 투어로 다녀오거나 딸랏 펫마니 시장 앞 정류소에서 버스를 타고 개별적으로 방문할 수도 있다. 참고로 인티라 호텔(Inthira Hotel) 1층에 위치한 그린 디스커버리에서는 1인 $169(4인 기준, 1박 2일)에 투어 상품을 판매한다.

개별적으로 반 꽁로 마을에 방문했을 경우 레스토랑을 겸한 게스트하우스와 홈스테이 숙소가 몇 곳 있으므로, 동굴을 둘러보고 하룻밤 여유롭게 지내는 것도 나쁘지 않다. 볼거리는 탐 꽁로 동굴밖에 없지만 신선이 뛰놀 것만 같은 절경과 물놀이하는 순박한 아이들을 바라보며 산책하는 것만으로도 시간이 훌쩍 지나간다. 라오스 중에서도 오지마을로 통하는 곳이라 아직까지는 사람의 때가 그리 많이 묻지 않았다. 단, 숙소가 많지 않으므로 여행객이 몰리는 성수기 때는 반 나힌(Ban Na Hin) 마을에 미리 숙소를 정해 두고, 반 꽁로 마을에 썽태우를 타고 다녀오는 게 낫다.

2 파 탓 씨코따봉 Pha That Sikhottabong

라오스 남부에서 가장 성스러운 장소 중 하나로, 높이 29m의 황금빛 탑은 약 1,500년 전 씨코따봉 왕조 때 부처의 사리를 모시기 위해 세워졌다고 한다. 매년 음력 3월 보름달이 뜨면 이곳에서 씨코따봉 페스티벌을 벌인다. 여행자 거리에서 메콩 강을 따라 남쪽으로 약 6km 떨어진 곳에 있으며, 자전거로 15분 걸린다. 뚝뚝은 편도 요금 10,000K에 흥정 가능하다.

Thanon Ounkham 08:00-17:00 5,000K

3 탐쌍 동굴 Tham Xang

코끼리 머리 모양의 석순으로 유명해 영어로 코끼리 동굴(Elephant Cave) 혹은 동네 이름을 따서 탐 파반탐(Tham Pha Ban Tham)이라고 부른다. 타켁 시내에서 동쪽으로 약 15km 떨어져 있으며, 탐 파파 동굴과 함께 묶어 둘러보기 알맞다. 뚝뚝을 대절하거나 여행자 안내소의 투어 프로그램을 이용한다. 투어 요금은 그린 디스커버리 기준 1인 $20(4인 기준)부터 시작한다.

Ban Tham 08:00-17:00 5,000K

1

2

3

타켁 외곽
247
248
N
0
4.3km
드래곤 동굴 Dragon Cave
Highway 8
꾸온 캄
Kuon Kham
락 싸오
Lak Sao
남 까딩 강
Nam Kading
Highway 1E
Highway 13
위앙 캄
Vieng Kham
농롱
Nong Long
1
탐 꽁로 동굴
Tham Kong Lo
남 테운 강
Nam Theun
싸바이디 게스트하우스
Sabaidee G. H.
푸힌분 국립보호구역
Phou Hin Boun
Natioanl Protected Area
메콩 강
Mekong River
반 라오 마을
Ban Lao
나까이
Nakai
태국
Thailand
탐 파랑 동굴
Tham Fa Lang
탐 파파 동굴
Tham Pha Fa
4
Highway 12
6 그린 클라이머스 홈
Green Climbers Home
5
탐 씨엥리압 동굴 Tham Xieng Liab
마하싸이
Mahaxay
3 탐쌍 동굴 Tham Xang
나콘파놈
Nakhon Phanom
메인 버스터미널
Inter Provincial
Bus Station
2
파 탓 씨코따봉
Pha That Sikhottabong

249
250
타켁 시내
N 0 119m
탐 파파 동굴
탐쌍 동굴
딸랏 나보 시장
Talat Nabo
신닷 코리아 1
Cindart Korea 1
11
여행자 안내소
푸칸나 비어 가든 13
Phoukhanna Beer Garden
Thanon Vientiane
BCEL 은행
라오 개발 은행
Lao Development Bank
주유소
딸랏 펫마니 시장 Talat Phetmany
탐 꽁로 동굴행 썽태우 정류장
짬빠 레스토랑
Champa Restaurant
딸랏 락쏭 시장
Talat Laksong
다오캄 게스트하우스
Daokham G. H.
19
싸이루디 호텔
Xayluedy Hotel
Thanon Vientiane
ATM
타켁 마이 게스트하우스
Thakhek Mai G. H.
무통 게스트하우스
Mouthong G. H.
니드 케이크
Nid Cake
약국
신발 수선
포네빠디스 호텔
Phonepadith Hotel
위니 게스트하우스
Winee G. H.
J. P 스무디
J. P Smoothie
타켁 트래블 롯지
Thakhek Travel Lodge
리베리아 호텔
Riveria Hotel
16
박물관 Museum
그릴드 덕 레스토랑
Grilled Duck Restaurant
왓 나보
Wat Nabo
인티라 타켁 호텔
Inthira Thakhek Hotel
캄무안 인터
게스트하우스
Khammouane
Inter G. H.
21
경찰서
ATM
약국
라오 텔레콤
Lao Telecom
우체국
쑥쏨분 호텔
Souksomboun
Hotel
미시즈 탕
Mrs. Thang
9
그린 디스커버리
Green Discovery
14
께쏜
Kesone
Thanon Kuvoranvong
짜른 게스트하우스
Cha Leun G. H.
마인디 제이 호텔
Mindy J Hotel
메콩 호텔 20
Mekong Hotel
애디 펍
Addy Pub
Thanon Nongbouakham
왓 쫌통
Wat Chom Thong
7
완니다 호텔 & 방갈로
Vannida Hotel & Bungalow
르 부통 도르 17
부티크호텔
Le Bouton D'or
Boutique Hotel
18
12
자전거 렌트
ATM
쏭팡콩 타이 레스토랑
Song Fang Khong
Thai Restaurant
팁파짠 게스트하우스
Thip Pha Chanh G. H.
교토 레스토랑
Kyoto Restaurant
바이크 렌트
교회
수티다 게스트하우스
Suthida G. H.
15 광장 노점
Thanon Chao Anou
10
스마일 보트 레스토랑
Smile Boat Restaurant
농 부아 호수
Nong Boua
팜싸이 레스토랑
Phamxay Restaurant
Thanon Dunkham
펫찐다 게스트하우스
Phetchinda G. H.
8 딸랏 쑥쏨분 시장
Talat Souksomboun
왓깡
Wat Kang
락쌈 버스터미널
Lak Saam Bus Station
병원
메콩 강
Mekong River
파 탓 씨코따봉

4 탐 파파 동굴 Tham Pha Fa

200m 절벽의 지상 15m 높이에 있다. 2004년 4월 박쥐를 사냥하던 마을 주민에 의해 발견되었는데, 그 안에는 230여 개의 청동불상이 약 600년 동안 잠들어 있었다. 보트를 타고 불상으로 가득한 동굴을 둘러보는 것도 나름의 재미지만 오가는 길에 잠시나마 푸힌분 국립보호구역의 절경을 느낄 수 있다. 영문으로는 부처굴(Budda Cave)이라고 부르며, 내부는 사진 촬영 금지다. 타켁 시내에서 국도 12번을 따라 북서쪽으로 약 10km 떨어져 있으며, 여행자 안내소에서 투어를 진행한다.

Ban Na Kang Sarng 08:00-17:00 5,000K

5 탐 씨엥리압 동굴 Tham Xieng Liab

작은 개천을 따라 올라가면 300m 높이의 절벽 아래에 위치한 동굴 입구가 보인다. 우기 때는 동굴 안의 물 수위가 높아져 배를 타고 갈 수 있으며, 건기에는 걸어서 둘러볼 수 있다. 특별한 볼거리가 있는 것은 아니지만 서양 여행자들은 물놀이를 겸해 이곳을 방문한다. 개별적으로 동굴 탐험을 할 생각이라면 미끄럼이 방지된 신발과 휴대용 랜턴을 반드시 준비해야 한다. 타켁 시내에서 국도 12번을 따라 약 14km 떨어져 있으며, 큰 도로변에서 표지판을 찾을 수 있다.

Ban Song Khon

Leisure

6 암벽등반 Climbing

타켁의 파 탐캄(Pha Tham Kham)은 석회 절벽을 정복하려는 자들의 아지트다. 타켁 시내에서 동쪽으로 14km 떨어진 탐 씨엥리압 동굴 인근에 암벽등반센터인 그린 클라이머스 홈(Green Climbers Home)이 있다. 시내 중심가에서 개별적으로 뚝뚝을 이용할 경우, 약 20분 정도 시간이 소요되며 편도 100,000K 정도에 흥정 가능하다. 2010년부터 독일인 클라이머가 17명의 사람들과 루트를 본격적으로 개발하면서 지금의 자리에 캠프가 설립됐다. 현재까지 개발된 루트만 170여 개가 넘으며, 근처 동굴을 둘러보거나 물놀이를 하며 시간을 보내는 이들도 많다. 암벽등반을 제외한 다른 볼거리는 없지만 센터 안에 도미토리와 방갈로, 야영장과 식당 등의 편의시설이 마련되어 있어 불편함은 없다. 타켁 시내에서 오토바이를 대여해 암벽등반을 하러 오가기도 한다. 단, 매년 10월 1일부터 이듬해인 5월 말까지만 문을 연다.

Ban Kouanphavang 020-5966-7539
greenclimbershome.com

4

5

6

Attraction

7 왓 쫌통 Wat Chom Thong

도시의 중심부에 자리한 현대식 사원으로, 역사적 가치가 있는 곳은 아니다. '확실한 통찰'이라는 사원 이름처럼 현지인들이 기도를 드리는 곳으로, 큰 볼거리는 없지만 마을 산책 삼아 둘러보기 알맞다.

Ban Chomthong 06:30-17:30

8 딸랏 쑥쏨분 시장 Talat Souksomboun

타켁에는 총 3개의 재래시장이 있다. 그중 여행자 거리에서 남동쪽으로 약 3km 떨어진 곳에 위치한 이곳은 생선부터 공산품까지 없는 게 없는 대규모 시장이다.

락쌈 버스터미널 뒤편 06:00-12:00

Leisure

9 푸힌분 국립보호구역 트레킹 Phou Hin Boun NPA Trekking

1박 2일 이상의 일정으로, 가이드를 따라 푸힌분 국립보호구역의 숲과 인근의 동굴, 호수 등을 둘러보자. 등산 난이도는 높지 않지만 하루 최소 5시간 이상 걸을 수 있는 체력이 기본적으로 뒷받침되어야 한다. 갈아입을 여벌의 옷과 신발, 손전등을 포함한 개인 비품을 가지고 와야 하며, 신체 보호를 위해 긴팔과 긴바지를 입는 것이 낫다. 트레킹 그룹은 최소 2명부터 출발하며, 자세한 사항은 여행자 안내소나 인티라 호텔 1층의 그린 디스커버리에 문의하면 된다. 경우에 따라 산악자전거, 카야킹 혹은 래프팅 등을 추가할 수 있다.

051-212-512 www.ecotourismlaos.com

7

8

©그린 디스
9

10 스마일 보트 레스토랑
Smile Boat Restaurant ✪✪

이름 그대로 메콩 강에 배를 띄워 놓은 식당으로 해 질 녘에 분위기가 좋다. 길 건너편에는 정원이 있는 레스토랑과 대규모 펍을 함께 운영한다. 여기서부터 메콩 호텔(Mekong Hotel)까지 강변을 따라 해질녘에 노천카페가 줄지어 문을 연다.

🏠 Thanon Singapore, Ban Thakhek Kang
☎ 020-565-0432 ⏲ 09:00-23:00 $ 50,000~120,000K

11 신닷 코리아 1 Cindart Korea 1 ✪✪

한국의 불고기에서 착안한 씬닷을 제대로 맛볼 수 있는 곳으로, 현지인들에게 인기가 높다. 입구는 물론 내부도 캐주얼하게 꾸며 부담 없이 들러 식사하기 좋다.

🏠 Thanon Vientiane, 여행자 안내소 인근
☎ 020-5555-0561 ⏲ 18:00-23:00 $ 35,000~90,000K

12 쏭팡콩 타이 레스토랑
Song Fang Khong Thai Restaurant ✪✪

저렴한 가격에 태국 및 라오스 요리를 내놓는 식당으로, 인티라 호텔 바로 옆에 있어 찾기도 쉽다. 테이블이 몇 개 없고 찾는 손님이 많아 음식 나오기까지 다소 시간이 걸린다.

🏠 Thanon Kuvoravong ☎ 020-2218-9664
⏲ 11:00-23:00 $ 15,000~50,000K

13 푸칸나 비어 가든
Phoukhanna Beer Garden ✪

오랫동안 인기 있었던 게스트하우스였으나 지금은 가든 비어 하우스로 바뀌었다. 낮에는 볶음쌀국수와 볶음밥 같은 간단한 메뉴를 판매하지만 문을 열지 않을 때도 있다. 현지 젊은이들이 모여 음악과 함께 신나게 밤 문화를 즐기는 곳.

🏠 Thanon Vientiane, 여행자 안내소 인근
☎ 020-2216-8088, 020-9953-7988
⏲ 11:00-23:00 $ 15,000~50,000K

14 미시즈 탕 Mrs. Tang ✪

카오 삐악, 볶음밥 등 간단한 라오스 음식과 딤섬 몇 가지를 함께 판다. 원활한 소통은 되지 않지만 영어 메뉴판이 있어 주문이 어렵지는 않다. 딤섬은 한 접시에 8,000K부터.

🏠 Thanon Chao Anou, 왓 나보 인근
☎ 020-5571-5275 ⏲ 07:00-23:00 $ 15,000~50,000K

15 광장 노점 Food Stalls ✪

인티라 호텔 맞은편의 광장에는 아침이면 바게트 샌드위치를 파는 노점이 장사를 하고, 해가 지기 시작하면 간이 테이블과 의자를 펼쳐 놓은 노천식당이 하나둘 문을 연다. 달고 바삭한 로띠에서 신닷까지 메뉴도 다양하다.

🏠 Thanon Chao Anou $ 20,000~50,000K

10
Smile Boat

11

12

13

14

15

16 리베리아 호텔 Riveria Hotel ✪✪✪

메콩 강변의 숙소 중 가장 비싼 가격을 자랑하는 3성급 호텔이지만 가격에 비해 숙소 내부 컨디션은 그리 만족할 만한 수준은 못된다. 무선 인터넷 만큼은 전 객실에서 비교적 빠르게 접속된다.

Thanon Sethathirath, Ban Na Bo
051-250-000, 020-5513-7992
디럭스 $65 슈피리어 디럭스 $85 스위트 $105
www.hotelriveriathakhek.com

17 르 부통 도르 부티크호텔 Le Bouton D'or Boutique Hotel ✪✪✪

가격 대비 만족도가 높은 부티크호텔로, 프랑스 식민지 시절 콜로니얼 건물을 리모델링해서 사용한다. 총 3층의 건물에 18개의 객실을 운영하고 있으며 객실마다 발코니가 있어 메콩 강을 바라볼 수 있다. 비수기에는 $5~10 정도 가격을 인하한다.

Thanon Singapore 051-250-678
스탠다드 $38 슈피리어 $45 디럭스 $56(성수기)
boutondor-tk.wix.com/leboutondorthakhek

18 인티라 타켁 호텔 Inthira Thakhek Hotel ✪✪✪

라오스에서 유명한 호텔 체인이 운영하는 3성급 호텔로, 광장 및 메콩 강변과도 가까워 여행자 거리의 랜드마크로 불린다. 프랑스 식민지 시절 콜로니얼 2층 건물을 리모델링했으며, 발코니에는 휴식공간을 마련했다. 객실은 물론 1층의 레스토랑도 만족스러운 수준이라 여행자로 늘 북적인다.

Thanon Chao Anou 051-251-237
스탠다드 $29 슈피리어 $39 디럭스 $49
www.inthira.com

19 싸이루디 호텔 Xayluedy Hotel ✪✪

비교적 최근에 지어진 탓에 타켁의 저렴한 숙소 중 가장 좋은 컨디션을 자랑한다. 하지만 2층에 안쪽에 있는 방은 채광 상태가 좋지 않으므로 꼭 확인한다. 근처에 타켁 마이 레스토랑(Thakhek Mai Restaurant)과 신닷 코리아 1 등이 있어 하룻밤 편하게 머물기 좋다.

Thanon Vientiane 051-214-299, 020-2217-8222
더블 150,000K 트윈 180,000K VIP 200,000K(에어컨, 개인욕실, TV, 냉장고, 조식 불포함)

16

18

19

17

20 메콩 호텔 Mekong Hotel ✪✪

4층 건물에 복도를 따라 총 80여 개의 객실을 운영하며, 마사지와 사우나 시설도 갖추고 있다. 무엇보다 강변에 있음에도 가격이 저렴한 것이 장점. 관리 상태가 대체로 깨끗한 편이지만 그레이드 4의 숙소는 좁고 채광이 좋지 않으므로 피하는 게 낫다. 더블과 싱글 모두 가격이 같다.

Thanon Singapore 051-250-777
그레이드 3 130,000K 그레이드 2 140,000K 그레이드 1 180,000K (에어컨, 개인욕실, TV, 냉장고, 조식 불포함)

21 캄무안 인터 게스트하우스 Khammouane Inter Guest House ✪

도미토리를 운영하는 타켁 트래블 롯지와 더불어 저렴한 가격을 원하는 여행자들에게 인기 높은 숙소. 트래블 롯지에 비해 숙소 분위기는 삭막하지만 위치 면에서는 더 편리하다. 여행자 안내소 앞에 위치한 다오캄 게스트하우스(Daokham Guesthouse)도 가격은 비슷하나 방이 6개로 상대적으로 규모가 작다.

Thanon Kuvoravong 051-2128-171, 020-5522-8833
싱글 60,000K(에어컨, 개인욕실), 더블 or 트윈 80,000K(에어컨, 개인욕실)

Special Theme Tour 3

타켁 루프 바이크 투어 Thakhek Loop Bike Tour

요즘 젊은 서양 여행자들은 흔히 '타켁 루프(Thakhek Loop)'라고 불리는 국도 13번과 12번, 8번을 따라 3박 4일 이상 바이크 투어를 다닌다. 사각형 모양으로 일대를 둘러보는데 베트남 국경과 연결되어 있는 동쪽 루트는 비교적 도로가 잘 갖춰져 있지만 위앙캄(Vieng Kham)부터 타켁까지 세로로 내려오는 길은 비포장 구간이 많아 운전에 주의해야 한다. 또한 숙박 및 주유소 등 편의시설이 부족하므로 현지에서 자세한 정보를 구하고 여행 계획을 느긋하게 세우는 것이 중요하다.

- **매드 몽키 모터바이크** Mad Monkey Motorbike
  020-2347-779, 020-5993-9909)
- **미스터 왕왕** Mr. Wang Wang
  020-5697-8535
- **타켁 트래블 롯지** Thakhek Travel Lodge
  020-220-6070 : 미스터 쿠(Mr. Ku)

20
MEKONG HOTEL

21

싸완나켓

Savannakhet | ສະຫວັນນະເຂດ

싸완나켓의 주도로 흔히들 줄여서 싸완Savan이라고 부르지만 정식 명칭은 카이쏜 폼위한Kaysone Phomvihane이다. 라오스 초대 대통령을 기리기 위해 지난 2005년 12월에 이름을 바꾸었으나 여전히 싸완나켓으로 통용된다. 수도인 비엔티안 다음으로 라오스에서 두 번째로 큰 도시지만 큰 볼거리는 많지 않다. 대신 '낙원의 도시'라는 이름처럼 메콩 강변을 거닐며 한적하게 쉬기 좋다. 9번 국도를 따라 태국과 베트남을 연결하는 교통망이 발달해 있어 대부분의 여행자는 이곳에서 하루 이틀 정도 머물다 국경을 넘거나 라오스 남부로 향한다. 특히 여행자 거리가 형성된 올드타운은 프랑스 식민지 시절 건설된 반듯한 거리와 유럽풍의 성당, 중국과 베트남 사원 등이 어우러져 있어 조금은 색다른 느낌을 선사한다. 근사한 레스토랑에서 프랑스 정찬을 먹거나 진한 육즙을 머금은 스테이크를 먹으며 여행의 피로를 풀어 보시길.

Access

+ **비엔티안** 비행기 1시간, 버스 10시간
+ **타켁** 버스 3시간
+ **빡쎄** 버스 5시간
+ **태국 방콕** 비행기 1시간 30분
+ **태국 묵다한** 버스 40분
+ **베트남 후에** 버스 10시간

Model Course

낭노이 → 공룡 박물관 → 왓 싸이야품 → 세인트 테레사 교회 → 린즈 카페 → 메콩 강변 산책 → 다오 싸완

중국
China
징홍
Jinghong
멍라
Mengla
디엔비엔푸
Điện Biên Phủ
미얀마
Myanmar
므앙씽
Muang Sing
쏩훈
Sop Hun
떠이 짱
Tây Trang
루앙남타
Luang Namtha
므앙응오이
Muang Ngoi
하노이
Ha nội
하이퐁
Hai Phong
훼이싸이
Huay Xai
므앙싸이
Muang Xai
농키아우
Nong Khiaw
치앙콩
Chiang
Khong
베트남
Vietnam
빡벵
Pakbeng
루앙프라방
Luang Prabang
폰싸완
Phonsavan
치앙마이
Chiang Mai
방비엥
Vang Vieng
남중국해
South China Sea
라오스
Laos
빈
Vinh
꺼우 째오
Cầu Treo
비엔티안
Vientiane
남파오
Nam Phao
짜로
Cha Lo
우돈타니
Udon Thani
나콘파놈
Nakhon
Phanom
타켁
Thakhek
나파오
Na Phao
묵다한
Mukdahan
싸완나켓
Savannakhet
단싸완
Dansavan
라오 바오
Lao Bao
후에
Huế
타이
Thailand
빡쎄
Pakse
총맥
Chong Mek
짬빠싹
Champasak
버이
Bờ Y
씨판돈
Si Phan Don
원캄
Veun Kham
캄보디아
Cambodia
방콕
Bangkok
동 크랄로
Dong Kralor
프놈펜
Phnom Penh
스퉁트렝
Stung Treng
시엠립
Siem Reap

기본 정보

INFORMATION

1 방향 잡기

버스를 타면 메인 버스터미널에 도착한다. 여행자 거리는 남동쪽으로 약 2km 이상 떨어져 있으므로, 뚝뚝을 타고 이동해야 한다. 다음날 국경을 바로 넘거나 라오스 남부로 이동할 예정이라면 버스터미널 인근의 게스트하우스에 짐을 푸는 게 낫다. 프랑스 식민지 시절 건설된 올드타운 동쪽으로 메콩 강이 흐른다. 강변도로인 타논 타해Thanon Tha Hae 거리에서 강 건너 보이는 곳이 태국이다. 중심부를 관통하는 타논 펫싸랏Thanon Phetsalad과 타논 랏싸웡쑥Thanon Ratsavongsouk 거리를 따라 여행자를 위한 숙소가 자리하고 있으며, 중앙 광장인 딸랏 옌Talat Yen에 야시장이 열린다.

2 환전

타논 랏싸웡쑥 거리와 타논 우돔씬Thanon Uodomsinh 거리가 만나는 기점인 올드마켓 인근에 주요 은행이 자리하고 있다. 월요일부터 금요일까지만 정상 영업하며, 사설 환전소는 찾기 힘들다. 하지만 대부분의 숙소와 레스토랑에서 달러와 태국 바트를 통용하므로 큰 걱정은 없다.

3 여행자 안내소

중앙 광장인 딸랏 옌 인근에 여행자 안내소와 에코 가이드 협회Eco-Guide Unit가 있다. 월요일부터 금요일까지 오전 8시부터 오후 4시까지만 운영하며, 점심시간에는 문을 닫는다. 여행자 안내소에서는 탓 잉항That Ing Hang 등 인근 관광지에 대한 정보를 제공하며, 영어로 번역한 여행책자도 얻을 수 있다. 에코 가이드 협회에서는 동 나탓 국립보호구역Dong Natad NPA으로 떠나는 트레킹과 홈스테이, 사이클링 등의 투어 프로그램을 운영하며, 버스 예매 등 여행자를 위한 교통편도 서비스한다.

Savannakhet Provincial Tourism Dept.
Eco-Guide Unit
Email : savannakhetguides2@yahoo.com
Web : savannakhet - trekking.com

4 시내 교통수단

다른 도시와 달리 자전거나 오토바이를 빌릴 수 있는 곳도 많지 않고, 볼거리도 많지 않아 자의 반 타의 반 걸어 다니는 게 편리하다. 올드타운의 규모가 그리 크지 않아 반나절이면 충분히 중심가를 둘러볼 수 있다. 리나 게스트하우스 Leena Guest House 앞에 현지인이 운영하는 자그마한 자전거 대여소가 있으며, 쑤안나웡 게스트하우스Souannavong Guest House와 농쏘다 게스트하우스Nong Soda Guest House에서는 오토바이를 빌려 준다. 기종에 따라 다르지만 자전거는 24시간 기준 15,000K, 바이크는 80,000K부터 렌트 가능하다.

5 여행 시기

해발 1,000m 이상에 있어 대체로 선선하지만 4월과 5월은 더운 데다 농사를 짓기 위해 불을 지르므로 공기가 탁하다. 6월부터 7월까지는 우기에 해당하지만 온종일 비가 쏟아져 내리지는 않으며, 평균 기온은 25℃ 내외를 유지한다. 매년 4월 보름달이 뜨는 밤에 크메르 제국의 유적인 흐안 힌Heuan Hinh에서 싸완나켓을 대표하는 성대한 축제가 열린다. 또한 라오스 중요 불교 유적지 중 하나인 탓 잉항에서도 11월에 대규모의 축제가 열린다.

6 주의사항

싸완나켓은 태국과 베트남을 연결하는 교통의 요지다. 메콩 강 위에 건설된 우정의 다리를 건너면 태국으로, 9번 국도를 따라 가면 베트남의 중부로 국경을 넘을 수 있다. 두 나라 모두 무비자태국 90일, 베트남 15일로 여행이 가능하지만 베트남의 경우, 버스가 주로 밤이나 새벽에 도착해 국경이 열릴 때까지 기다렸다가 입출국 절차를 밟아야 해서 통상적으로 시간이 조금 더 오래 걸린다.

CUSTOMS

싸완나켓

드나 들기

–

TRANSIT

1 비행기

올드타운에서 남동쪽으로 약 3km 떨어져 있는 싸완나켓 공항 Savannakhet Airport은 비엔티안, 빡쎄로 가는 국내선과 방콕행 국제선을 운항한다. 국내선은 모두 하루 1회 이상 정기 운항하며, 자세한 사항은 라오항공 홈페이지를 통해 알아볼 수 있다. 방콕으로 가는 국제선도 주 4회 이상 운항하며 요금은 $180이다. 국내선과 국제선 모두 홈페이지를 통해 예매 가능하다.

2 버스

라오스 남부의 무역 및 행정 중심지로 프랑스 식민지 시절부터 교통이 발달했다. 메인 터미널은 올드타운에서 북동쪽으로 약 2km 떨어져 있으며, 바로 옆에 싸완나켓에서 가장 큰 시장이 열린다. 대부분의 뚝뚝 기사들이 올드타운 중심가에서 편도 25,000K 이상을 요구하지만 20,000K 정도에 흥정 가능하다. 메인 터미널에서는 북쪽의 비엔티안, 남쪽의 빡쎄, 서쪽의 태국 묵다한, 동쪽의 베트남 다낭까지 국제버스가 매일 오간다.
메인 버스터미널에서 서쪽으로 50m 가면 나타나는 싸반싸이Savansai 미니버스 정류장에서는 쎄뽄Xepon을 비롯해 싸완나켓 주의 크고 작은 도시를 연결하는 썽태우와 미니버스를 운행한다.

HAVE A GOOD TRIP

메인 버스터미널 주요 노선

목적지	종류	출발 시각	요금(K)	소요 시간
비엔티안	로컬	06:00~09:20(40분 간격), 10:00, 11:30	75,000	9시간
	슬리핑	21:00	120,000	
타켁	로컬	08:00, 09:20, 10:30, 11:30, 13:00	30,000	3시간
빡쎄	로컬	07:00, 09:00, 10:00, 12:00, 17:30	40,000	3시간
국경	로컬	07:00, 10:00, 12:00	40,000	10분
태국 묵다한	로컬	08:15, 09:00, 09:40, 10:30~15:30(1시간 간격)	13,000	40분
	VIP	11:30, 16:30, 17:30, 19:00	14,000	
베트남 하노이	로컬	10:00(화, 목, 토)	250,000	20시간
베트남 다낭	로컬	22:00(월, 화, 수, 토, 일)	110,000	11시간
	슬리핑	07:30(목, 토)	150,000	
베트남 후에	로컬	22:00(목, 금)	90,000	10시간
	VIP	09:00	110,000	

BUS TICKET SERVICE

1 탓 잉항 That Ing Hang

라오스 국보이자 라오스인들이 신성시하는 탑으로, 약 450년 전 마루카나콘(Marukhanakhone) 왕이 과거 부처가 이 장소를 다녀간 것을 기념하고자 건설했다. 전설에 따르면 부처가 이곳을 방문해 '항(Hang)' 나무 아래서 설법을 하고 '기대어(Ing)' 쉬었다고 전해진다. 방문 시 여자는 라오스 전통 치마인 씬을 입어야 하며, 입장료를 지불하면 입구에서 대여해 준다. 올드타운에서 9번 국도를 따라 약 12km 정도 떨어져 있으며, 매년 11월에 이곳에서 성대한 축제가 열린다. 개별적으로 갈 경우 뚝뚝 혹은 미니밴 요금은 150,000K 정도에 흥정해 사람을 최대한 모은다.

Ban That 08:00-18:00 5,000K

2 동 나탓 국립보호구역 Dong Natad NPA

총 8,300ha에 이르는 거대한 숲으로, 그 안에는 농롬(Nong Lom)이라는 아름다운 호수가 있다. 물오리 같은 야생 새와 나비, 희귀식물을 볼 수 있으며, 탓 잉항으로 이어지는 길목에 주차장이 있다. 서양 여행자들은 동 나탓 국립보호구역과 농롬 호수, 탓 잉항을 모두 둘러보는 트레킹을 선호한다. 에코 가이드 협회에서 당일 코스부터 4박 5일 코스까지 홈스테이를 겸한 다양한 프로그램을 운영한다.

3 흐안 힌 Heuan Hinh

'돌집'이라는 뜻으로, 영어로 스톤하우스(Stone House)라표기한다. 자야바르만(Jayavarman) 7세 때 크메르 제국과 연결되는 모든 길가에 121개의 휴게소를 설치했는데, 그중 하나로 추정하고 있다. 짬빠싹(Champasak)의 왓푸(Wat Phu) 사원과 비슷한 점이 많기 때문이다. 올드타운에서 남서쪽으로 65km 떨어져 있으며, 4월 보름달이 뜨는 전후로 성대한 축제가 열린다. 사원은 메콩 강변에 있으며, 짬빠싹과 달리 대부분 붕괴되어 현재는 휑한 정원에 가까운 느낌이 든다. 13번 국도를 벗어나면 대부분 비포장도로라 바이크 운전 시 주의해야 하며, 서양 여행자들은 자전거를 끌고 투어를 나서기도 한다. 여행자 안내소를 통해 자세한 안내를 받을 수 있다.

Ban Dongdokmai 08:00-16:00

1

2

3

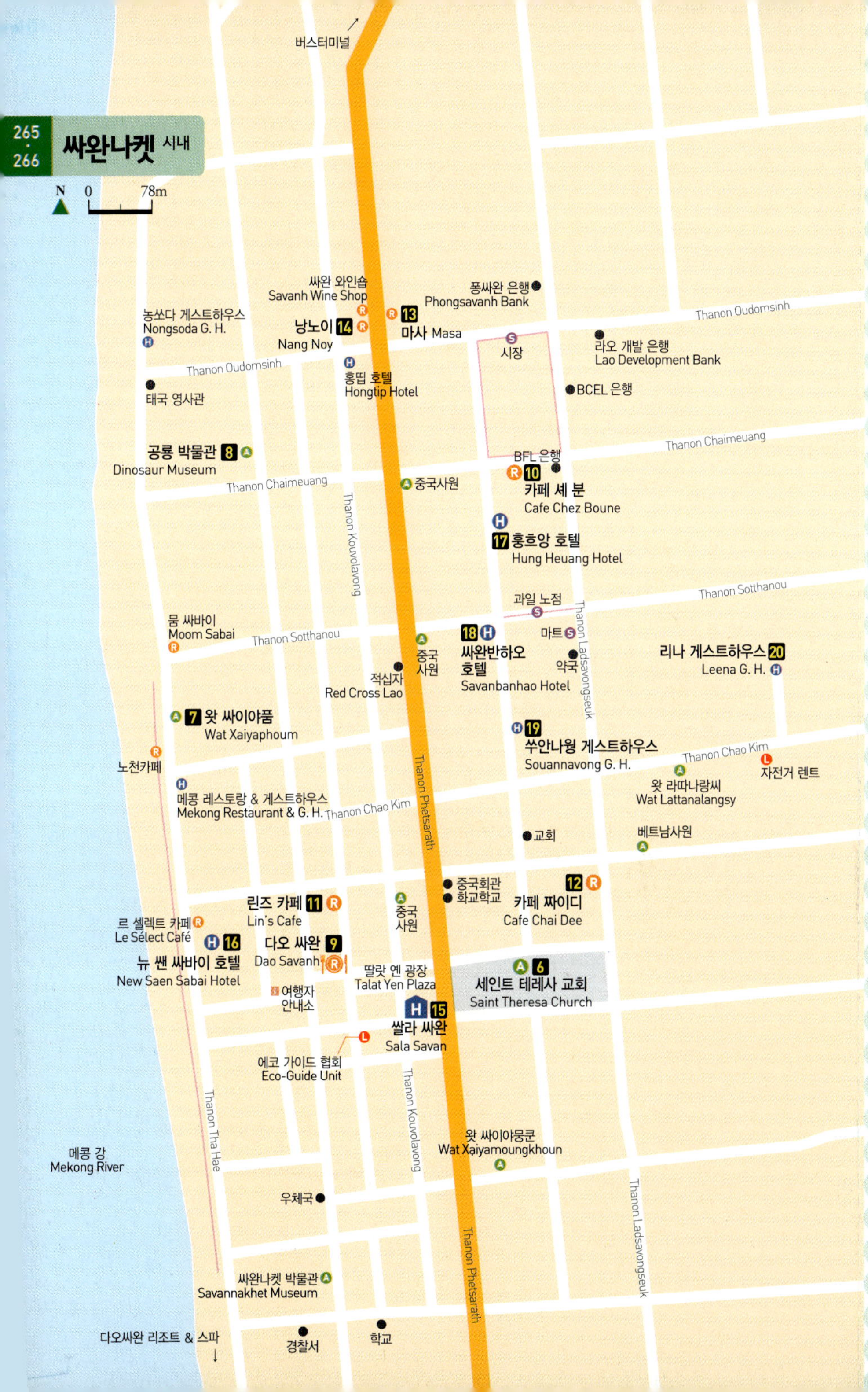

265
266
싸완나켓 시내
N
0
78m
버스터미널
싸완 와인숍
Savanh Wine Shop
퐁싸완 은행
Phongsavanh Bank
농쏘다 게스트하우스
Nongsoda G. H.
낭노이 14
Nang Noy
13 마사 Masa
Thanon Oudomsinh
시장
라오 개발 은행
Lao Development Bank
Thanon Oudomsinh
홍띱 호텔
Hongtip Hotel
태국 영사관
BCEL 은행
공룡 박물관 8
Dinosaur Museum
Thanon Chaimeuang
BFL 은행
10
카페 셰 분
Cafe Chez Boune
Thanon Chaimeuang
중국사원
Thanon Kouvolavong
17 훙흐앙 호텔
Hung Heuang Hotel
과일 노점
Thanon Sotthanou
몸 싸바이
Moom Sabai
Thanon Sotthanou
Thanon Ladsavongseuk
마트
18
싸완반하오
호텔
Savanbanhao Hotel
약국
중국
사원
적십자
Red Cross Lao
리나 게스트하우스 20
Leena G. H.
7 왓 싸이야품
Wat Xaiyaphoum
19
쑤안나웡 게스트하우스
Souannavong G. H.
Thanon Chao Kim
자전거 렌트
노천카페
왓 라따나랑씨
Wat Lattanalangsy
메콩 레스토랑 & 게스트하우스
Mekong Restaurant & G. H.
Thanon Chao Kim
Thanon Phetsarath
교회
베트남사원
중국회관
화교학교
12
카페 짜이디
Cafe Chai Dee
린즈 카페 11
Lin's Cafe
중국
사원
르 셀렉트 카페
Le Sélect Café
16
뉴 쌘 싸바이 호텔
New Saen Sabai Hotel
다오 싸완 9
Dao Savanh
여행자
안내소
딸랏 옌 광장
Talat Yen Plaza
6
세인트 테레사 교회
Saint Theresa Church
15
쌀라 싸완
Sala Savan
에코 가이드 협회
Eco-Guide Unit
Thanon Tha Hae
Thanon Kouvolavong
왓 싸이야뭉쿤
Wat Xaiyamoungkhoun
메콩 강
Mekong River
우체국
Thanon Phetsarath
Thanon Ladsavongseuk
싸완나켓 박물관
Savannakhet Museum
다오싸완 리조트 & 스파
경찰서
학교

싸완나켓 외곽

N
0
728m
태국
Thailand
묵다한
Mukdahan
우정의 다리 2
Friendship Bridge 2
메콩 강
Mekong River
버스터미널
H 4 싸완 베가스
Savan Begas
2 동 나탓 보호구역
Dong Natad NPA
1 탓 잉항
That Ing Hang
붕와 호수
Bungva Lake
싸완나켓 공항
Savannakhet Airport
H 5 다오싸완 리조트 & 스파
Daosavanh Resort & SPA
3 흐안 힌
Heuan Hinh
Highway 9W

4 싸완 베가스 Savan Begas ✪✪✪

올드타운에서 북동쪽으로 약 7km 떨어져 있으며, 총 482개의 객실을 갖춘 5성급 호텔과 함께 카지노를 운영한다. 태국과 라오스 국경인 우정의 다리에서 호텔을 오가는 셔틀버스를 운행한다. 객실 요금에 조식이 포함되어 있으며, 호텔 예약 사이트를 통하면 최대 50%까지 할인받을 수 있다.

Ban Nongdeune · 041-252-200 · 디럭스 $97
savanvegas.com

5 다오싸완 리조트 & 스파 Daosavanh Resort & Spa ✪✪✪

메콩 강변에 자리한 4성급 호텔로, 야외 수영장과 스파, 마사지, 사우나 등 다양한 부대시설을 갖추고 있다. 총 83개의 객실이 있으며, 올드타운 중심가 광장에서 남쪽으로 약 1.5km 떨어져 있다.

Ban Tha Hae · 041-252-188 · 스탠다드 $127 디럭스 $178

4

5

6 세인트 테레사 교회 Saint Theresa Church ✪✪

싸완나켓은 프랑스 식민지 시절부터 무역과 행정의 중심지였으며, 1930년대부터 프랑스인이 거주하며 유럽풍 도시로 차차 변모해 갔다. 유럽 도시를 모방해 만든 까닭에 중앙 광장을 중심으로, 아치형 창문에 발코니가 딸린 콜로니얼 건축물이 아직도 남아 있다. 그중 1930년에 지어진 이곳은 여전히 그 기능을 충실히 해내며 일요일마다 예배가 열린다.

🏠 Ban Lattanalangsy Tai ☎ 020-5564-0650

7 왓 싸이야품 Wat Xaiyaphoum ✪

1542년 지어진 왓 싸이야품은 현재 싸완나켓에서 가장 큰 사원이며, 승려학교를 함께 운영하고 있다. 1906년에 재건축해 큰 볼거리는 없지만 메콩 강변에 있어 오가다가 들러 쉬기 좋다. 시내에 있는 중국과 베트남의 현대식 사원을 함께 둘러보며 차이점을 찾아보는 것도 나름 재미있다.

🏠 Thanon Tha Hae 🕘 08:00-17:00

8 공룡 박물관 Dinosaur Museum ✪

싸완나켓이 고생물학자들에게 매력 있는 도시라는 것은 사실 의외지만 박물관 내부에는 그동안 반 탕 베이(Ban Tang Vay) 마을에서 출토된 공룡 뼈와 발자국이 아기자기하게 전시되어 있다. 또한 우체국 인근의 싸완나켓 박물관에는 프랑스 식민지 시절 사진 등 도시의 역사에 대해 소박하게 다루고 있다.

🏠 Thanon Khanthaburi, Ban Sayaphoum

☎ 041-212-597 🕘 08:00-11:30, 13:30-16:30 $ 10,000K

6

7

8

9 다오 싸완 Dao Savanh

프랑스 식민지 시절 건설된 광장 앞에 자리한 정통 프랑스 레스토랑으로, 콜로니얼 건물을 리모델링해 내부도 고급스럽다. 사람들을 구경하며 프랑스식 스테이크를 먹거나 타파스에 와인을 곁들여 저녁을 즐기기 좋다. 샐러드, 수프, 스테이크, 후식으로 구성된 코스 메뉴는 65,000K부터.

Ban Xayaphoum 020-554-1999, 041-260-888
07:00-22:30 100,000~150,000K

10 카페 셰 분 Cafe Chez Boune

클래식한 인테리어의 여행자 식당으로, 간단한 샌드위치와 스테이크, 피자, 파스타 등의 서양 요리를 전문으로 한다. 부드러운 와규와 티본 등의 스테이크 메뉴와 진한 아이스커피가 만족도가 높다.

Thanon Chaimeung, Ban Xayaphoum 041-215-190
월~토 08:00-22:00 60,000~150,000K
cafechezboune.com

11 린즈 카페 Lin's Cafe

서양 여행자들에게 오랫동안 사랑받아 온 곳으로, 친절한 일본인 여주인장이 자기 이름을 내걸고 운영한다. 햄버거나 샌드위치, 샐러드에 신선한 망고 셰이크를 곁들여 아침이나 브런치 먹기 알맞다. 무료로 시내 지도를 나눠 주며, 2층에는 올드타운 건축물과 관련된 간단한 전시도 마련돼 있다.

Ban Xayaphoum 030-533-188
목~화 08:30-20:30 9,000~50,000K

12 카페 짜이디 Cafe Chai Dee

'좋은 마음'이라는 가게 이름처럼 일본과 라오스 청년들이 함께 운영하는 곳으로, 캐주얼하게 꾸며 놓았다. 두 나라의 소박한 가정식 요리를 선보이며, 메뉴판에 자세하게 설명되어 있어 선택이 용이하다.

Thanon Latsavongseuk, Ban Lattanalansy Thai
030-500-3336 월~토 08:30-21:00
10,000~50,000K www.cafechaidee.com

13 마사 Masa

최근에 생겨난 일본식 선술집으로, 올드 스테디움 인근의 '오신(Oshin)'과 더불어 초밥과 숙성회 등을 맛볼 수 있다. 돈가스 덮밥과 도시락 정식 등도 인기 있다.

Ban Kaison
030-7770-1041, 020-5441-6448, 020-9715-4958
월~토 11:00-14:00, 17:00-22:00 60,000~150,000K
www.facebook.com/masa.savannakhet/

14 낭노이 Nang Noy

현지인들 사이에서 인기 있는 쌀국숫집으로, 간판도 단출하다. 고명이나 면발을 고를 수 있으며, 만두도 판매한다. 올드마켓 앞 노점과 여행자 안내소 앞 빼요(Pae Yo)도 국물이 진하고 맛있다.

Thanon Kouvolavong 020-554-1651
06:30-22:00 15,000K

9

10

11

12

13

14

15 쌀라 싸완 Sala Savan ✪✪✪

한때 태국영사관으로 사용하던 콜로니얼 건물을 리모델링한 부티크호텔로, 편리한 위치와 넓은 정원, 우아한 내·외관, 친절한 주인장까지 어느 것 하나 나무랄 데가 없다. 단, 2층 건물에 객실은 5개뿐이라 숙박을 생각하고 있다면 반드시 사전에 예약하는 게 좋다.

Thanon Kouvolavong 041-212-445, 020-7794-5838
더블 $40(에어컨, 개인욕실, 조식 포함) www.salalao.com

16 뉴 쌘 싸바이 호텔 New Saen Sabai Hotel ✪✪

메콩 강변에 자리한 데다 올드타운 중심가와도 인접해 있어 편리하지만 객실 컨디션에 비해 다소 비싼 편이다. 객실마다 발코니가 딸려 있어 강변 조망이 가능하고, 채광 상태도 좋은 편이다.

Thanon Tha Hae 041-252-601
스탠다드 $77 디럭스 $90(에어컨, 개인욕실, TV, 냉장고, 조식 포함)

17 훙흐앙 호텔 Hung Heuang Hotel ✪✪

올드타운에 자리한 2성급 호텔로, 총 42개의 객실을 운영한다. 2012년 오픈해 건물 외관과 내부 모두 깔끔하며 직원들도 친절하다. 조식을 원치 않을 경우 $6 할인한다.

Thanon Senna, Ban Xaiyaphoum 041-252-765
스탠다드 $33 디럭스 $50(에어컨, 개인욕실, TV, 냉장고, 조식 포함)

18 싸완반하오 호텔 Savanbanhao Hotel ✪✪

마당을 겸한 넓은 주차장과 번듯한 외관에 비해 내부 인테리어나 가구 배치 등은 다소 실망스럽다. 총 38개의 객실을 운영하며, 층수와 방 크기에 따라 가격이 다르다.

Thanon Senna 041-212-202
더블 70,000K~(에어컨, 개인욕실, TV)

19 쑤안나웡 게스트하우스 Souannavong Guest House ✪

편리한 위치와 저렴한 가격으로 오랫동안 여행자들에게 사랑받아 온 숙소로, 총 6개의 객실을 운영한다. 자전거와 오토바이를 렌트할 수 있으며, 싸완나켓 관련된 여행 정보도 충실하게 알려 준다.

Thanon Senna 041-212-600, 020-5553-2981
더블 100,000K(에어컨, 개인욕실, TV)

20 리나 게스트하우스 Leena Guest House ✪

골목 안쪽에 자리한 데다 올드타운과 거리가 좀 떨어져 있어 조용한 것을 좋아하는 배낭여행자들이 많이 찾는다. 오른편의 새로 지은 건물의 객실이 더 넓고 채광 상태도 좋다. 작은 정원과 휴식공간을 갖추고 있으며, 레스토랑에서 간단한 메뉴를 판다. 선풍기만 사용할 경우, 20,000K 할인한다.

Thanon Chao Kim
041-212-404, 020-5564-0697
더블 70,000K(에어컨, 개인욕실)

15

16

17

18

19

WELCOME
20

GIA ĐINH ÔNG
MAI THI QUY

빡쎄

Pakse | ປາກເຊ

짬빠싹 주의 주도이자 라오스 제2의 도시인 빡쎄는 남쪽으로 메콩 강이, 북쪽과 서쪽으로 쎄돈 강Xe Don River이 흐른다. '빡'은 '입'을, '쎄'는 '쎄돈 강'을 뜻하는데, 그 이름처럼 강변에 도시가 발달해 있다. 라오스 남부의 상업, 교통, 행정의 중심지지만 규모에 비해 도시 자체에는 큰 볼거리가 없다. 대부분의 여행자가 하루 이틀 머물다 국제버스를 타고 태국이나 캄보디아로 넘어가거나 씨판돈 혹은 짬빠싹으로 향한다. 시내 중심가에 호텔과 여행사가 몰려 있는 데다 카페와 레스토랑도 많아 여러 모로 편리하게 쉬어 갈 수 있다. 최근 서양 여행자들은 오토바이를 장기 렌트해서 인근의 볼라벤 고원볼라웬 고원, Bolaven Plateau을 둘러보기도 하는데, 교통경찰들의 뒷돈 요구나 바가지가 극심하고, 도로나 숙소 사정이 좋지 않으므로 가급적 여행사의 상품을 이용하는 것이 안전하다.

Access

+ **비엔티안** 비행기 1시간 15분, 버스 12시간
+ **타켁** 버스 7시간
+ **싸완나켓** 버스 3시간
+ **태국 방콕** 비행기 1시간 40분, 버스 11시간
+ **캄보디아 프놈펜** 버스 13시간

Model Course

1st Day
란캄 국수 → 짬빠싹 팰리스 정원 산책 → 왓 루앙 → 나짐 → 화교 회관 → 메콩 강변 산책 → 르 파노라마

2nd Day
카페 씨눅 → 볼라벤 고원 일일 투어 or 트리 탑 익스플로러 → 싸바이디 빡쎄

중국 China
징홍 Jinghong
멍라 Mengla
미얀마 Myanmar
디엔비엔푸 Điện Biên Phủ
쏩훈 Sop Hun
떠이 짱 Tây Trang
므앙씽 Muang Sing
루앙남타 Luang Namtha
므앙응오이 Muang Ngoi
므앙싸이 Muang Xai
농키아우 Nong Khiaw
훼이싸이 Huay Xai
치앙콩 Chiang Khong
하노이 Hà nội
하이퐁 Hai Phong
베트남 Vietnam
빡벵 Pakbeng
루앙프라방 Luang Prabang
폰싸완 Phonsavan
치앙마이 Chiang Mai
방비엥 Vang Vieng
라오스 Laos
남중국해 South China Sea
빈 Vinh
꺼우 째오 Cầu Treo
비엔티안 Vientiane
남파오 Nam Phao
농카이 Nong Khai
짜로 Cha Lo
우돈타니 Udon Thani
나콘파놈 Nakhon Phanom
타켁 Thakhek
나파오 Na Phao
묵다한 Mukdahan
싸완나켓 Savannakhet
단싸완 Dansavan
라오 바오 Lao Bao
후에 Huế
타이 Thailand
빡쎄 Pakse
총멕 Chong Mek
짬빠싹 Champasak
버이 Bờ Y
방콕 Bangkok
씨판돈 Si Phan Don
원캄 Veun Kham
캄보디아 Cambodia
동 크랄로 Dong Kralor
프놈펜 Phnom Penh
스퉁트렝 Stung Treng
시엠립 Siem Reap

빡쎄

기본 정보

–

INFORMATION

1 방향 잡기

남부 라오스의 중심지인 빡쎄는 도시 규모가 제법 크다. 다섯 개 이상의 버스터미널이 있는 데다 뚝뚝이나 썽태우의 바가지요금이 극심하고 엉뚱한 곳에 데려다주는 일도 왕왕 있다. 여행자 거리 인근의 찟빠쏭Chitpasong 버스터미널에 도착한 것이 아니라면 혼자서 가는 것보다 여럿이 함께 뚝뚝이나 썽태우를 이용하는 것이 저렴하고 편리하다. 중심가로 가기 위해 목적지를 말할 때는 로열 빡쎄 호텔Royal Pakse Hotel이나 짬빠싹 플라자 쇼핑센터Champsak Plaza Shopping Center 같은 큰 건물을 기준으로 삼는다. 13번 국도가 여행자 거리를 가로지르며, 서쪽으로 왓 루앙Wat Luang과 쎄돈 강이 자리하고 있다.

CENTER

2 환전

왓 루앙 남쪽 큰 건물에 BCEL 은행이 있으며, 메인 도로에 라오 개발 은행과 ATM이 있다. 시내 중심가인 딸랏 다오흐앙Talat Daoheuang 시장 인근에서 주요 은행을 손쉽게 찾을 수 있다. 월요일부터 금요일까지 환전 업무를 하며, 대부분의 숙소와 레스토랑에서 달러와 태국 바트를 통용한다.

3 여행자 안내소

여행자 거리 서쪽 강변에 안내소가 있다. 월요일부터 금요일까지 오전 8시부터 오후 4시까지 운영하며, 점심시간인 오후 12시부터 오후 1시 30분까지는 문을 닫는다. 영어 소통이 가능한 현지 직원이 짬빠싹 주의 관광 명소와 교통편에 대해 알려 준다. 쎄 삐안 국립보호구역Xe Pian NBCA 트레킹과 캠핑, 코끼리 타기 체험 및 돈댕Don Daeng이나 돈코Don Kho 섬의 홈스테이 등 프로그램을 소개받을 수 있다. 별도의 수수료 없이 예약 서비스를 제공하므로 주변 관광지 투어를 생각하고 있다면 들러볼 만하다.

☎ 031-212-021

4 시내 교통수단

여행자 거리는 크지 않아 웬만한 곳은 대부분 걸어서 다닌다. 딸랏 다오흐앙 시장은 5,000~10,000K에 흥정하며, 골든 부다에 갈 때는 10,000~20,000K에 흥정한다. 오토바이 옆에 좌석을 매단 삼륜차인 쌈러가 보다 저렴하다. 미스 노이Miss Noy, 빡쎄 트래블Pakse Travel, 알리싸 게스트하우스Alisa Guesthouse 등지에서 오토바이나 자전거를 빌릴 수 있다. 자전거는 24시간 기준 20,000K, 오토바이는 60,000K부터 렌트 가능하다.

5 여행 시기

한 해 평균 기온은 29.5℃로, 열대성 기후를 나타낸다. 11월부터 2월 사이가 평균기온 25℃ 내외를 유지해 여행하기 가장 좋다. 특히 1월은 극성수기에 해당하므로 항공권이나 호텔 등의 예약을 서둘러야 한다. 3월과 5월 사이에는 한낮 기온이 40℃를 넘어서므로 야외 활동을 자제한다. 우기에 해당하는 6월부터 9월까지는 생각보다 날씨가 나쁘지 않다. 폭우가 짧게 여러 번 내려 뜨거운 한낮 온도를 30℃ 내외로 낮춰 준다.

6 주의사항

비엔티안이나 태국 등지에서 오는 장거리 여행자들은 대부분 심야버스를 탄다. 빡쎄에 아침 일찍 도착하므로 성수기라면 인기 있는 숙소는 방을 구하기 힘들 정도. 마음에 드는 곳이 있으면 인터넷이나 전화로 서둘러 예약하는 것이 좋다. 또한 앞서 말한 것처럼 뚝뚝 기사들의 바가지요금이 심하므로 이용할 때는 흥정을 제대로 마치고, 원하는 도착지가 맞는지 확인한 뒤에 돈을 지불한다.

빡쎄

드나들기

TRANSIT

1 비행기

여행자 거리에서 서북쪽으로 약 3km 떨어져 있는 빡쎄 국제공항 Pakse International Airport은 비엔티안과 루앙프라방, 싸완나켓으로 가는 국내선을 하루 1회 이상 정기 운항한다. 또 태국 방콕과 캄보디아 시엠립, 베트남 호찌민행 국제선도 운항한다. 항공 스케줄 등 자세한 사항은 라오항공 홈페이지를 통해 알아볼 수 있다. 공항에서 여행자 거리로 갈 때는 썽태우는 20,000~30,000K, 공항 택시는 80,000K을 지불한다.

2 버스

라오스 남부와 북부를 잇는 교통의 요지답게 버스터미널이 다섯 개 이상 있다. 빡쎄의 경우, 다른 도시들과 달리 여행사 상품을 이용하는 게 보다 저렴하고 편리하다. 얼마의 수수료가 들더라도 숙소 픽업이 포함되어 있기 때문. 단, 티켓 구입 시 어느 버스터미널을 이용하는지, 출발 시각 및 픽업 시각은 언제인지 꼼꼼하게 따진 후 바우처에 별도로 기입해 달라고 요청한다. 간혹 픽업 기사가 엉뚱한 버스터미널에 데려다줘서 해당 버스가 없어 다시 여행자 거리로 되돌아가기도 하므로 미리 대비해야 한다.
씨판돈이나 짬빠싹으로 갈 경우, 여행사 상품을 이용하는 게 비용은 물론 시간 면에서도 이득이다. 티켓을 예매할 때는 숙소 픽업과 원하는 섬으로 가는 보트 요금이 포함되어 있는지 반드시 확인한다. 짬빠싹을 개인적으로 갈 때는 딸랏 다오흐앙 시장 앞의 썽태우 터미널을 이용한다. 오전 8시부터 오후 3시까지 하루 3회 이상 운행하며, 사람이 모이는 대로 출발한다. 비용은 편도 30,000K.

• 남부 버스터미널 Southern Bus Station

라오스 남북으로 향하는 거의 모든 버스가 정차한다. 동쪽으로 8km 떨어져 있어 '끼우 롯 락 뺏'이라고 부른다. 태국이나 캄보디아로 가는 국제버스도 오간다.

• 북부 버스터미널 Northern Bus Station

시내에서 7km 떨어져 있어 '끼우 롯 락 쨋'이라 칭한다. 여행자 거리에서 북부와 남부 버스터미널을 오갈 때 혼자 탈 경우 30,000~40,000K에 흥정하며, 썽태우 합승은 10,000K이면 충분하다.

• 찟빠쏭 버스터미널 Chitpasong Bus Station

여행자 거리와 가까운 곳에 있으며 비엔티안행 슬리핑 버스가 오간다. 매일 밤 8시 전후로 출발하며, 여행사와 현장 요금이 큰 차이가 없다. 간혹 낡은 버스도 운행하므로 최신식 VIP 버스인지 확인하고 예매한다. VIP 버스터미널이라고 부르기도 한다.

• 쎙짤른 버스터미널 Sengchaleun Bus Station

여행자 거리에서 동쪽으로 2km 정도 떨어져 있으며, 태국행 국제버스와 비엔티안, 싸완나켓 등지를 가는 시외버스가 오가지만 언어 소통이 원활하지 않아 직접 예매하기 쉽지 않다. 10,000K이면 뚝뚝을 합승할 수 있다.

• 끄리앙까이 버스터미널 Kriang Kai Bus Station

딸랏 다오흐앙 시장에서 동쪽으로 1km 떨어져 있으며 주로 태국행 국제버스가 출발한다. 10,000K이면 뚝뚝을 합승할 수 있다.

남부 버스터미널 주요 노선

목적지	종류	출발 시각	요금	소요 시간
비엔티안	로컬	06:20~17:00(40분 간격), 18:30	110,000K	15시간
타켁	로컬	06:20~16:20(40분 간격)	60,000K	9시간
싸완나켓	로컬	06:20~12:20(40분 간격)	40,000K	5시간
빡쏭	로컬	08:00, 09:00, 10:00, 12:00, 13:00	25,000K	2시간
반 나까쌍	썽태우	07:00~15:00(1시간 간격)	40,000K	3시간 30분
돈콩(므앙콩)	썽태우	08:30, 10:30, 11:30, 13:00, 14:30, 15:30	55,000K	3시간
태국 방콕	로컬	09:00, 15:00	900B	11시간
태국 우본랏타차니	로컬	08:00, 15:00	200B	3시간
베트남 다낭	로컬	19:00	180,000K	18시간
베트남 후에	로컬	18:30	160,000K	15시간 30분
캄보디아 프놈펜	로컬	07:00	$28	13시간
캄보디아 시엠립	로컬	07:30	$35	13시간

북부 버스터미널 주요 노선

목적지	종류	출발 시각	요금(K)	소요 시간
비엔티안	로컬	06:30~16:30(50분 간격 출발)	120,000	18시간
타켁	로컬	06:30~16:30(50분 간격 출발)	70,000	9시간
싸완나켓	로컬	06:30~16:30(40분 간격 출발)	50,000	5시간
베트남 다낭	VIP	07:00	220,000	16시간

찟빠쏭 버스터미널 주요 노선

목적지	종류	출발 시각	요금(K)	소요 시간
비엔티안	슬리핑(더블)	20:00	170,000	10시간

쎙짤른 버스터미널 주요 노선

목적지	종류	출발 시각	요금(K)	소요 시간
비엔티안	슬리핑(더블)	20:00	170,000	11시간
태국 방콕	VIP	16:00, 17:00	240,000	13시간
태국 우본랏차타니	VIP	08:30, 15:30	60,000	3시간

끄리앙 까이 버스터미널 주요 노선

목적지	종류	출발 시각	요금(K)	소요 시간
비엔티안	슬리핑(더블)	20:00	170,000	10시간
타켁	슬리핑(더블)	20:00	140,000	5시간 30분
태국 방콕	VIP	16:00	240,000	14시간
태국 우본랏차타니	로컬	08:30, 15:30	60,000	3시간
캄보디아 프놈펜	로컬	07:30	250,000	13시간 30분
캄보디아 시엠립	로컬	07:30	250,000	14시간

여행사 버스 주요 노선

목적지	종류	출발 시각	요금(K)	소요 시간
짬빠싹	미니밴	08:00(보트 포함)	55,000	1시간 30분
씨판돈	미니밴	08:00(보트 포함)	70,000	3시간

비다 베이커리 12
Vida Bakery
21 폰싸완 게스트하우스
Phonsavanh G. H.
22 싸바이디 2 게스트하우스
Sabaidy 2 G. H.
탈루앙 호텔
Thaluang Hotel
빡쎄 국제공항
Thanon 12
Thanon 24
Thanon 21
세이 하이
Say Hi
재스민
Jasmine
쌍 아룬 호텔
Sang Aroun Hotel
라오 개발 은행
Lao Development Bank
베트남영사관
쎄돈 강
Xe Don
Thanon 13
미스 노이
Miss Noy
(바이크 렌트)
로열 빡쎄 호텔
Royal Pakse Hotel
왓 루앙 3
Wat Luang
11 란캄 국수
(란캄 호텔)
Lankham Noodle Shop
ATM
14 싸바이디 빡쎄
Sabaidee Pakse
아테나 호텔
Athena Hotel
17
짬빠싹 팰리스
Champasak Palace
16
타이 마사지 & 스파
Thai Massage & SPA
델타 커피
Delta Coffee
Thanon 11
중국회관 4
10 나짐
Nazim
르 파노라마
Le Panorama
독 마이 라오
Dok Mai Lao
왓 파밧
Wat Pha Bat
쎄돈 강
Xe Don
BCEL 은행
20 쌀라 짬빠 호텔
Sala Champa Hotel
경찰서
Thanon 46
위앙싸완 씬닷
Viengsavanh Sindad
주유소
빡쎄 호텔
Pakse Hotel
5
그린 디스커버리
Green Discovery
카페 씨눅
Cafe Sinouk
8 19
ATM
9
여행자 안내소
18
레지던스 씨쑥
Residence Sisouk
6
짬빠싹 플라자 쇼핑센터
Champasak Plaza
Shopping Center
ATM
Thanon 46
Thanon 24
Thanon 35
Thanon 1
중국사원
도요타
Toyota
캐논
Canon
퐁싸완 은행
Phongsavanh Bank
Thanon 38
Thanon 11
Thanon 10
병원
찟빠쏭
버스터미널
Chitpasong
Bus Station
나 카페 Na Cafe
Thanon 42
짬빠싹 역사 박물관
Champasak Provincial
Historical Museum
씽짤른 버스터미널
라오-비엣 은행
Lao-Viet Bank
짬빠싹 경기장
Champasak Stadium
현대
인도차이나 은행
Indochina Bank
교회
Thanon 9
Thanon 1
농업 진흥 은행
Agricultural Promotion Bank
ACLEDA 은행
15 강변 노점
Thanon 42
Thanon 36
Thanon 35
우체국
Thanon 16W
Thanon 38
딸랏 다오흐앙 시장
Talat Daoheuang
7
칸퐁 보트 레스토랑
Khamfong Boat
Restaurant
Thanon 10
빡쎄 메콩 호텔
Pakse Mekong Hotel
라오 개발 은행
Lao Development Bank
비에틴 은행
Vietin Bank
13
반라오 보트 레스토랑
Banlao Boat Restaurant
다오 커피
Dao Coffee
끄리앙 까이 버스터미널
Kriang Kai Bus Station
메콩 강
Mekong River
281
282
빡쎄 시내
N
0
84m
Thanon 16W

빡쎄 외곽
279·280
N
0 665m
북부 버스터미널(끼우 롯 락 쩻)
Northern Bus Station(7㎞ Bus Station)
Highway 13
쎄돈 강
Xe Don
빡쎄 국제공항
Pakse International Airport
찟빠송 버스터미널
Chitpasong Bus Station
쎙짤른 버스터미널(끼우 롯 락 썽)
Sengchalean Bus Station(2㎞ Bus Station)
Highway 13
끄리앙 까이 버스터미널
Kriang Kai Bus Station
메콩 강
Mekong River
← 태국 총멕 Chong Mek
Highway 16W
2
푸 쌀라오
Phu Salao
1
볼라벤 고원
Bolaven Plateau
Highway 16
남부 버스터미널(끼우 롯 락 뻿)
Southern Bus Station(8㎞ Bus Station)
Highway 13

Attraction

1 볼라벤 고원 Bolaven Plateau ✪✪✪

평균 해발 800m 이상의 라오스 남부 대표 고원지대로, 소수 민족인 '라웬(Laven) 족이 사는 곳'을 의미한다. 참고로 2012년 우리나라까지 강타한 태풍 볼라벤의 이름도 여기에서 비롯되었다. 빡쎄와 쌀라완(Salavan), 앗따쁘(Attapeu) 주에 걸쳐 자리하고 있으며, 수많은 폭포와 울창한 숲이 어우러져 장관을 이룬다. 아직 제대로 된 대중교통이 없어 여행사 상품을 이용하는 것이 안전하다.
높이가 무려 100m가 넘는 가장 큰 폭포인 땃팬(Tad Fan) 인근의 계단식 폭포인 땃 유앙(Tad Yuang), 볼라벤 고원의 가장 높은 곳에 있는 땃로(Tad Lo)와 땃 빠쑤암(Tad Pasuam) 폭포를 감싸고 있는 볼라벤 고원 민속촌 등이 볼 만하다.
또한 이 지역은 프랑스 식민지 시절부터 커피 산지로 개발되어 빡쏭(Paksong) 주변에 라오스를 대표하는 유명 커피농장들이 자리하고 있다. 커피 투어는 농장에서 커피콩을 생산·가공하는 과정을 직접 체험하는 것으로, 씨눅 커피 가든(Sinouk Coffee Garden)에는 숙박 시설도 갖추고 있다.
최근 서양 여행자를 중심으로 오토바이를 타고 2박 3일 이상 일정으로 볼라벤 투어를 떠나기도 한다. 볼라벤 투어 상품은 빡쎄 트래블 등 시내 여행사와 숙소에서 다양하게 취급하며, 일정과 인원에 따라 가격이 조금씩 다르다. 참고로 보통 오전 8시부터 오후 5시까지 진행되는 일일 투어는 보통 180,000K 내외이며, 식사는 포함되어 있지 않다.

2 푸 쌀라오 Phu Salao ✪

메콩 강과 빡쎄 시내가 한눈에 내려다보이는 언덕에 위치한 황금불상으로, 영어로는 골든 부다(Golden Buddha)라고 부른다. 경치는 탁월하지만 계단이 가파르고 제대로 정비되어 있지 않아 주의하며 올라야 한다. 주변에 노점이 몇 개 있으며 입장료는 없다.
⌂ Thanon 16W

반벵 마을
Ban Beng
땃항 폭포 Tad Hang
땃로 폭포 Tad Lo
반 라오 응암 마을
Ban Lao Ngam
땃쑹 폭포
Tad Soung
반 따뗑 마을
Ban Tateng
씨눅 커피 가든
Sinouk Coffee Garden
반 쎄꽁 마을
Ban Sekong
땃 빠쑤암 폭포
Tad Pasuam
동 후아 싸오
자연보호구역
Dong Hua Sao
NBCA
빡쏭 Paksong
땃 유앙 폭포
Tad Yuang
땃팬 폭포
Tad Fan
빡쎄
메콩 강
볼라벤 고원
Bolaven Plateau
짬빠싹 /
씨판돈
땃 따익쓰아 폭포
Tad Tayicseua

1

2

Attraction

3 왓 루앙 Wat Luang ✪✪

빡쎄 시내에 있는 수십여 개 사원 중 가장 오래된 역사를 자랑한다. 작지 않은 규모지만 큰 볼거리가 있는 것은 아니다. 오래된 목조건물은 18세기 후반 지어졌으며, 대법전을 비롯한 중요 건물은 19세기 초에 지어졌다. 시내를 오가다가 들러 쎄돈 강을 바라보며 쉬어가기 알맞다.

Thanon 11

4 중국 회관 Association Chinese Pakse ✪

프랑스 식민지 때 건설된 도시인 빡쎄에는 오래된 콜로니얼 건물이 많이 남아 있다. 그중 원형을 가장 잘 보존한 건물은 화교들을 위한 회관이다. 왓 파밧(Wat Pha Bat) 주변에 중국 사원도 있다.

Thanon 10

Leisure

5 트리 탑 익스플로러 Tree Top Explorer

울창한 볼라벤 고원과 폭포에 짚 라인, 스카이워킹 등을 설치해 20m 높이의 나무집(Tree Top House)을 오갈 수 있도록 해놓았다. 일정에 따라 볼라벤 고원 주변 트레킹과 카야킹, 수영, 커피 농장 방문 등을 함께 할 수 있다. 서양 여행자들 사이에서 인기 높은 액티비티 중 하나이며, 수익금은 자연을 보호하고 지역 사회에 기여하는 형태로 쓰인다. 인원과 일정에 따라 요금이 다르지만 2박 3일 투어는 $200, 3박 4일 투어는 $270부터. 자세한 사항은 쌀라 짬빠 호텔(Sala Champa Hotel) 맞은편의 그린 디스커버리에 문의하자.

3

4

5

©그린 디스커

Shopping

6 짬빠싹 플라자 쇼핑센터 Champasak Plaza Shopping Center ✪

건물 1층에는 생활용품을 팔며, 2층에 현대식 슈퍼마켓이 있다. 쇼핑센터 주변에 사진관이 있어 서양 여행자들은 비자용 사진을 찍기도 한다. 건물 앞쪽으로 재래시장이 있어 신선한 과일과 간단한 찬거리를 사기 좋다.

🏠 Thanon 5

7 딸랏 다오흐앙 시장 Talat Daoheuang ✪

빡쎄 시내에 위치한 커다란 시장으로, 다 둘러보려면 한두 시간 정도 걸린다. 건물 안쪽에 각종 생필품을 파는 상점이 빽빽하게 들어서 있으며, 우리나라 재래시장처럼 채소와 과일, 국수를 파는 노점도 있어 주전부리하기도 좋다. 16번 도로 앞쪽으로 정류장이 있으며, 태국과 맞닿은 총멕(Chong Mek) 국경과 짬빠싹 등 빡쎄 주변 지역을 오가는 썽태우가 아침부터 저녁까지 운행한다.

🏠 Thanon 16W

Restaurant

8 르 파노라마 Le Panorama ✪✪✪

빡쎄 호텔(Pakse Hotel) 옥상에 위치한 레스토랑으로, 메콩 강과 쎄돈 강이 한눈에 들어온다. 일몰에 맞춰 근사한 식사에 칵테일 한 잔 곁들이며 분위기 잡기 좋다. 화덕 피자를 비롯한 이탈리아 요리, 태국과 라오스 요리 등을 메인으로 한다. 저녁 주문은 오후 5시 30분부터 10시까지.

🏠 Thanon 5 ☎ 031-212-131 🕘 16:30-23:30
$ 60,000~120,000K 🖥 www.hotelpakse.com

9 카페 씨눅 Cafe Sinouk ✪✪✪

라오스의 유명 커피 브랜드 중 하나인 카페 씨눅의 본점으로, 볼라벤 고원에서 생산한 커피 외에도 샌드위치, 파스타, 샐러드 등의 간단한 식사 메뉴와 페이스트리, 케이크 등을 판매한다. 다오 커피(Dao Coffee)에서 운영하는 짬빠디 레스토랑(Champady Restaurant)과 여행자 거리 메인 도로에 위치한 델타 커피(Delta Coffee)에 비해 가격이 약간 비싸다. 찟빠쏭 터미널 이용 시 버스를 기다리며 시간을 보내기 좋다.

🏠 Thanon 9 & 11 ☎ 020-956-6776, 031-214-716
🕘 07:00-22:00 $ 25,000~80,000K

6

7

8

Café Sinouk
RESTAURANT & SALON DE THE
9

10 나짐 Nazim

메인 도로변의 재스민(Jasmine)과 더불어 빡쎄에서 가장 유명한 인도식당. 원조집에 해당하는 재스민은 인도 음식과 더불어 대중적인 라오스 음식도 판매하지만 나짐은 좀 더 전문적인 인도 음식을 내놓는다. 채식 메뉴가 다양하다.

Thanon 12 · 020-7760-5060, 021-223-480
08:00~23:00 · 30,000~80,000K

11 란캄 국수 Lankham Noodle Soup

란캄 호텔(Lankham Hotel) 1층에 위치한 쌀국숫집으로, 아침을 먹기 위한 현지인들과 동양인 관광객들로 가득하다. 쌀국수를 주문하면 시원한 재스민 차와 채소를 내어 준다. 샌드위치도 판매하지만 쌀국수 비해서는 맛이 떨어진다.

Thanon 13 · 020-5583-6888 · 06:30~13:30
20,000~40,000K · www.lankhamhotel-pakse.com

12 비다 베이커리 카페 Vida Bakery Cafe

매일 아침 구워내는 신선한 머핀과 크루아상, 베이글, 컵케이크 등을 맛볼 수 있는 곳. NGO 단체가 운영하며 베이커리 교육장이자 카페다. 수제 샌드위치와 커피를 곁들인 아침식사도 훌륭하다. 수익금의 일부는 지역 발달에 쓰이며, 자원봉사자도 모집한다.

Thanon 12 · 020-2925-6632
월~금 06:30~15:30 · 20,000~40,000K

13 반라오 보트 레스토랑 Banlao Boat Restaurant

강에서 잡은 해산물요리와 생선구이, 라오스 전통 요리를 선보인다. 가격에 비해 맛이 만족스럽지 않으므로 식사보다는 일몰을 바라보며 맥주 한 잔 하기 알맞다. 여행사에 문의하면 배를 타고 메콩 강을 바라보며 저녁을 먹을 수 있는 디너 크루즈도 예약해 준다.

Thanon Riverside · 030-3125-3881
11:00~22:30 · 50,000~80,000K

14 싸바이디 빡쎄 Sabaidee Pakse

메인 도로에 위치한 활발한 분위기의 카페 겸 레스토랑. 볶음국수, 볶음밥, 쌀국수, 덮밥 같은 단품 요리부터 프라이드 치킨, 펜네 스파게티 등 다국적 요리를 내놓는다. 커피와 망고 라씨, 맥주와 각종 음료 등도 저렴한 편이라 저녁에는 발 디딜 틈이 없다.

Thanon 24 · 020-2278-6786
06:00~22:00 · 30,000~50,000K

15 강변 노점

쎄돈 강과 메콩 강을 따라 길게 펼쳐진 강변에 곳곳에 노점이 있다. 어묵과 소시지 튀김을 판매하는 분식점 같은 곳부터 쌀국수, 볶음국수, 생선구이 등을 선보이는 간이 레스토랑과 노래 주점까지 다양하다. 어떤 가게를 선택하든지 아름다운 일몰은 덤으로 따라온다.

Thanon Riverside · 09:00~22:30 · 15,000~80,000K

NAZIM RESTAURANT
INDIAN FOOD TEL: 020 77605060
WELCOME
10

11

12

13

SABAIDEE PAKSE RESTAURANT
14

15

16 짬빠싹 팰리스 Champasak Palace ✪✪✪

짬빠싹의 분움(Boun Oum) 왕조의 궁전이었던 곳으로, 현재는 태국 회사가 운영한다. 이들을 기리는 작은 사원이 호텔 안에 마련되어 있으며, 정원도 잘 갖춰져 있다. 실제 궁전으로 사용되었던 팰리스 빌딩이 조금 더 비싸며, 그중 퀸 스위트와 킹 로열은 왕족이 썼던 침실이다.

🏠 Thanon 13, Ban Phrabath ☎ 031-212-263, 212-777-780
Ⓢ 스탠다드 더블 250,000K~ 퀸 스위트 1,000,000K
🖥 www.champasakpalacehotel.com

17 아테나 호텔 Athena Hotel ✪✪✪

10m 크기의 작은 실외 수영장이지만 여행자 거리에서 유일하게 수영장을 갖춘 호텔이다. 모던한 외관은 물론 내부도 깔끔하게 잘 관리되어 있으며, 조식도 맛있고 직원들도 친절하다.

🏠 Thanon 13, Ban Pabath ☎ 031-214-888
Ⓢ 스탠다드 $70 디럭스 $100 🖥 www.athenahotelpakse.com

18 레지던스 씨쑥 Residence Sisouk ✪✪✪

콜로니얼 건물을 리모델링한 부티크호텔로, 정치인이자 장관을 지냈던 씨쑥(Sisouk) 가문이 운영한다. 옥상을 오가는 오래된 엘리베이터가 인상적이다. 내부는 고풍스러운 가구와 수공예품으로 꾸몄으며, 16개의 룸을 운영한다. 1층에는 카페 씨눅이, 옥상에는 아늑한 레스토랑이 있다.

🏠 Thanon 9 & 11 ☎ 031-214-716, 020-5434-6006
Ⓢ 스탠다드 $50 슈피리어 $70 🖥 www.residence-sisouk.com

19 빡쎄 호텔 Pakse Hotel ✪✪

우아한 분위기의 노란색 외관이 금세 눈에 띈다. 모두 63개의 객실을 8등급으로 나누는데, 스탠다드 룸부터 제대로 된 객실이라고 볼 수 있다. 7층 옥상에는 뛰어난 전망을 자랑하는 루프 탑 레스토랑인 르 파노라마가 있다.

🏠 Thanon 5 ☎ 031-212-131 Ⓢ 에코 더블 250,000K 스탠다드 더블 300,000K 슈피리어 400,000K(에어컨, 개인욕실, 조식 포함)
🖥 www.hotelpakse.com

16

17

Résidence Sisouk
BOUTIQUE HOTEL
18

PAKSE HOTEL
19

20 쌀라 짬빠 호텔 Sala Champa Hotel

오래된 콜로니얼 2층 건물을 리모델링한 곳으로, 16개의 객실을 운영한다. 가격에 비해 방이 넓고, 정원을 비롯해 1층에 휴식공간이 잘 갖춰져 있다. 메인 도로에 있는 피 다오(Phi Dao), 쌍아룬(Sang Aroun), 란캄, 로열 빡쎄 호텔 등도 가격 및 시설이 비슷하다.

Thanon 13 · 031-212-273 · 더블 방갈로 150,000K 스탠다드 더블 180,000K(에어컨, 개인욕실, 조식 불포함)

21 폰싸완 게스트하우스 Phonsavanh Guest House

여행자 거리 메인 도로에서 살짝 벗어난 곳에 위치한 폰싸완 게스트하우스는 다른 곳에 가격 대비 시설이 무난한 편이다. 에어컨과 뜨거운 물을 사용하지 않을 경우, 50%까지 가격을 할인받을 수 있다.

Thanon 13 · 031-212-842, 020-2226-6366
더블 100,000K(에어컨, 개인욕실, 조식 불포함)

22 싸바이디 2 게스트하우스 Sabaidy 2 Guest House

빡쎄는 방값이 비싼 편이라 중저가 숙소를 찾기 힘들다. 저렴하면서도 깨끗한 도미토리를 구한다면 이곳으로 갈 것. 다양한 투어 프로그램을 운영하며, 투숙객에게 저렴한 가격에 아침을 제공한다.

Thanon 24 · 031-212-992 · 도미토리 35,000K(공동욕실) 팬 더블 80,000K(공동욕실) 에어컨 더블 120,000K(개인욕실)
www.sabaidy2tour.com

20

21
Phonesavanh guesthouse
One of the top choice forback packers
Tel: 031-212842
020-22266366
020-22745011

22

짬빠싹

Champasak | ຈຳປາສັກ

수수하고 평화로운 짬빠싹은 한때 라오 왕국의 수도였다. 지금은 프랑스 식민지 시절 지어진 콜로니얼 건물들과 작은 사원들, 그리고 드넓은 논밭이 전부지만 현지인들의 삶을 보다 가까이에서 살펴볼 수 있다. 대부분의 여행자가 라오스의 가장 오래된 유적이자 유네스코 세계문화유산인 왓푸Wat Phu를 보기 위해 짬빠싹을 방문하며, 하루 이틀 정도 머물다가 씨판돈으로 향한다. 여행자 거리 주변에 사원들이 많아 짬빠싹을 떠나기 전 새벽 탁발을 보기에도 알맞다. 시간이 넉넉하다면 강 건너 돈댕Don Deng 섬에서 홈스테이를 하면서 한가로운 시간을 보내 보자. 매년 2월경에 열리는 왓푸 짬빠싹 축제에 맞춰 마을은 화려하게 변신하므로, 이 시기에 방문할 경우 예약은 필수다.

Access

+ **빡쎄** 썽태우 1시간 30분
+ **씨판돈** 보트+버스 2시간

Model Course

사이통 게스트하우스 리버사이드 레스토랑 → 왓푸 → 짬빠싹 위드 러브 → 짬빠싹 스파 → 더 키친 (인티라 호텔 내부) → AOCT 극장

중국
China
징홍
Jinghong
멍라
Mengla
미얀마
Myanmar
디엔비엔푸
Điện Biên Phủ
쏩훈
Sop Hun
떠이 짱
Tây Trang
하노이
Ha nôi
하이퐁
Hai Phong
므앙씽
Muang Sing
루앙남타
Luang Namtha
므앙응오이
Muang Ngoi
므앙싸이
Muang Xai
농키아우
Nong Khiaw
훼이싸이
Huay Xai
치앙콩
Chiang Khong
베트남
Vietnam
빡벵
Pakbeng
루앙프라방
Luang Prabang
폰싸완
Phonsavan
치앙마이
Chiang Mai
남중국해
South China Sea
방비엥
Vang Vieng
라오스
Laos
빈
Vinh
꺼우 째오
Cầu Treo
비엔티안
Vientiane
남파오
Nam Phao
농카이
Nong Khai
짜로
Cha Lo
우돈타니
Udon Thani
나콘파놈
Nakhon Phanom
타켁
Thakhek
나파오
Na Phao
묵다한
Mukdahan
싸완나켓
Savannakhet
단싸완
Dansavan
라오 바오
Lao Bao
후에
Huế
타이
Thailand
빡쎄
Pakse
총멕
Chong Mek
짬빠싹
Champasak
버이
Bờ Y
씨판돈
Si Phan Don
원캄
Veun Kham
캄보디아
Cambodia
동 크랄로
Dong Kralor
방콕
Bangkok
프놈펜
Phnom Penh
시엠립
Siem Reap
스퉁트렝
Stung Treng

기본 정보

INFORMATION

1 방향 잡기

빡쎄의 딸랏 다오흐앙 시장 근처 정류장에서 미니버스나 썽태우를 타면 대부분 원하는 숙소 앞에 내려준다. 숙소를 미리 정하지 못했다면 마을 중심에 해당하는 씨암폰 호텔Si Amphone Hotel이나 짬빠싹 게스트하우스Champhasak Guest House 앞에서 내려 천천히 마을을 둘러보며 원하는 숙소를 찾는다. 마을 중심의 로터리에 여행자 안내소와 게스트하우스, 극장이 줄지어 있다. 또한 마을을 가로지르는 도로 동쪽으로 메콩 강이 흐르며, 서쪽으로 빡쎄와 왓푸를 잇는 포장된 국도가 놓여 있다.

2 환전

씨암폰 호텔 옆에 라오 개발 은행과 ATM이, 여행자 안내소 건너편에도 ATM이 있다. 또 대부분의 숙소와 레스토랑에서 달러를 바꿔 주므로 환전은 크게 걱정하지 않아도 된다. 하지만 환율이 그리 좋지 않으므로 일정을 고려해 대도시에서 미리 넉넉하게 환전을 해오는 것이 경제적으로 이득이다.

3 여행자 안내소

메콩 강변에 자리한 자그마한 안내소에서 왓푸, 돈댕 섬 등 짬빠싹 주변 관광지에 대한 정보를 얻을 수 있다. 돈댕 섬으로 가는 보트나 홈스테이 등도 연결해 준다. 오전 8시부터 오후 4시까지 월요일부터 금요일까지만 운영하며, 점심시간인 오후 11시 30분부터 오후 1시 30분까지 문을 닫는다.

☎ 031-511-011

CHAMPASAKDISTRICT
VISITOR INFORMATION CENTER

4 시내 교통수단

마을 자체가 크지 않아 대부분 걸어서 다닌다. 왓푸에 가기 위해서는 자전거를 타거나 오토바이, 차량 등을 대절한다. 자전거는 대부분의 숙소에서 하루 10,000K부터 대여 가능하다. 왓푸를 가기 위해 차량을 대여할 경우, 숙소에 문의하는 것이 가장 빠르다. 숙소 주인이 직접 오토바이나 차를 몰고, 80,000~100,000K 정도에 데려다주기 때문. 식사와 입장료는 불포함이지만 구경을 마칠 때까지 기다리는 시간은 포함되어 있으므로 왓푸를 둘러보기 넉넉하다. 참고로 차량 한 대 가격이므로 사람이 많을수록 유리하다.

5 여행 시기

다른 남부 지역과 마찬가지로 평균기온 25℃를 오르내리는 11월부터 2월 사이가 가장 여행하기 좋다. 하지만 2월경에 열리는 왓푸 짬빠싹 축제 기간에는 사원에서 마을에 이르는 곳곳에 상점이 들어서고 인산인해를 이룬다. 특히 인기 있는 숙소들은 축제를 앞두고 빠르게는 한 달 전에 예약이 마감되므로 서두르는 게 좋다. 6월부터 9월까지 우기에 해당하는 시기는 사람이 많지 않아 여행하기 좋지만 마을의 편의시설 중 일부는 문을 닫는다.

6 주의사항

빡쎄나 씨판돈에서 여행사를 통해 짬빠싹으로 가는 편도 티켓을 예매했을 경우에는 반 므앙Ban Muang 마을에 도착해 배를 갈아타고 짬빠싹에 오게 된다. 간혹 반 파삔Ban Phapin 마을에 내려 주기도 하므로, 보트 선착장에서 짬빠싹행이 맞는지 재차 확인하는 것이 좋다.

드나들기
—
TRANSIT

1 버스

아침 6시 30분부터 오후 3시까지 빡쎄와 왓푸 사이를 오가는 국도변에서 썽태우와 미니버스를 탈 수 있다. 왓통Wat Thong 건너편 버스 표시판 아래에서 기다리고 있으면 지나가는 운전사가 알아서 행선지를 묻는다. 빡쎄의 딸랏 다오흐앙 시장으로 향하는지 확인하고 탑승하면 된다. 대부분의 숙소에서 빡쎄와 씨판돈으로 가는 차편을 오전, 오후로 나누어 판매하므로 번거로움을 피하고 싶다면 이를 이용하는 게 낫다. 오전 7시 출발은 20,000K, 오후 1시 출발은 50,000K을 받는다.

여행사 버스 주요 노선

목적지	종류	출발 시각	요금(K)	소요 시간
비엔티안	익스프레스	13:30	170,000	17시간
방비엥	익스프레스	13:30	230,000	22시간
루앙프라방	익스프레스	13:30	330,000	27시간
타켁	로컬	13:30	95,000	12시간
싸완나켓	로컬	13:30	85,000	11시간
돈콩	썽태우	09:00	55,000	30분
돈뎃, 돈콘	썽태우	09:00	60,000	1시간 30분

2 보트

짬빠싹에서 씨판돈으로 갈 경우에는 우선 반 므앙 마을로 배를 타고 간 뒤, 그곳에서 13번 도로를 따라 남쪽으로 가는 버스로 갈아타야 한다. 대부분의 숙소에서 티켓을 예매하면 반 핫싸이쿤Ban Hat Xai Khun이나 반 나까쌍Ban Nakasang까지 가는 보트와 버스만 제공한다. 각 마을 선착장에서 티켓을 끊고 돈콩Don Khong, 돈뎃Don Det, 돈콘Don Khon 등 자신이 원하는 섬으로 향하면 된다. 편도 티켓은 오전 8시 출발 60,000K을 받는다.

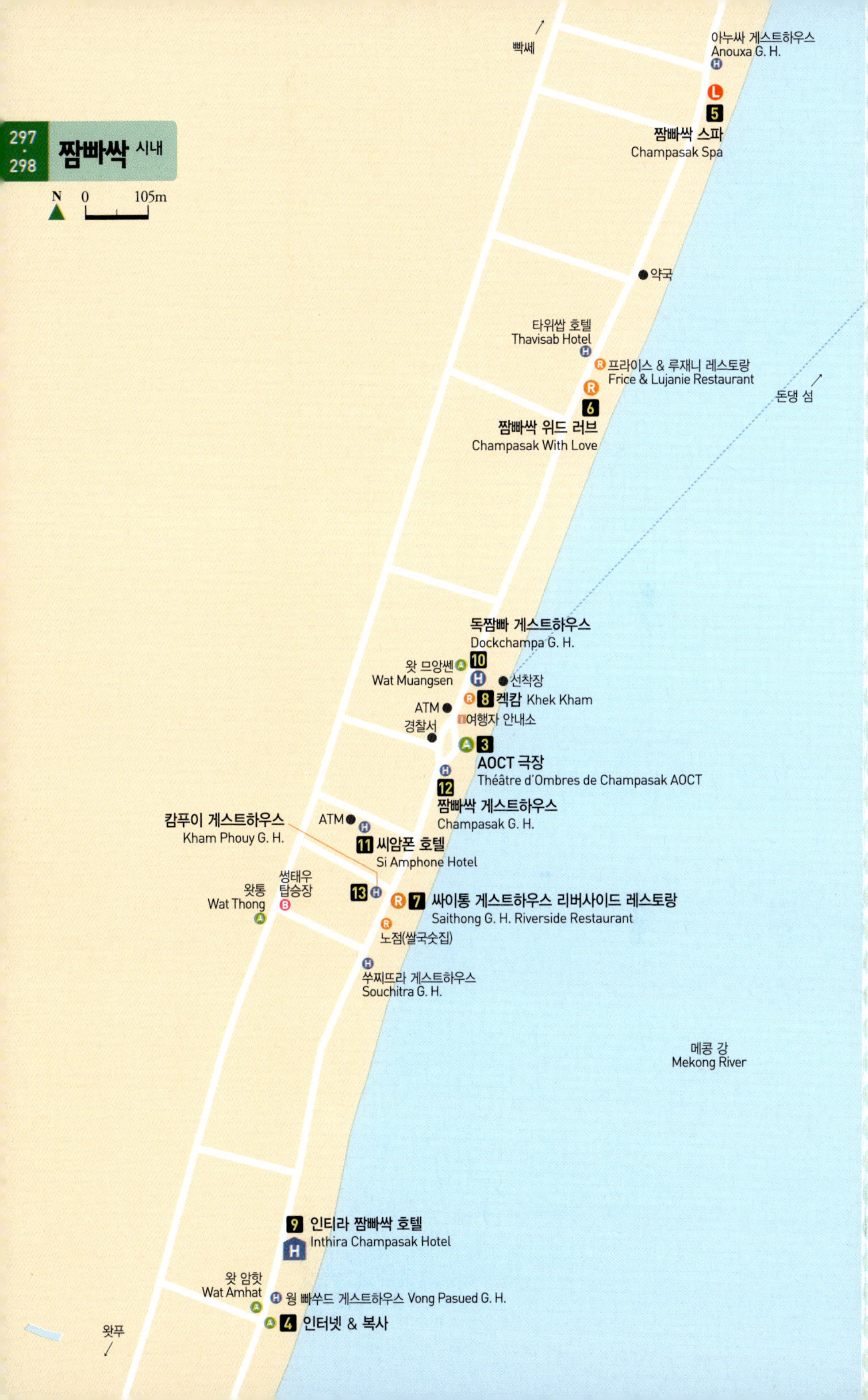
297 · 298
짬빠싹 시내
N 0 105m
빡쎄
아누싸 게스트하우스
Anouxa G. H.
5 짬빠싹 스파
Champasak Spa
약국
타위쌉 호텔
Thavisab Hotel
프라이스 & 루재니 레스토랑
Frice & Lujanie Restaurant
돈댕 섬
6 짬빠싹 위드 러브
Champasak With Love
독짬빠 게스트하우스
Dockchampa G. H.
왓 므앙쎈
Wat Muangsen
10
선착장
8 켁캄 Khek Kham
ATM
여행자 안내소
경찰서
3 AOCT 극장
Théâtre d'Ombres de Champasak AOCT
12 짬빠싹 게스트하우스
Champasak G. H.
캄푸이 게스트하우스
Kham Phouy G. H.
ATM
11 씨암폰 호텔
Si Amphone Hotel
썽태우 탑승장
왓통
Wat Thong
13
7 싸이통 게스트하우스 리버사이드 레스토랑
Saithong G. H. Riverside Restaurant
노점(쌀국숫집)
쑤찌뜨라 게스트하우스
Souchitra G. H.
메콩 강
Mekong River
9 인티라 짬빠싹 호텔
Inthira Champasak Hotel
왓 암핫
Wat Amhat
웡 빠쑤드 게스트하우스 Vong Pasued G. H.
4 인터넷 & 복사
왓푸

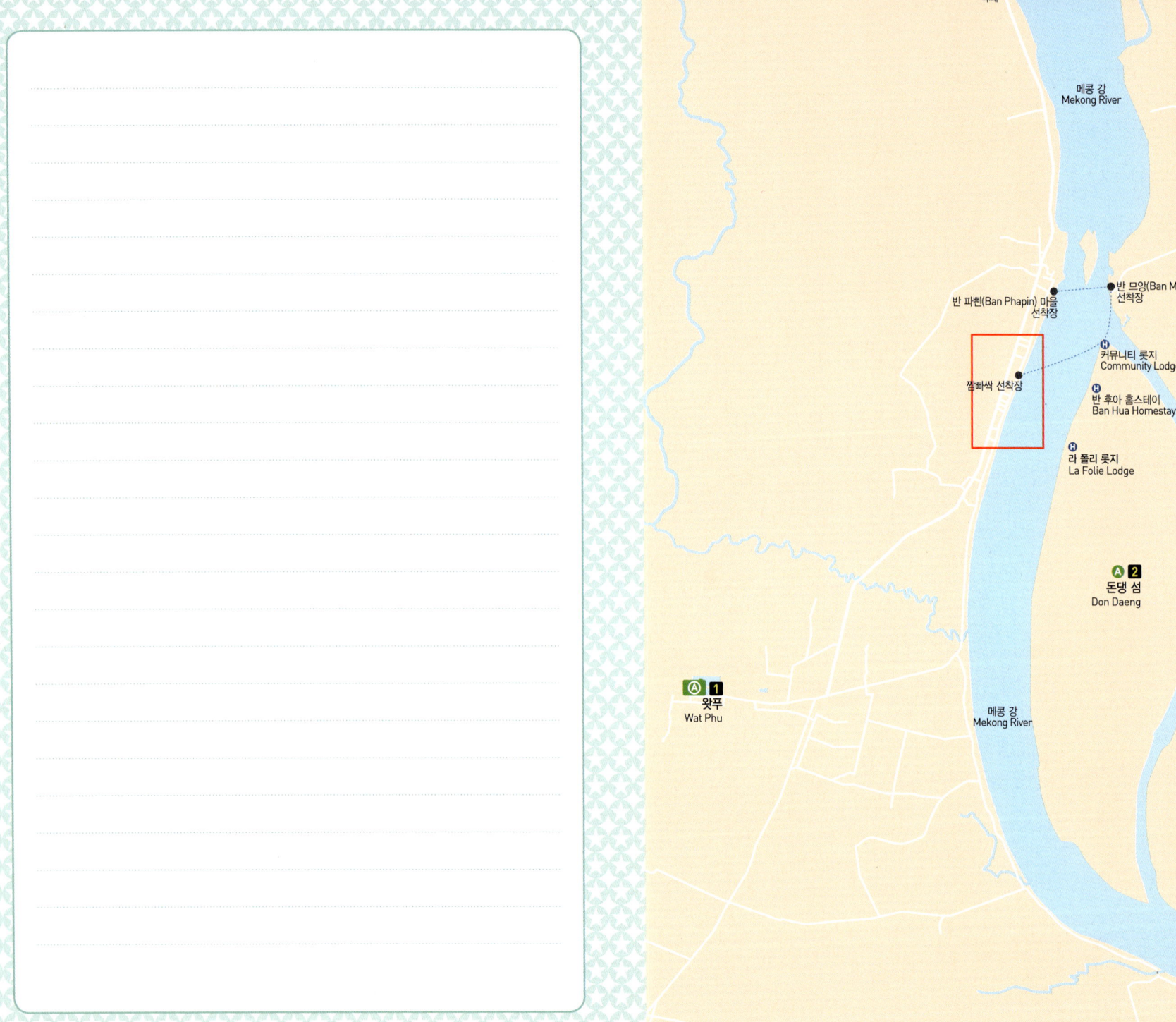

짬빠싹 외곽
295
296
N
0
993m
빡쎄
메콩 강
Mekong River
반락 마을
Ban Lak
반 므앙(Ban Muang) 마을
선착장
반 파삔(Ban Phapin) 마을
선착장
커뮤니티 롯지
Community Lodge
짬빠싹 선착장
반 후아 홈스테이
Ban Hua Homestay
라 폴리 롯지
La Folie Lodge
Highway 13
2
돈댕 섬
Don Daeng
1
왓푸
Wat Phu
메콩 강
Mekong River
씨판돈

1 왓푸 Wat Phu ✪✪✪

'산의 사원'이라는 이름처럼 해발 1,400m의 푸 까오(Phu Kao) 산 아래에 있다. 캄보디아의 앙코르와트를 만든 크메르 제국이 주변 지역으로 영토를 확장하면서 태국과 라오스에 건설했던 사원 중 하나로, 대략 6세기부터 12세기 사이에 완성된 것으로 추정된다. 건축 당시에는 앙코르와트보다 더욱 신성하게 여겨 주변국의 승려들이 모두 이곳으로 순례를 왔다고 전해진다. 크메르 제국이 13세기 멸망한 뒤 란쌍 왕조는 이곳에 불상을 모셨고, 이후 라오스의 중요한 불교 사원이 되었다. 2001년 유네스코 세계문화유산에 등재되었으며, 매년 왓푸 짬빠싹 축제가 열린다. 축제는 새해를 맞아 세 번째 보름달이 뜨는 시점을 기준으로 하는데, 보통 2월 중순에서 말경에 해당한다.
사원은 앙코르와트에 비해 규모는 크지 않지만 산과 강이 어우러져 근사한 풍경을 만들어 낸다. 꽃이 피는 2월부터 7월까지 가장 화려하며, 해가 뜨는 아침 시간이 더욱 아름답다. 사원을 모두 둘러보는 데 3시간 정도면 충분하다.

🏠 Thanon 14, Ban Thong Khop 🕘 화~일 08:00-16:30
$ 50,000K(외국인, 전동차 및 박물관 입장료 포함)

▪ 박물관 & 입구

매표소 맞은편에 있는 박물관에는 유적지에 대한 전반적인 설명과 조각품을 비롯한 발굴 유물이 전시돼 있으므로, 왓푸를 둘러보기 전에 방문하기 알맞다. 단, 내부는 사진 촬영이 금지돼 있다. 왓푸 입구에는 크메르 사원에서 자주 볼 수 있는 커다란 인공 연못이 있으며, 이곳을 지나면 산 정상으로 향하는 두 번째 진입로가 곧게 펼쳐진다. 매표소에서 표를 끊으면 첫 번째 진입로까지 전동 카트로 데려다준다.

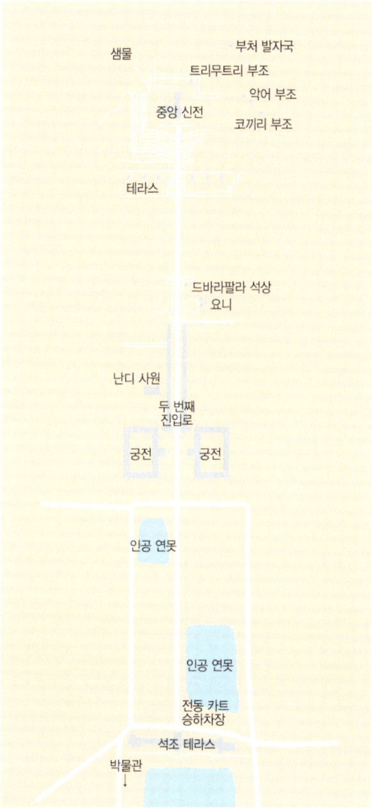
샘물
부처 발자국
트리무트리 부조
악어 부조
중앙 신전
코끼리 부조
테라스
드바라팔라 석상
요니
난디 사원
두 번째
진입로
궁전
궁전
인공 연못
인공 연못
전동 카트
승하차장
석조 테라스
박물관

1

1 ▪

진입로 & 궁전

진입로 양옆으로 두 개의 건물이 있는데, 영어로는 궁전(Palace)이라고 부른다. 하지만 정확한 명칭은 아직 발견되지 않았고, 실제로 왕족이 살기보다는 순례자를 위해 지어진 것으로 추정하고 있다. 오른쪽은 남자, 왼편은 여자를 위한 공간이었다고 한다. 궁전을 지나 두 번째 진입로에 들어서면 왼편에 난디(Nandi)를 모신 작은 신전이 있으며 진입로 끝에는 방망이를 들고 서 있는 수문장인 드바라팔라(Dvarapala)가 서 있다. 현지인들은 이 석상을 신성하게 여긴다.

중앙 신전

가파른 계단을 한참 오르면 중앙 신전이 나타난다. 건물 외벽에 조각된 시바, 비슈누, 브라마 등의 형상과 압사라 조각이 눈에 띄지만, 중앙신전 내부와 왼편으로 놓여 있는 불상이 현재는 불교 국가임을 증명한다. 중앙 신전 주변에 악어와 코끼리 문양이 새겨진 바위가 있으며, 푸 까오 산이 병풍처럼 사원을 둘러싸고 있어 아늑한 느낌이 든다. 시원한 생수 한 모금을 마시며 메콩 강과 주변을 발아래 두고 감상하다 보면 마치 타임머신을 타고 옛 시대로 돌아간 듯한 감상에 젖어들게 된다.

2 돈댕 섬 Don Daeng ✪✪

짬빠싹 맞은편 메콩 강 건너에 있는 자그마한 섬으로, 씨판돈과 달리 아직까지 평화로운 라오스 전원마을의 풍경을 잘 간직하고 있다. 섬 내부에서는 경운기를 택시처럼 사용할 정도로 예전 삶의 방식을 고수하고 있다. 약 12km의 길이의 섬에 여행자를 위한 편의시설은 친환경 리조트인 라 폴리 롯지(La Folie Lodge)를 제외하면 거의 전무한 편. 하지만 비수기에도 1박에 $100를 받는 까닭에 가난한 여행자는 꿈도 꾸지 못한다. 그렇다고 해도 낙담할 필요는 없다. 짬빠싹 여행자 안내소에 문의하면 섬으로 가는 보트를 대절하거나 홈스테이 등을 알선해 주기 때문이다. 섬으로 들어가는 보트는 편도 40,000K이며, 반 후아(Ban Hua) 등 마을공동체에서 운영하는 게스트하우스는 하루 30,000~50,000K을 받고 숙식을 제공하며 돈댕 섬 안의 사원과 유적을 포함한 투어 프로그램도 운영한다.

라 폴리 롯지 La Folie Lodge

030-534-7603, 020-5553-2004
lafolie-laos.com

1

1

2

2

Attraction

3 AOCT 극장
Théâtre d'Ombres de Champasak ATOC ✪✪

2005년부터 운영해온 짬빠싹 유일의 극장으로, 일정에 따라 인형극이나 무성영화를 틀어 준다. 라오스 전통악기 연주와 노래, 코미디가 함께 곁들여져 독특한 재미를 선사한다. 대부분의 내용은 라오스 전통문화 보호와 관련된 것으로, 약 1시간 반 정도 소요된다. 우기를 포함한 비수기에는 공연이 열리지 않으며, 공연 일정도 유동적이므로 미리 확인하는 게 좋다. 가볍게 저녁을 먹고 다른 나라에서 온 이방인들과 웃고 떠드는 시간은 오래도록 기억될 만하다.

Ban Wat Thong / 020-5508-1109
20:30-22:00(수/토 무성영화, 화/금 인형극)
50,000K / www.cinema-tuktuk.org

4 인터넷 & 복사 Internet & Copy ✪

일본인 주인장이 운영하는 PC방으로, 다른 곳과 달리 짬빠싹 내의 인터넷이나 전기 사정이 좋지 않아 여전히 성업 중이다. 여권 복사 및 오토바이 렌트, 주변 관광에 대한 정보를 얻을 수 있으며, 동네 사랑방 같은 자그마한 공간에서 볼라벤 고원의 원두로 추출한 드립 커피도 마실 수 있다.

Ban Wat Amard / 07:00-18:00 / 인터넷 30분 6,000K

Leisure

5 짬빠싹 스파 Champasak Spa ✪✪

프랑스 여주인이 운영하며, 라오스 전통 마사지 외에 허브, 아로마 관리도 받을 수 있다. 두 가지의 트리트먼트를 받는 패키지 외에 다양한 프로그램을 운영하며, 얼굴 및 전신 관리도 별도로 선택할 수 있다. 마사지를 받은 후 메콩 강을 바라보며 휴식을 취하면 그야말로 꿀맛이다. 마사지를 받고 싶으면 최소 2일 전, 원하는 프로그램을 예약하는 게 좋다. 점심시간은 문을 닫는다.

Ban Phoxay / 020-5649-9739
10:00-12:00, 13:00-19:00
1시간 라오 전통 마사지 90,000K~
www.champasak-spa.com

CHANG
théâtre d'ombres
de Champasak
3

INTERNET & COPY
4

Champasak Spa
wellness center
MASSAGE
Everyday: 10.00 am 12.00.1.00 pm 7.00 pm
Natural treatments
organic Products
5

6 짬빠싹 위드 러브
Champasak With Love ✪✪

여행자와 현지 젊은이들에게 인기 있는 강변 카페로, 음료 외에도 볶음밥과 덮밥, 햄버거와 샐러드, 블루베리 치즈 파이와 브라우니 등의 식사 메뉴를 갖추고 있다. 음식 맛이 탁월하지는 않지만 메콩 강을 바라보며 시간을 보내기 알맞다.

Ban Muangsen 030-978-6757
08:00-22:00 25,000~50,000K

7 싸이통 게스트하우스 리버사이드 레스토랑
Saithong Guest House Riverside Restaurant ✪✪

버터와 잼을 내어주는 아메리칸 브렉퍼스트 등 무난한 여행자 메뉴를 선보이는 강변 레스토랑으로, 깨끗한 식탁보 덕에 대접받는 기분을 한껏 느낄 수 있다. 식당 외에도 새로 리모델링한 7개의 객실을 저렴하게 운영한다.

Ban Wat Thong 020-2220-6215 25,000~50,000K

8 켁캄 Khek Kham ✪

메콩 강변에 마련된 노천카페로, 라오스식 칼국수인 카오 삐약을 전문으로 한다. 캄푸이 게스트하우스(Kham Phouy Guest House) 맞은편에도 쌀국수를 파는 노점이 있다.

Ban Wat Thong 카오 삐약 15,000K

6

6

8

KHEK KHAM RESTAURANT

7

9 인티라 짬빠싹 호텔 Inthira Champasak Hotel ✪✪✪

라오스 유명 체인이 운영하는 곳으로, 짬빠싹에서 가장 좋은 컨디션을 자랑한다. 부티크호텔답게 친절한 서비스와 안락한 숙소를 제공하는데, 같은 가격이더라도 강변에 있는 2층짜리 건물이 더 좋다. 1층에 위치한 레스토랑 더 키친(The Kitchen)은 제대로 된 서양 음식과 태국 음식을 선보인다.

Ban Wat Amard · 031-511-011
$ 슈피리어 $49 방갈로 $69 디럭스 $79 · www.inthira.com

10 독짬빠 게스트하우스 Dockchampa Guest House ✪✪

짬빠싹에서 가장 인기 있는 숙소 중 하나로, 모두 11개의 객실을 운영한다. 독채 방갈로 형태로 되어 있으며, 개별 발코니가 딸려 있다. 에어컨을 사용하지 않거나 비수기라면 50% 이상 요금이 할인된다. 1층에는 강변 레스토랑이 있다.

Ban Wat Thong
$ 팬 70,000K 에어컨 200,000K(개인욕실, TV, 성수기)

11 씨암폰 호텔 Si Amphon Hotel ✪

견고하게 지어진 콘크리트 2층 건물에 복도를 따라 35개의 객실이 나열해 있다. 바닥은 물론 객실 내부와 욕실도 깨끗하게 관리되어 있고, 라오스 주인장도 친절한 편이다. 강변이 아니라서 전망은 크게 기대할 것이 없다는 것이 단점.

Ban Wat Thong · 020-5543-1175
$ 팬 50,000K 더블 160,000K(에어컨, 개인욕실, TV, 성수기)

12 짬빠싹 게스트하우스 Champasak Guest House ✪

콜로니얼 건물을 리모델링한 숙소로, 라오스 가족이 단 4개의 객실만 단출하게 운영한다. 강을 볼 수 있는 휴게시설이 잘 갖춰져 있고, 객실 내부는 넓지만 집기가 간단해 휑하게 느껴진다. 1층에 레스토랑을 함께 운영한다.

Ban Wat Thong · $ 팬 70,000K 에어컨 120,000K(개인욕실)

13 캄푸이 게스트하우스 Kham Phouy Guest House ✪

라오스 가족이 사용하는 2층 건물에 묵을 경우, 공동욕실을 사용한다. 왼편에 새로 지은 테라스가 딸린 건물은 그나마 채광이 좋고 한적하다. 1층에 작은 슈퍼를 운영하며, 자전거와 오토바이를 빌릴 수 있다.

Ban Wat Thong · $ 팬 30,000~50,000K

9

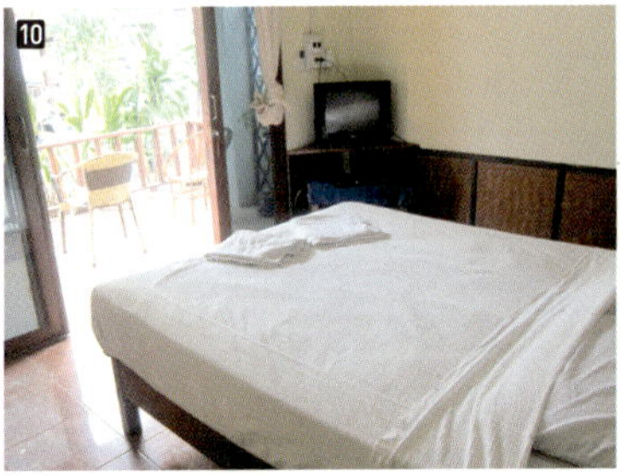
10

12
CHAMPASAK GUEST HOUSE

11

13

씨판돈

Si Phan Don | ສີ່ພັນດອນ

라오어로 '씨'는 '4'를, '판'은 '천'을, '돈'은 '섬'을 뜻한다. 우리말로는 '4천 개의 섬'으로 해석할 수 있는 이 지역은 라오스 최남단의 섬 밀집 구역이다. 대부분 사람이 살지 않는 무인도이며, 메콩 강물이 마르는 건기에는 작은 모래섬이 더 많이 생겨난다. 하지만 건기에도 고기를 잡고 수영을 할 수 있을 만큼 수량은 풍부하다. 멀리 중국부터 미얀마, 태국, 베트남, 캄보디아를 잇는 메콩 강의 강폭이 씨판돈 주변에서 가장 넓어지기 때문. 캄보디아 국경과 접한 메콩 강 일대에는 세계적인 희귀 동물인 이라와디 돌고래가 출몰한다. 여행자가 주로 찾는 곳은 돈콩, 돈뎃, 돈콘 섬인데 어느 섬으로 가든 하는 일은 비슷하다. 낮에는 산책을 하거나 자전거를 타고, 저녁에는 맥주를 마시며 해먹에 누워 메콩 강 일몰을 보는 것. 시간이 손끝으로 빠져나가는 것을 느끼는 평화로운 기분에 젖어들게 된다.

Access

+ **빡쎄** 미니밴 3시간
+ **짬빠싹** 보트+버스 3시간
+ **캄보디아 스퉁트렝** 배+버스 2시간

Model Course

옛 프랑스 다리 → 증기기관차 → 리피 폭포 → 이라와디 돌고래 투어

중국
China
징홍
Jinghong
멍라
Mengla
디엔비엔푸
Điện Biên Phủ
미얀마
Myanmar
므앙씽
Muang Sing
루앙남타
Luang Namtha
쏩훈
Sop Hun
떠이 짱
Tây Trang
므앙응오이
Muang Ngoi
하노이
Hà nội
하이퐁
Hai Phong
훼이싸이
Huay Xai
므앙싸이
Muang Xai
농키아우
Nong Khiaw
치앙콩
Chiang Khong
빡벵
Pakbeng
루앙프라방
Luang Prabang
폰싸완
Phonsavan
베트남
Vietnam
남중국해
South China Sea
치앙마이
Chiang Mai
방비엥
Vang Vieng
라오스
Laos
빈
Vinh
꺼우 쩨오
Cầu Treo
비엔티안
Vientiane
남파오
Nam Phao
농카이
Nong Khai
짜로
Cha Lo
나파오
Na Phao
우돈타니
Udon Thani
나콘파놈
Nakhon Phanom
타캑
Thakhek
묵다한
Mukdahan
싸완나켓
Savannakhet
단싸완
Dansavan
라오 바오
Lao Bao
후에
Huế
타이
Thailand
빡쎄
Pakse
총멕
Chong Mek
짬빠싹
Champasak
버이
Bờ Y
씨판돈
Si Phan Don
원캄
Veun Kham
캄보디아
Cambodia
동 크랄로
Dong Kralor
방콕
Bangkok
프놈펜
Phnom Penh
스퉁트렝
Stung Treng
시엠립
Siem Reap

씨판돈

기본 정보

—

INFORMATION

1 방향 잡기

빡쎄나 짬빠싹에서 여행사 버스를 타면 돈콩은 반 핫 싸이쿤에, 돈뎃이나 돈콘은 반 나까쌍 정류장에 내려 준다. 버스 차장이 대부분의 여행자를 이끌고 보트 선착장에 데려다주기 때문에 크게 걱정하지 않아도 된다. 어느 섬이든 도착한 선착장 주변에 여행사, 숙소, 레스토랑 등 주요 편의시설이 몰려 있다. 강변을 따라 천천히 둘러보며 마음에 드는 곳을 선정하고, 가격을 흥정하면 된다.

2 환전

세 섬 중에 가장 크고 인구가 많은 돈콩을 제외하고는 은행과 ATM이 없다. 대부분의 숙소와 레스토랑에서 달러를 바꿔 주지만 환율은 크게 떨어진다. 빡쎄나 싸완나켓 같은 대도시에서 출발하기 전에 일정을 고려해 미리 넉넉하게 환전하는 것이 가장 좋다. 섬에 들어가기 전 도착하는 반 핫 싸이쿤이나 반 나까쌍 버스정류장 주변의 사설 환전소에서 미리 환전하는 것도 한 방법이다.

3 시내 교통수단

여행사나 숙소를 통해 트럭을 개조한 썽태우나 뚝뚝을 타기도 하지만 여행자 대부분은 자전거를 이용한다. 대부분의 숙소에서 렌트 가능하며, 하루 24시간 기준 10,000K을 받는다. 부지런한 이들은 자전거를 타고 섬 일주를 떠난다. 개별적으로 보트를 빌려 섬 주변 관광에 나서기도 하지만 한 대 4인 기준으로 비용을 책정하기 때문에 여행사를 이용하는 것이 더욱 저렴하다.

4 여행 시기

최남단 지역인 만큼 건기를 앞둔 4월부터 5월이 가장 덥다. 한낮 기온이 40℃까지 오르기 때문에 야외 활동은 삼가는 것이 좋다. 다른 지역과 마찬가지로 11월부터 2월 사이가 가장 여행하기 좋지만 성수기인 탓에 숙소 가격이 2배 이상 오르기도 한다. 이때는 선착장에 나와 있는 호객꾼과 협상해서 방을 구하는 것도 한 방법이다. 우기인 6월부터 9월에는 손님이 많지 않아 레스토랑과 몇몇 편의 시설은 문을 닫기도 한다.

5 주의사항

여행사를 통해 씨판돈으로 가는 편도 티켓을 예매했을 경우, 보트 가격이 포함되어 있는지 꼼꼼히 확인한다. 여행사에서 발급한 바우처에 행선지만 적혀 있어, 개별적으로 돈을 지불하고 보트 티켓을 끊어야 하는 일이 왕왕 발생한다. 또한 중간에 목적지를 바꾸면 5,000K을 더 물기도 한다.
섬 안의 숙소는 대부분 성수기와 비수기로 나누어 방값을 달리 받는다. 보통 11월부터 3월까지는 성수기, 4월부터 10월까지는 비수기에 해당한다. 크게는 두 배까지 차이가 나므로 숙소를 구할 때 비용을 반드시 확인한다. 또 조망도 중요하지만 수압이나 화장실 시설은 괜찮은지, 문은 안전하게 잠기는지 등 내부 상태를 체크한다. 간혹 도난 사건이나 성추행 같은 불미스러운 일이 생기기 때문. 외출할 때는 숙소에서 주는 자물쇠가 아닌 개인 자물쇠로 문단속을 하는 게 좋다. 해가 진 이후에는 섬 대부분이 깜깜한 데다 인적이 드물기 때문에 야외 활동은 자제한다.

BOAT
TICKETS

씨판돈

드나들기

TRANSIT

1 보트

육지에서 섬으로 들어갈 때는 선착장에서 정해진 금액을 지불하면 된다. 반 핫 싸이쿤에서 돈콩으로 가는 배편은 편도 20,000K이다. 반 나까쌍에서 돈뎃이나 돈콘으로 가는 배편도 20,000K을 받는다. 최근 육지와 돈콩을 잇는 다리가 완공되었지만 대부분의 여행자는 여전히 보트를 타고 각 섬으로 향한다.

육지와 섬, 섬과 섬을 잇는 보트는 수시로 출발하며, 개별적으로 협상해서 원하는 곳으로 이동할 수도 있다. 돈콩에서 돈뎃이나 돈콘으로 갈 경우에도 마찬가지. 강을 건너 버스를 타지 않고 보트를 바로 타면 된다. 하지만 다른 섬으로 이동하거나 육지로 나올 때는 숙소나 여행사에 문의하는 게 보다 저렴하다. 혼자서 배를 빌릴 경우, 비용이 올라가기 때문. 돈콩에서 돈뎃이나 돈콘으로 갈 경우, 투어 보트를 이용하면 편도 요금은 40,000K 내외다. 돈뎃과 돈콘 사이는 다리가 놓여 있지만 배를 타고 움직이기도 한다. 두 섬 간의 이동은 5,000K 정도에 흥정한다.

2 버스

육지로 나올 때는 여행사나 숙소에 문의하는 게 보다 편리하고 저렴하다. 개별적으로 이동할 경우 보트 바가지요금이 심하고, 버스 출발 시각 및 승차 인원 등 정확한 정보가 부족하기 때문. 여행사마다 얼마의 수수료를 받고 보트와 버스가 연계된 상품을 판매한다. 빡쎄나 짬빠싹, 타켁 같은 남부 대도시 외에도 캄보디아 국경을 넘는 국제버스도 예매 가능하다. 대부분의 여행사 버스는 13번 국도를 따라 캄보디아 국경도시인 스퉁트렝-반 나까쌍-반 핫 싸이쿤-빡쎄를 오가므로, 출발 시각이나 예약 인원은 큰 변동이 없다.

여행사 버스 주요 노선(반나까쌍 출발)

목적지	종류	출발 시각	요금	소요 시간
빡쎄, 짬빠싹	미니밴	11:00	70,000K	3시간
캄보디아 스퉁트렝	미니밴	08:00	$20	3시간

돈뎃 확대도
N 0 91m
캄퐁 레스토랑
Kham Fong Restaurant
선착장
8 아담스 바
Adam's Bar
슈퍼
6 재스민 Jasmin
조니 방갈로 16
Johnny Bungalows
로그 5
Rogue
2 인터넷숍
선라이즈 사이드
14 리틀 에덴
Little Eden
버거 콩 7
Burger Kong
미즈 닝
Ms. Ning
달롬 게스트하우스
Dalom G. H.
9 미스터 모즈 게스트하우스
Mr. Mo's G. H.
스마일 라오 레스토랑
Smile Lao Restaurant
푸완 게스트하우스 Phouvan G. H.
쌩짠 게스트하우스 Saengchan G. H.
누빳 게스트하우스 Noupad G. H.
선셋 뷰 방갈로 15
Sunset View Bungalows
말리나 게스트하우스
Malina G. H.
여행사 거리
돈뎃 방갈로 10
Don Det Bungalows
씨암폰 방갈로
Siamphone Bungalows
해피 바
Happy Bar
선셋 사이드
뱀부 아일랜드
Bamboo Island
위싸이 게스트하우스
Vixay G. H.

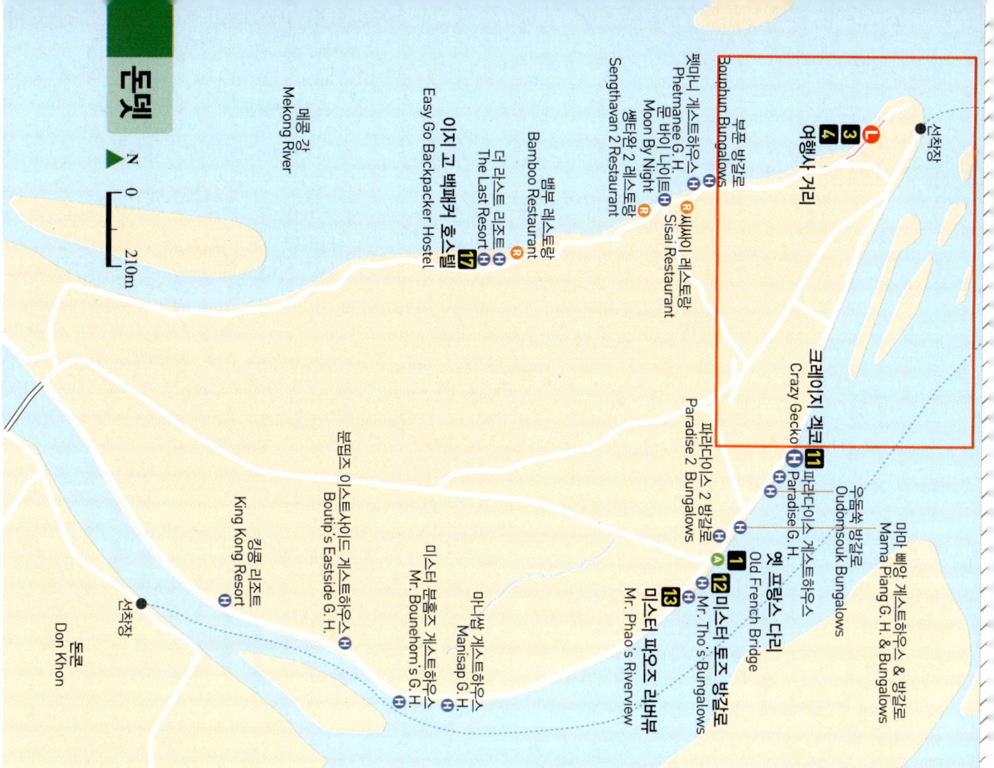

돈뎃
N 0 210m
메콩 강
Mekong River
부품 방갈로
Bouphun Bungalows
3 4 여행사 거리
선착장
펫마니 게스트하우스
Phetmanee G. H.
문 바이 나이트
Moon By Night
쌩타완 2 레스토랑
Sengthavan 2 Restaurant
씨싸이 레스토랑
Sisai Restaurant
뱀부 레스토랑
Bamboo Restaurant
더 라스트 리조트
The Last Resort
이지 고 백패커 호스텔 17
Easy Go Backpacker Hostel
크레이지 게코 11
Crazy Gecko
파라다이스 2 방갈로
Paradise 2 Bungalows
파라다이스 게스트하우스
Paradise G. H.
우돔쑥 방갈로
Oudomsouk Bungalows
마마 삐앙 게스트하우스 & 방갈로
Mama Piang G. H. & Bungalows
1 옛 프랑스 다리
Old French Bridge
12 미스터 토즈 방갈로
Mr. Tho's Bungalows
13 미스터 파오즈 리버뷰
Mr. Phao's Riverview
마니쌉 게스트하우스
Manisap G. H.
미스터 분홈즈 게스트하우스
Mr. Bounehom's G. H.
분땁즈 이스트사이드 게스트하우스
Boutip's Eastside G. H.
킹콩 리조트
King Kong Resort
선착장
돈콘
Don Khon

311 · 312
돈콘 확대도
N 0 105m
돈뎃 섬
Don Det
독메이
Dork Meiy
14 선셋 파라다이스
Sunset Paradise
빠카 게스트하우스 5
Pakha G. H.
16
독짬빠 게스트하우스
Dokchampa G. H.
12
쌀라 돈콘
Sala Don Khon
왓 풍씨
Wat Phoung Si
뽀분판 게스트하우스
Por Boun Phan G. H.
리버 가든 방갈로
River Garden Bungalows
15 마사지
쏨파밋 게스트하우스
Somphamit G. H.
슈퍼
메콩 드림 게스트하우스
Mekong Dream G. H.
파싸이 Fasai 9
6 해피 숍 Happy Shop
선착장
쎙아룬 빌라
Seng Ahloune Villa
빤즈 게스트하우스
Pan's G. H.
자전거 대여
8 라오 롱 라운지 Lao Long Lounge
싼띠팝 레스토랑
Santiphap Restaurant
녹노이
Noknoy
10
싸이문트리 게스트하우스
Xaymountry G. H.
프랑스 다리 2
French Bridge
매표소
짠툼마즈 레스토랑
Chanthoumma's Restaurant
쎙아룬 게스트하우스 13
Seng Ahloune G. H.
플뢰르 뒤 메콩 Fleur Du Mekong
7
돈콘 섬
Don Khon
11
짠싸몬
Chansamone
3
증기기관차
Locomotive
4
왓 콘따이
Wat Khon Tai

돈콘
N 0 214m
리피 폭포
이라와디 돌고래 관찰 투어 선착장
4 왓 콘따이
Wat Khon Tai
2 프랑스 다리
French Bridge
3 증기기관차
Locomotive
선착장
돈뎃
Don Det
콘 빠 쏘이 폭포
Khone Pa Soi
1

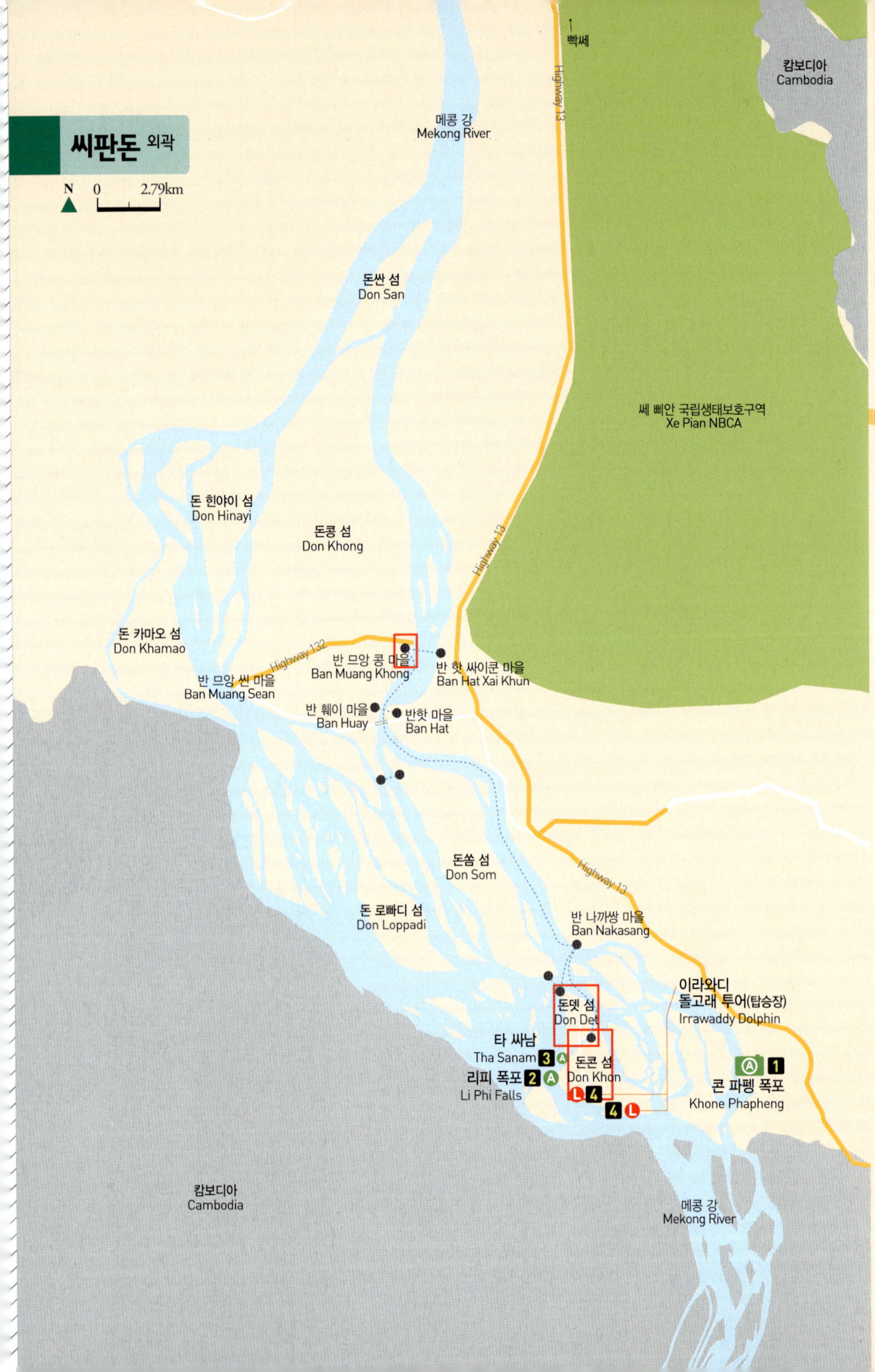
씨판돈 외곽
N 0 2.79km
빡쎄
캄보디아
Cambodia
메콩 강
Mekong River
Highway 13
돈싼 섬
Don San
쎄 삐안 국립생태보호구역
Xe Pian NBCA
돈 히냐이 섬
Don Hinayi
돈콩 섬
Don Khong
돈 카마오 섬
Don Khamao
Highway 132
반 므앙 콩 마을
Ban Muang Khong
반 핫 싸이쿤 마을
Ban Hat Xai Khun
반 므앙 쎈 마을
Ban Muang Sean
반 훼이 마을
Ban Huay
반핫 마을
Ban Hat
돈쏨 섬
Don Som
돈 로빠디 섬
Don Loppadi
반 나까쌍 마을
Ban Nakasang
이라와디
돌고래 투어(탑승장)
Irrawaddy Dolphin
돈뎃 섬
Don Det
타 싸남
Tha Sanam 3
돈콘 섬
Don Khon
리피 폭포 2
Li Phi Falls
1
콘 파펭 폭포
Khone Phapheng
4
4
캄보디아
Cambodia
메콩 강
Mekong River

왓 쫌통
Wat Chomthong
꽁뷰 게스트하우스
Kong View G. H.
약국
4 뽄 아레나 호텔
Pon Arena Hotel
쑥싸바이 게스트하우스
Souk Sabay G. H.
7
No. 2
경찰서
뽄즈 리버 게스트하우스
Pon's River G. H.
Highway 132
돈콩 게스트하우스 5
Done Khong G. H.
선착장
라오 텔레콤
Lao Telecom
ATM
분다웡 호텔
Bundavong Hotel
깡콩 빌라 게스트하우스
Kang Khong Villa G. H.
라따나 리버사이드 게스트하우스
Ratana Riverside G. H.
여행자 안내소
왓 푸앙께오 1
Wat Phouang Keo
꽁마니 호텔
Kongmany Hotel
돈콩 역사박물관 2
Don Khong History Museum
쎈쏫쑨 호텔
Senesothxuen Hotel
3 인터넷숍
말리 게스트하우스
Mali G. H.
V 말라 게스트하우스 8
V Mala G. H.
약국
농업 진흥 은행
Agricultural Promotion Bank
6
빌라 무옹 콩
Villa Muong Khong
돈콩 확대도
N 0 80m

1 콘 파펭 폭포 Khone Phapheng ✪✪✪

라오어로 '콘'은 '낙차가 큰 폭포'를, '파펭'은 꽉 찬 '보름달'을 뜻한다. 콘 파펭은 높이 21m, 폭 10m에 달하며, 동남아시아에서 가장 수량이 많고 넓은 폭포로 꼽힌다. 물이 적은 건기보다 우기에 웅장한 자태를 뽐낸다. 브라질의 이과수나 캐나다와 미국에 걸쳐 있는 나이아가라에 비할 바는 못 되지만 초당 수백만 리터의 물이 장관을 이룬다. 입장료를 내고 안에 들어가면 간이식당과 기념품가게 등이 있으며, 길을 따라 폭포 앞에 다가가면 전망대가 설치돼 있다. 위치상으로는 돈콘과 가까워 보이지만 실제 폭포를 보려면 반 나까쌍으로 나가서 뚝뚝을 타야 한다. 캄보디아 국경마을인 반 타코(Ban Thakho)에서 막다른 길에 다다르면 입구가 나타난다. 반 나까쌍에서 뚝뚝을 대절할 경우, 100,000~120,000K을 요구하므로 개별적으로 가는 것보다 여행사의 일일 투어 상품을 이용하는 게 더 저렴하다. 일일 투어는 이라와디 돌고래와 다른 볼거리 등을 선택할 수 있다.

⌂ Thanon 13, Ban Thakho ⓘ 08:00-17:00 ⓢ 55,000K

2 리피 폭포 Li Phi Falls ✪✪

돈콘 섬에서 가장 큰 볼거리로 꼽히며, 중심가에서 서쪽으로 약 1.5km 정도 떨어져 있다. 폭포의 원래 이름은 땃 쏨파밋(Tad Somphamit)이지만 현지에서는 '리피 폭포'라는 이름으로 더 많이 불린다. 라오어로 '리'는 '덫'을, '피'는 '귀신'이나 '유령'을 뜻하는데, 사람이 이곳을 건너려 하면 귀신이 나타나 잡아간다는 이야기가 전해진다. 가는 길에 표지판이 잘되어 있어 개별적으로 찾아가기 어렵지 않으며, 주변에 레스토랑도 있어 가벼운 피크닉을 겸하기 알맞다. 돈뎃 섬에서 프랑스 다리를 이용해 돈콘 섬으로 올 때 지불하는 입장료로 리피 폭포도 다녀올 수 있으므로 티켓을 잘 보관한다.

ⓘ 08:00-17:00 ⓢ 35,000K

LIPHI WATERFALL
DOLPHIN
BEACH
BAMBOO COFFEE BAR
SUNSET
CAMBODIAN VIEW

1

2

GONE
to the
BEACH

3 타 싸남 Tha Sanam ✪

리피 폭포에서 서쪽으로 조금만 더 길을 따라 내려가면 작은 모래사장이 나타나는데, 현지인들은 리피 비치(Li Phi Beach)라고 부른다. 이름에서 의미하는 것처럼 겁 없이 물에 들어갔다가는 목숨을 잃을 수 있기 때문. 실제로 현지인들은 그곳에서 아무도 수영을 하지 않으며, 서양인 여행자들만 태닝을 즐긴다. 모래사장 입구에 작은 레스토랑이 있어 피크닉 삼아 나서기 좋다.

Leisure

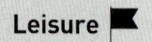

4 이라와디 돌고래 투어
Irrawaddy Dolphin Tour ✪✪

이라와디 돌고래는 이라와디 강을 비롯해 갠지스 강, 메콩 강 등에 서식하는 민물 돌고래로, 무분별한 남획으로 멸종 위기에 처했다. 한때 메콩 강에서 1,000마리 이상 서식하던 것이 현재는 100여 마리밖에 남지 않다고 한다. 돈콘의 서쪽, 반 항콘(Ban Hang Khon) 마을에 돌고래 투어용 선착장이 있다. 주로 12월에서 5월, 아침과 저녁에 볼 확률이 높지만 영화나 드라마에서 보는 것처럼 아주 가까이서 관찰할 수는 없다. 주로 캄보디아 지역에서 출몰하며 눈 깜짝할 사이에 수면 위로 고개를 내밀었다가 사라져 버리는 돌고래를 멀리서 눈으로 좇아야 한다. 선착장에 정해진 요금이 자세하게 소개돼 있으며 보트 한 대 4인 기준이므로 인원이 많을수록 유리하다. 간혹 꼬리배 운전사가 '빠까'라고 말할 때가 있는데, 라오어로 '돌고래'라는 뜻이다.

3

WELCOME TO
MR. SIETT Welcome!
ENJOY DOLPHIN TRIP WITH
-BOAT TO VEUNGKAM or TUK TUK
To KHONPHAPENG BIG WATERFALL
-FISHING TRIP
-SUNSET TRIP

4

1 왓 푸앙께오 Wat Phouang Keo

돈콩은 씨판돈에서 가장 큰 섬이지만 다른 섬들과 달리 현지인과 어울려 시간을 보내기 알맞다. 가장 번화한 마을이자 선착장이 있는 반 므앙콩에 거의 모든 편의시설이 몰려 있다. 다른 섬과 달리 은행과 여행자 안내소도 있으며, 사원도 두 개나 있다. 왓 푸앙께오는 큰 의미가 있는 사원은 아니지만 마을 북쪽에 있는 사원 왓 쫌통(Wat Chomthong)과 더불어 산책 삼아 둘러보기 알맞다. 사원 안에는 소들이 먹이를 찾아 돌아다니고, 눈 맑은 아이들이 뛰논다.

2 돈콩 역사박물관 Don Kong History Museum

2층짜리 콜로니얼 건물을 리모델링한 박물관은 규모가 크거나 큰 볼거리가 있는 것은 아니다. 하지만 원주민에 대한 정보와 프랑스 식민지 시절 돈콩 섬 주변 일대와 라오스가 어떻게 수탈당했는지에 대한 역사를 기록하고 있다. 비수기와 주말에는 여행자 안내소와 함께 문을 닫는다.

🕘 09:00-15:30 💲 5,000K

3 인터넷숍 Internet Shop

씨판돈에서 가장 크고 번화한 곳인 데다 이 섬 출신인 캄따이(Khamtay) 대통령 덕분에 도로와 인터넷 등의 시설이 잘 갖춰져 있다. 시내에 있는 유일한 인터넷숍으로, 생각보다 속도도 빠르다.

🕘 06:00-20:30 💲 30분 6,000K

1

2

3

INTERN

4 폰 아레나 호텔 Pon Arena Hotel ★★★

오랫동안 여행자들에게 사랑받아온 폰즈 리버 게스트하우스(Pon's River Guest House)와 같은 주인장이 운영하는 곳으로, 22개의 객실을 운영한다. 모든 객실에 발코니가 있으며, 메콩 강변에 작은 수영장까지 갖췄다.

031-515-018, 020-2227-0037
스탠다드 $50 디럭스 $60 메콩 리버 뷰 스위트 $90(에어컨, TV, 냉장고, 조식 포함)
www.ponarenahotel.com

5 돈콩 게스트하우스 Done Khong Guest House ★★

선착장에서 내리면 가장 먼저 보이는 곳으로, 다른 곳처럼 게스트하우스와 레스토랑을 겸하고 있다. 친절한 라오스 주인장이 13개의 객실을 운영하며, 바닥은 물론 숙소 내부도 깨끗한 편이다. 나란히 있는 라따나 리버사이드(Ratana Riverside Guesthouse)나 폰즈 리버 게스트하우스도 내부 시설 및 가격은 비슷하다. 폰 아레나 호텔 옆에 있는 콩 뷰 게스트하우스(Khong View Guesthouse)는 같은 가격에 메콩 강 조망이 가능해 인기가 높다.

031-214-010, 020-220-1777
더블 100,000K(에어컨, 개인욕실)

6 빌라 무옹 콩 Villa Muong Khong ★★

마을 규모에 비해 괜찮은 숙소가 많은데 선착장을 기준으로 북쪽보다 남쪽이 시설이 더 좋고 비싸다. 쌘쏫쓴(Senesothxeune)이나 꽁마니(Kongmany) 호텔과 더불어 고급 숙소로 손꼽힌다. 3성급 숙소로 객실은 모두 60개이며, A블록이 가장 좋다. 수영장, 당구장 등의 편의시설을 갖췄으며, 강변에 레스토랑을 운영한다. 인터넷 숙박 사이트를 통해 미리 예매하면 할인 폭이 크다.

031-213-011, 020-2270-1437 스탠다드 $50 슈피리어 $65

7 쑥싸바이 게스트하우스 Souk Sabay Guest House ★

도로변에서 보면 마치 슈퍼마켓 겸 자전거 대여점으로 보이지만 꽤 큰 규모의 숙소를 갖추고 있다. 돈콩에서 가장 저렴한 숙소 중 하나로, 도로변 건물 1층은 창이 없어 어둡다. 선풍기만 쓰거나 비수기에는 50% 할인한다.

031-214-122, 020-2227-7770
더블 80,000K(에어컨, 개인욕실)

8 V 말라 게스트하우스 V Mala Guest House ★

마사지숍과 게스트하우스, 레스토랑을 겸한 곳으로, 필요에 따라 출장 서비스도 제공한다. 6개의 객실이 있으며 욕실과 화장실은 공용으로 사용한다. 요금은 60,000K부터.

030-577-2293 08:00-20:00 마사지 1시간 70,000K

4

5
DONE KHONG GUEST HOUSE

6

7

8

Attraction

1 옛 프랑스 다리 Old French Brige ✪

프랑스 식민지 시절 돈콩과 주변 일대는 라오스의 물자를 실어 나르는 전초기지였다. 이제는 낡아 허물어질 것만 같은 시멘트다리지만 라오스의 지난 역사를 증명한다. 큰 볼거리는 아니므로 오가다가 들린다. 투어 상품으로 섬을 둘러볼 경우, 이곳에서 트럭을 개조한 뚝뚝을 타고 섬 일주를 떠난다.

2 인터넷숍 Internet Shop ✪

몇 년 전만 해도 전기가 들어오지 않는 마을이 있을 정도로 낙후된 곳이었던 까닭에 저렴한 방갈로에서는 와이파이가 잡히지 않는다. 바깥소식이 궁금한 장기 여행자들은 로그(Rogue)와 건너편에 있는 PC방에 들러 메일을 확인하거나 다른 여행 정보를 물색하며 시간을 보낸다. 인터넷 사용은 분당 400K을 받으며, 국제전화 및 환전 등도 가능하다.

Leisure

3 카야킹 & 튜빙 Kayaking & Tubing ✪✪

돈뎃 섬의 볼거리는 한적한 메콩 강 풍경이 거의 전부라 해도 과언이 아니다. 해먹에 누워 게으름을 부리다 싫증 난 여행자들은 삼삼오오 모여 카야킹을 하거나 튜브를 탄다. 섬 주변 관광과 카야킹을 함께 묶은 패키지 상품은 하루 180,000K, 반나절 90,000K 내외며, 참여 인원에 따라 가격이 달라진다. 튜브를 빌려 주는 곳은 숙소 주변에서 손쉽게 발견할 수 있으며, 요금은 10,000K이고 오후 6시 전에 반납해야 한다.

4 요가 Yoga Class ✪✪

섬의 서쪽, 숙소들을 따라 한참 가다 보면 그 이름처럼 마지막에 위치한 더 라스트 리조트(The Last Resort)가 나타난다. 마치 원시시대로 돌아간 듯 대나무 움막을 짓고, 자유로운 복장으로 돌아다니는 사람들을 만날 수 있다. 얼핏 히피들의 천국처럼 보이는 이곳에서 요가 교실을 운영한다. 아침 9시에 시작되며 참가비는 30,000K.

1

2

WELCOME
MONEY
EXCHANGE
HI SPEED
INTERNET CAFE
400 Kip/MN
OVERSEA CALL
BURN DVD & CD
DVD & CD
Push
Dondet
Hi Speed
Internet

3

4

WELCOME TO THE LAST

5 로그 Rogue ✪

선착장 주변에 있는 엔터테인먼트숍으로 파란색 외관과 아이폰 형태의 간판이 호기심을 자극한다. 최신 음악 MP3와 영화 DVD, 전자책과 게임CD 등을 대여해 주며 여행사와 옷가게를 겸하고 있다. 바로 옆에 마사지숍과 마트가 있으며, 주변으로 여행사가 몰려 있다.

☎ 020-9788-2880 ⏲ 08:00-23:00

6 재스민 Jasmine ✪✪✪

볶음밥과 쌀국수, 그저 그런 여행자 음식에 물린 여행자들로 늘 북적이는 곳으로, 강변을 바라보며 제대로 된 인도 음식을 먹을 수 있어 인기가 높다. 커리나 버터 갈릭 난도 맛있지만 라씨 등의 음료도 훌륭하다. 건너편에 있는 화이자(Faija)는 재스민보다 맛은 덜하지만 가격이 더 싸다.

☎ 030-5723-314 ⏲ 09:00-21:00 $ 25,000~50,000K

7 버거 꽁 Burger Kong ✪✪

먹을거리가 다채롭지 않은 섬 생활인지라 고기와 각종 채소가 버무려진 햄버거는 언제나 인기 있는 메뉴로 꼽힌다. 귀여운 상호와 눈에 띄는 간판에 비해 실제 햄버거 맛은 기대에 못 미친다. 하지만 직원들도 친절하고, 유쾌한 분위기를 풍겨 시원한 맥주와 함께 저녁 한 끼로 먹을 만하다.

☎ 020-5532-0436

⏲ 17:00-21:00 $ 35,000~50,000K

8 캄퐁 레스토랑 Kham Fong Restaurant ✪✪

돈뎃 섬 대부분의 숙소에서 레스토랑을 겸하고 있지만 선착장 주변에 그나마 괜찮은 레스토랑이 몰려 있다. 선착장에 내려 왼편에 바로 보이는 캄퐁 레스토랑은 배를 타고 육지로 나갈 때 음료를 마시며 기다리거나 만남의 장소로 쓰인다. 피자를 비롯한 무난한 여행자 음식에 비해 가격은 비싼 편. 옆에 위치한 아담즈 바(Adam's Bar)는 저녁에 볶음국수와 튀김, 각종 꼬치를 먹을 수 있는 뷔페를 50,000K에 선보인다.

☎ 020-5804-9900

⏲ 07:00-23:00 $ 30,000~50,000K

9 미스터 모 게스트하우스 Mr. Mo Guesthouse ✪

게스트하우스와 레스토랑, 여행사, 환전 등의 업무를 함께 하는 곳으로, 식사보다는 음료 메뉴를 권한다. 강변을 바라보며 에스프레소 머신에서 추출한 커피를 마실 수 있기 때문. 갓 볶은 원두에서 느낄 수 있는 진한 커피 향은 살짝 부족하지만 무더위를 날리기에는 충분하다.

☎ 020-5575-9252 ⏲ 07:00-21:00 $ 18,000~30,000K

5

ROGUE
ipod shop
ipod & mp3 uploads
audio & mp3 discs
ipods & accessories

6

JASMIN RESTAURANT
INDIAN & MALAY FOOD
Branch 1 in dondet

7

BURGER KONG
100% BEEF
CATFISH FILLET
BREADCRUMED CHICKEN BREAST
HOMEMADE CHUNKY VEGGIE BURGER
BURGER SPECIALISTS

8

9

Sunrise Side

10 돈뎃 방갈로 Don Det Bungalows ✪✪

섬 동쪽을 따라 있는 숙소들은 해가 뜨는 방향이라 선라이즈 사이드라고 부른다. 선착장이 있는 반 후아뎃(Ban Hua Det) 마을에서 시설 좋은 편에 속하는 숙소로, 방갈로도 견고하고 발코니도 넓은 편이다. 숙소는 도로 안쪽에 있어 전망은 좋지 않지만 강변에 레스토랑이 있어 아쉬움을 달래준다.

☎ 030-955-3354

$ 방갈로 성수기 150,000K / 비수기 80,000K(선풍기, 개인욕실)

11 크레이지 겍코 Crazy Gecko ✪✪

우리말로 '미친 도마뱀' 정도로 해석할 수 있는 이 유쾌한 숙소의 1층에는 당구대가 마련된 휴식공간이 있고, 2층이 숙소다. 강변 레스토랑은 활기가 넘치고, 음식 맛도 좋은 편이다. 방값은 다른 곳보다 가격이 살짝 비싼 감이 있지만 그만한 가치가 있다. 내부도 깨끗하고 창문도 크며, 발코니도 넓다.

☎ 020-9719-3565

$ 더블 성수기 150,000K / 비수기 130,000K(선풍기, 개인욕실)

🖳 www.crazygecko.ch

12 미스터 토즈 방갈로 Mr. Tho's Bungalows ✪

돈뎃의 방갈로는 대부분 시설이 비슷하고, 가게 이름도 주인장의 이름을 따온 경우가 많다. 이곳은 친절한 토 씨가 운영하는 곳으로, 강변에 위치한 레스토랑도 인기가 높다. 오래된 목조 방갈로는 6개이며, 새로 지은 2층짜리 시멘트 건물에는 8개의 룸을 운영한다.

☎ 030-534-5865

$ 방갈로 성수기 100,000K / 비수기 50,000K(선풍기, 개인욕실)

13 미스터 파오즈 리버 뷰 Mr. Phao's Riverview ✪

강변을 끼고 있는 저렴한 목조 방갈로 중 하나로, 기본적인 시설을 갖춘 숙소는 발코니에 개인용 해먹을 매달아 놨다. 장난 많고 인심 좋은 주인장이 직접 운영하는 보트 투어 외에 자전거 대여, 티켓 예매 등의 업무도 함께 한다.

☎ 030-656-9651

$ 방갈로 성수기 50,000K / 비수기 30,000K(선풍기, 개인욕실)

10
DonDet Bungalows

11
CRAZY

13

12
MR T.HO'S
BUNGALOWS
AND RESTAURANT
ROOM
Available
FREE WIFI
For ALL GUESTS
TICKET
SERVICE
MONEY
EXCHANGE
TOUR SERVICE
LAUNDRY &
BICYCLE
SERVICE

Sunset Side

14 리틀 에덴 Little Eden ✪✪

돈뎃 섬 안에서 가장 컨디션이 좋은 숙소 중 하나로, 에어컨은 물론 뜨거운 물 샤워도 가능하다. 넓은 객실 내부는 바닥이 타일로 돼 있으며, 테라스가 딸려 있다. 단점을 꼽자면 대부분의 방에서 메콩 강을 볼 수 없다는 것. 하지만 지리적으로 선착장과 가깝고, 호텔급 서비스를 원한다면 망설일 필요가 없다.

020-7773-9045

스탠다드 $55 디럭스 $67(에어컨, 개인욕실, 조식 포함)

15 선셋 뷰 방갈로 Sunset View Bungalows ✪

선셋 사이드의 터줏대감 같은 집으로, 이름처럼 테라스에 설치된 해먹에 누워 메콩 강의 일몰을 바라보며 느긋하게 쉬기 좋다. 목조 방갈로 6개와 함께 레스토랑을 운영한다.

020-9788-2978

더블 성수기 120,000K / 비수기 80,000K(선풍기, 개인욕실)

16 조니 방갈로 Johnny Bungalows ✪

선착장에서 내리자마자 오른편에 보이는 레스토랑을 겸한 숙소로, 선풍기를 사용하는 기본적인 숙소 외에도 에어컨을 갖춘 깨끗한 목조 방갈로도 운영한다. 주인장도 친절하고 음식도 괜찮으며 지리적으로 훌륭하지만, 후일담에 의하면 이곳에서 교통편을 예매했을 경우 간혹 문제가 생긴다니 참고할 것.

020-9768-2555

에어컨 150,000K 팬 70,000K(개인욕실, 성수기)

17 이지 고 백패커 호스텔 Easy Go Backpacker Hostel ✪

선셋 사이드 숙소 중 가장 마지막에 위치한 곳으로, 바로 옆에 있는 더 라스트 리조트와 함께 돈뎃 섬에서는 보기 드물게 도미토리를 운영한다. 자연친화적이고 자유로운 분위기에서 다양한 여행자와 어울리고 싶다면 방문해 볼 것.

020-5822-8309

도미토리 30,000K 더블 70,000K(선풍기, 개인욕실)

www.easygohostel.com

14

15
SUNSET Bungalows

16
JOHNNY

17

1 콘 빠 쏘이 폭포 Khone Pa Soi ✪✪✪

라오어로 '작은 폭포'라는 뜻으로, 돈콘 섬의 동쪽 비포장도로를 따라 약 3km 쯤 내려오면 나타난다. 가는 길도 평탄하고 중간중간 이정표도 설치되어 있어 찾기 어렵지 않다. 폭포 입구에 설치된 공중다리를 건너면 낙차가 그리 크지 않은 폭포가 길게 이어진다. 현지인들은 이곳에서 물고기를 잡기도 하지만 안전을 위해 수영을 하는 것은 금물이다. 입장료는 없다.

2 프랑스 다리 French Brige ✪

돈뎃 섬과 돈콘 섬을 잇는 다리로, 프랑스 식민지 시절 건설되었다. 다리를 건너자마자 매표소가 있으며, 하루 입장료는 35,000K이다. 여기에는 리피 폭포 입장료도 포함되어 있으므로 티켓을 잘 보관한다.

Ⓢ 35,000K

3 증기기관차 Locomotive ✪

프랑스 다리를 건너 내리막길을 따라가면 왼편에 녹슨 증기기관차가 덩그러니 놓여 있다. 프랑스 식민지 시절 캄보디아와 라오스를 연결하고, 원목과 향신료, 광물 등을 나르기 위해 철로를 놓았다고 한다. 돈콘 섬 남쪽에서 돈뎃 섬 북쪽까지 연결되었으나 현재는 대부분 파괴되었다.

4 왓 콘따이 Wat Khon Tai ✪

섬의 서쪽 도로변에 있는 사원으로, 리피 폭포로 가는 길에 둘러보기 알맞다. 섬에서 규모가 가장 크지만, 큰 볼거리가 있는 것은 아니다. 현지인들이 찾는 곳인 만큼 새벽 탁발하는 모습이나 사원 안을 마치 놀이터처럼 뛰어노는 아이들을 만날 수 있다.

You are welcome

Leisure

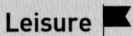

5 독메이 Dork Meiy

음식을 먹는 식당이기보다는 맥주를 마실 수 있는 당구장에 가깝다. 성수기에는 도로 건너편에 작은 매점을 운영하며, 섬 안을 오가는 뚝뚝 서비스도 제공한다.

020-9789-2114

당구 1게임 5,000K 5게임 20,000K

Shopping

6 해피 숍 Happy Shop

중국인 주인장이 운영하는 만물상으로, 없는 것 빼고는 다 있다. 가이드북을 비롯한 책과 악기, 물놀이용품, 라오스 커피와 생수 리필까지 해 준다. 개인 가이드는 물론 티켓 서비스도 제공하며, 성수기에는 핸드 드립 아이스커피도 판매한다. 여행 중 궁금한 점이 있다면 주인장 해피를 찾아가 물어볼 것.

5
Dork Meiy

6
Happy!
shop
WATER REFILL
SHOP OF TOUR
HEALTHY & 100% NATURAL
GOODS FROM THAILAND
TICKET SERVI
AIR TICKET
BUS TICKET to Pakse
SiamReap
Uben
Bangkok
GOOD TRAVEL ADV
FREE SMILE

7 플뢰르 뒤 메콩 Fleur Du Mekong ✪✪

프랑스 다리를 건너 왼편 비포장도로를 따라가면 나타나는 레스토랑으로, 근사한 이름에 비해 전망이 좋거나 인테리어가 화려하진 않지만 다른 곳에서는 맛볼 수 없는 스페셜 메뉴를 선보인다. 오리고기와 채소를 넣어 끓인 카레와 바나나 잎으로 감싼 생선요리, 바비큐도 맛나다.

030-955-3047, 020-5676-3141 07:00-22:00
40,000~80,000K

8 라오 롱 라운지 Lao Long Lounge ✪✪

커다란 코코넛 조형물이 있어 오가는 길에 한 번쯤 쳐다보게 되는 곳. 파라솔과 라탄 의자 등 인테리어도 근사한 편이다. 무난한 여행자 음식을 선보이며, 서비스도 좋다. 생선구이 정식이 유명하며, 가격은 70,000K이다.

020-9942-6110, 020-992-8941 30,000~80,000K

9 파싸이 Fasai ✪✪

다른 곳과 달리 주인장이 아닌 딸내미 이름을 가게 이름으로 내걸었다. 즉석에서 만드는 망고 주스가 5,000K으로 인기가 많다. 강변을 바라볼 수 없는 것이 아쉽지만 친절한 주인장 덕에 한낮 더위를 식히며 편히 쉬기에는 손색없다.

020-2212-882 5,000~40,000K

10 녹노이 Noknoy ✪

프랑스 다리 인근에 있어 해 질 무렵 풍광이 일품이다. 스테이크나 햄버거 같은 여행자 음식보다는 쌀국수, 생선요리 같은 라오스 전통 음식이 더 낫다. 간혹 계산서를 잘못 건네기도 하니 주의할 것. 레스토랑 안쪽에 3개의 객실을 저렴하게 렌트한다.

020-7723-4755 30,000~60,000K

11 짠싸몬 Chansamone ✪

리피 폭포 가는 길 초입에 있는 식당으로, 빠르게 먹고 일어서기 좋다. 현지인들이 즐겨 찾는 메뉴인 쌀국수와 볶음밥, 스프링 롤 같은 간편한 라오스 음식을 추천한다.

플뢰르 뒤 메콩 왼편 15,000~30,000K

7
Fleur du Mekong

8

9
WiFi

10

11

12 쌀라 돈콘 Sala Don Khon ✪✪✪

돈콘 섬 안에서 가장 비싼 부티크호텔로, 프랑스 식민지 시절 콜로니얼 건물을 리모델링했다. 객실과 위치에 따라 5가지 타입으로 나뉘며, 강변 조망이 가능한 수상가옥 위쪽으로 자그마한 수영장이 있다. 5월부터 9월까지는 $15~20 할인된 비수기 요금을 받는다.

☎ 031-260-940

$ 반 라오 클래식 $55 반 딘 디럭스 $60 프렌치 스튜디오 $65 프렌치 레지던스 $70 플로팅 스튜디오 $70(에어컨, 개인욕실, 냉장고, 조식 포함, 성수기)

🖵 www.salalaoboutique.com

13 쎙아룬 게스트하우스 Seng Ahloune Guest House ✪✪

견고하게 지은 방갈로와 레스토랑을 함께 운영하는 중급 숙소로, 선착장 앞쪽에 위치한 쎙아룬 빌라(Seng Ahloune Villa)와 주인장이 같다. 가든 뷰와 리버 뷰로 구분되며, 객실은 모두 12개다. 뒤뜰 정원에 선베드가 놓여 있다.

☎ 031-260-934, 020-5583-1399

$ 리버 뷰 더블 성수기 $59 / 비수기 $38(에어컨, 개인욕실, 냉장고, 조식 포함)

14 선셋 파라다이스 Sunset Paradise ✪

섬의 가장 동쪽에 있어 다른 곳보다 한결 평화롭다. 잘 가꾼 정원 덕에 울창한 정글 느낌이 들며, 창과 문에 별도로 방충망을 달아 모기로부터 비교적 안전하다. 객실에서 메콩 강을 볼 수는 없지만 도로 건너편 레스토랑에서는 언제든 편안하게 쉬며 시간을 보낼 수 있다.

☎ 030-574-9315

$ 더블 성수기 120,000K / 비수기 100,00K(선풍기, 개인욕실)

15 쏨파밋 게스트하우스 Somphamit Guest House ✪

강변에 있는 저렴한 숙소로, 오래된 대나무 방갈로 내부는 기본적인 시설만 갖췄으며 찬물 샤워만 가능하다. 새로 지은 에어컨 방갈로가 훨씬 깨끗하다.

☎ 020-5526-2491

$ 팬 70,000K 에어컨 150,000K(개인욕실, 성수기)

16 빠카 게스트하우스 Pakha Guest House ✪

오랫동안 인기를 끌어온 곳으로, 방갈로가 아닌 견고한 목조 건물에 강변을 바라보며 객실이 줄지어 서 있다. 에어컨이 있는 객실은 도로 건너편에 있어 메콩 강 조망이 불가하다.

☎ 031-260-939

$ 팬 60,000K 에어컨 100,000K(개인욕실, 성수기)

12

13

14

15

16

Outro

Laos
Plus α

라오스 → 태국

라오스 → 베트남

라오스 → 캄보디아

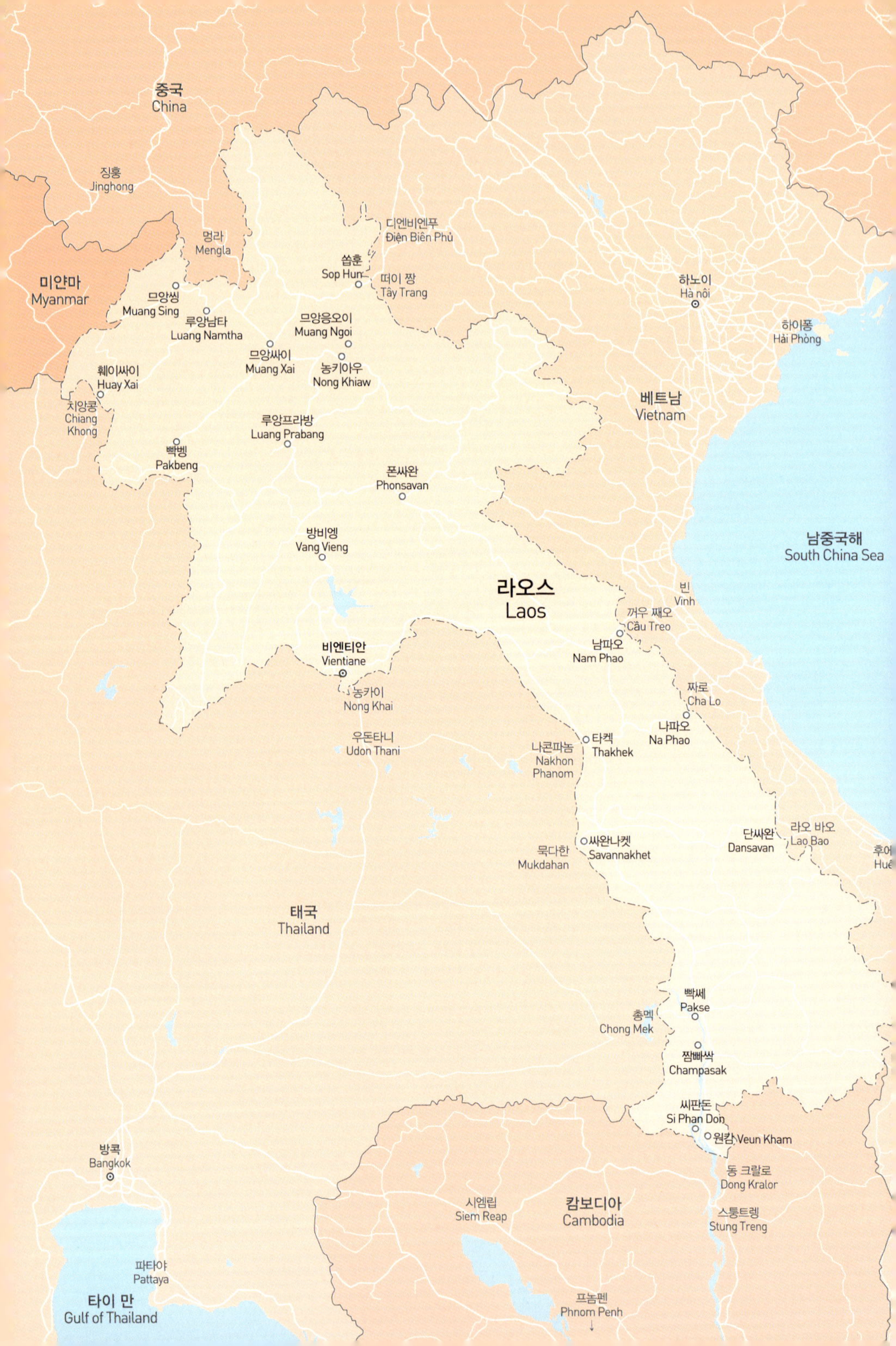

중국
China
징홍
Jinghong
멍라
Mengla
미얀마
Myanmar
므앙씽
Muang Sing
루앙남타
Luang Namtha
디엔비엔푸
Điện Biên Phủ
쏩훈
Sop Hun
떠이 짱
Tây Trang
하노이
Hà nội
하이퐁
Hải Phòng
므앙응오이
Muang Ngoi
므앙싸이
Muang Xai
농키아우
Nong Khiaw
훼이싸이
Huay Xai
치앙콩
Chiang Khong
루앙프라방
Luang Prabang
빡벵
Pakbeng
베트남
Vietnam
폰싸완
Phonsavan
방비엥
Vang Vieng
남중국해
South China Sea
라오스
Laos
빈
Vinh
꺼우 째오
Cầu Treo
남파오
Nam Phao
비엔티안
Vientiane
농카이
Nong Khai
짜로
Cha Lo
나파오
Na Phao
우돈타니
Udon Thani
나콘파놈
Nakhon Phanom
타켁
Thakhek
단싸완
Dansavan
라오 바오
Lao Bao
후에
Huế
싸완나켓
Savannakhet
묵다한
Mukdahan
태국
Thailand
빡쎄
Pakse
총멕
Chong Mek
짬빠싹
Champasak
씨판돈
Si Phan Don
원캄 Veun Kham
동 크랄로
Dong Kralor
방콕
Bangkok
시엠립
Siem Reap
캄보디아
Cambodia
스퉁트렝
Stung Treng
파타야
Pattaya
타이 만
Gulf of Thailand
프놈펜
Phnom Penh

라오스 → 태국

라오스 육로를 통해 많은 여행자들이 태국으로 넘어간다. 두 나라는 시차 없이 동일한 시간대를 사용하며, 사용하는 언어도 비슷하다. 총 8개의 국경이 열려 있지만 비엔티안-농카이, 훼이싸이-치앙콩, 타켁-나콘파놈, 싸완나켓-묵다한, 빡쎄-총멕 루트를 가장 많이 이용한다.

우리나라 사람은 비자가 없어도 90일까지 태국을 여행할 수 있다. 하지만 최근 태국 국경에서는 무비자를 이용한 한국인의 불법 체류에 대한 심사가 엄격하므로, 귀국할 수 있는 왕복 티켓과 호텔 예약 증명서 등을 준비해 두는 게 좋다.

비엔티안 Vientiane ⇩ 농카이 Nong Khai

비엔티안의 딸랏 싸오 버스터미널에서 국제버스를 타면 태국까지 갈 수 있다. 농카이부터 우돈타니Udon Thani, 꼰깬Khon Kaen, 방콕Bang Kok까지 노선도 다양하다. 오전 7시 30분부터 오후 6시까지 여러 차례 운행한다. 그중 시간이 가장 짧은 것은 농카이행으로, 출입국 수속을 하는 동안 국제버스가 대기해 주기 때문에 여러모로 편리하다.

훼이싸이 Huay Xai ⇩ 치앙콩 Chiang Khong

메콩 강을 지나 태국 북부와 라오스 북부를 연결하는 국경으로, 여행자들은 보트를 타고 건널 수 없다. 오직 '우정의 다리'를 통해서 육로로만 갈 수 있는데, 훼이싸이 시내에서 남쪽에 위치한 펫 알룬 버스 터미널에서 태국과 중국, 베트남을 오가는 국제버스를 운행한다. 개별적으로 국경을 넘을 경우 뚝뚝을 타고 '우정의 다리'로 간 뒤 셔틀 버스를 타면 된다. 출입국 수속을 밟은 뒤에는 썽태우를 타고 태국 치앙콩으로 향한다.

타켁 Thakhek ⇩ 나콘파놈 Nakhon Phanom

메콩 강을 사이에 두고 국경이 형성되어 있는데 훼이싸이와 마찬가지로 외국인은 보트를 타고 국경을 넘을 수 없다. 태국을 오가는 국제버스는 여행자 거리에서 동쪽에 위치한 메인 버스터미널에서 출발한다. 오전 8시부터 오후 5시까지 8차례 운행하며, 약 1시간 30분 정도 소요된다.

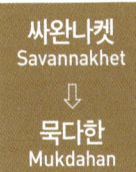

싸완나켓
Savannakhet
⇩
묵다한
Mukdahan

라오스 남부의 싸완나켓에서 태국 북동부의 묵다한으로 갈 수 있다. 국제버스는 메인 버스터미널에서 출발하는데 오전 8시부터 오후 7시까지 약 1시간마다 운행하며, 40분 소요된다. 다른 메콩 강 유역의 국경과 마찬가지로 외국인은 보트를 타고 태국에 입국하는 것이 금지되어 있다.

빡세
Pakse
⇩
총멕
Chong Mek

딸랏 다오흐앙 시장 앞 썽태우 정류장에서 미니밴을 타면 라오스 국경도시인 왕따오Vang Tao까지 데려다준다. 총멕이라고 외치면 기사가 나타나 차에 타라는 신호를 보낸다. 출입국 절차를 밟고 나가면 태국 국경도시인 총멕이다. 여기서 미니밴을 타고 1시간 30분 정도 달리면 방콕을 포함해 주요 도시로 버스를 타고 갈 수 있는 우본랏차타니Ubon Ratchathani에 도착한다. 여행자 거리에서 동쪽으로 떨어진 끄리앙 까이 버스터미널에서 국경 너머 우본랏차타니까지 가는 국제버스도 운행한다.

CUSTOMS
KDAHAN BOUNDARY POST

라오스 → 베트남

라오스와 베트남은 험준한 산길로 연결되어 있는 데다 마땅한 국경마을이 없어 장시간 버스를 타야만 한다. 게다가 국제버스라고는 하지만 화물을 잔뜩 싣고 운행하기 때문에 이동에 어느 정도의 불편함이 뒤따른다. 총 6개의 국경이 외국인에게 개방되어 있는데, 쏩훈-떠이짱, 나파오-짜로, 단싸완-라오바오 루트가 그나마 편리하다. 베트남은 라오스와 마찬가지로 15일 무비자 입국이 가능하지만 베트남 출국일로부터 30일 내 재입국이 금지되어 있으므로 여행 일정을 꼼꼼히 짜는 게 좋다.

쏩훈 Sop Hun ⇩ 떠이짱 Tây Trang

베트남과 맞닿은 국경 중 가장 북쪽에 있는 루트로, 첩첩산중에 마땅한 국경마을도 없다. 이 루트를 이용하는 가장 편리한 방법은 라오스의 므앙싸이 북부 버스터미널에서 베트남 디엔비엔푸로 가는 국제버스를 타는 것. 매일 오전 8시 30분에 출발하며, 5시간 소요된다.

나파오 Na Phao ⇩ 짜로 Cha Lo

라오스 타켁의 메인 버스터미널에서 운행하는 국제버스를 타면 나파오-짜로 국경을 넘어 베트남 빈Vinh까지 갈 수 있다. 오전 7시와 오후 8시 하루 2회 운행하며 10시간 정도 소요된다. 타켁에서 하노이Ha Nôi까지 운행하는 국제버스도 이 루트를 지나가며 20시간 걸린다.

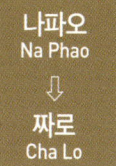

단싸완 Dansavanh ⇩ 라오바오 Lao Bao

라오스 남부에서 베트남 중부를 연결하는 최단거리 루트로, 두 나라를 동시에 둘러볼 때 이용하기 알맞다. 라오스 남부의 싸완나켓 메인 버스터미널에서 국제버스를 타면 베트남 국경도시인 라오바오를 지나 베트남 후에Hué까지 편리하게 갈 수 있다. 매일 아침 9시와 목요일 및 금요일 밤 10시에 출발하며, 출입국 수속을 포함해 약 10시간 정도 소요된다.

라오스 → 캄보디아

라오스 남부에서 캄보디아까지 육로를 통한 국경은 원캄Veun Kham-동 크랄로Dong Kralor 하나다. 여행자들은 빡쎄에서 출발하는 국제버스를 타고 캄보디아 수도인 프놈펜Phnom Penh에 가는 루트를 선호한다. 두 나라의 국경은 오전 8시부터 오후 5시까지 열려 있으며, 대부분의 여행자가 국경에 도착해서 30일 여행이 가능한 캄보디아 비자를 발급받는다. 신청서는 영문 대문자로 써야 하며, 4×6사진 한 장을 같이 제출해야 한다. 부패한 직원들이 비자 발급비US$30 외에도 스탬프를 찍어 주는 명목으로 US$1~2의 웃돈을 요구한다.

원캄 Veun Kham ⇩ 동 크랄로 Dong Kralor

빡쎄 메인 버스터미널에서 국제버스를 타면 13번 국도를 따라 남쪽으로 향한다. 라오스 국경도시인 원캄과 캄보디아 국경도시인 동 크랄로를 지난 버스는 캄보디아의 수도인 프놈펜까지 운행한다. 스퉁트렝Stung Treng과 크라티에Kratié[끄라쩨]를 지나 프놈펜으로 가는 버스는 오전 7시에 출발하며 13시간 소요된다. 앙코르와트Angkor Wat가 있는 시엠립Siem Reap까지 가는 버스는 오전 7시 30분에 출발하며 12시간 소요된다.

ព្រះរាជាណាចក្រកម្ពុជា
KINGDOM OF CAMBODIA
ពាក្យសុំទិដ្ឋាការ
APPLICATION FORM
VISA ON ARRIVAL

• PLEASE COMPLETE WITH CAPITAL LETTER

នាមត្រកូល
Surname: 성 .... ☐ ប្រុស Male 남자 / ☐ ស្រី Female 여자 (성별)

នាមខ្លួន
Given name: 이름 ....

Photograph
Please attach a recent Passport photograph
4 X 6

Place of birth: 출생지 ....

Date of birth: DD / MM / YYYY 생년월일(일/월/년) Nationality: 국적 ....

Passport N° : 여권 번호 .... Profession: 직업 ....

Date passport issued: DD / MM / YYYY 여권 발급일(일/월/년) Date passport expires: DD / MM / YYYY 여권 만료일(일/월/년)

Port of entry: 입국 도시 .... From: 출국 도시 .... Flight/Ship/Car N° : 입국편 번호 ....

Permanent address: 한국 주소 ....

.... E-mail: 이메일 ....

Address in Cambodia: 캄보디아 내 체류지 주소(호텔 이름) ....

Details of children under 12 years old included in your passport who are travelling with you
12세 이하 아동 동반 시 기입(없을 시 공란)

Name: 이름	Date of birth: 생년월일 DD(일) / MM(월) / YYYY(년)
Name:	Date of birth: DD / MM / YYYY
Name:	Date of birth: DD / MM / YYYY

Purpose of visit: 방문 목적 .... Length of stay: 체류 기간 ....

Visa type (Choose one only) 비자 종류 선택

Tourist visa (T) ☐ 여행비자 / Ordinary visa (E) ☐ / Official visa (B) ☐
Special visa (K) ☐ / Diplomatic visa (A) ☐ / Courtesy visa (C) ☐
Other ....

I declare that the information given on this form is correct to the best of my knowledge and belief.

Date DD / MM / YYYY 신청일(일/월/년)
Signature 서명

For official use only

Department of Immigration
N° 322, Russian Blvd., Phnom Penh

Website: www.immigration.gov.kh
Email: visa.info@immigration.gov.kh

캄보디아 비자 신청서 작성법

찾아보기 Index

※ 숫자, ABC, 가나다 순

명소/투어

레저/액티비티

쇼핑품/쇼핑몰

음식/음식점

숙소

기타

Hello Guidebook

Hello 라오스

초판 1쇄 찍은 날 2016년 9월 26일
초판 1쇄 펴낸 날 2016년 10월 7일

지은이 이리
펴낸이 이낙용
책임편집 임용옥 | **디자인** 지선 디자인연구소 | **마케팅** 이호철 | **경영지원** 권보람

펴낸곳 북웨이
등록 2005년 8월 1일(제2-4206호)
주소 서울시 마포구 월드컵로8길 72-5 2층
전화 02 2278 6195
팩스 02 2268 9167
이메일 master@bookway.kr
홈페이지 www.bookway.kr
페이스북 www.facebook.com/bookwaypub

가격 16,000원

ISBN 978-89-94291-50-5 14980
978-89-94291-36-9 14980(세트)

Core Map Book

Hello Guidebook

Hello 라오스

—

비엔티안
방비엥
루앙프라방
폰싸완
농키아우
므앙응오이
므앙싸이
루앙남타
므앙씽
훼이싸이
타켁
싸완나켓
빡쎄
짬빠싹
씨판돈
돈콩
돈뎃
돈콘

라오스 전도 Laos

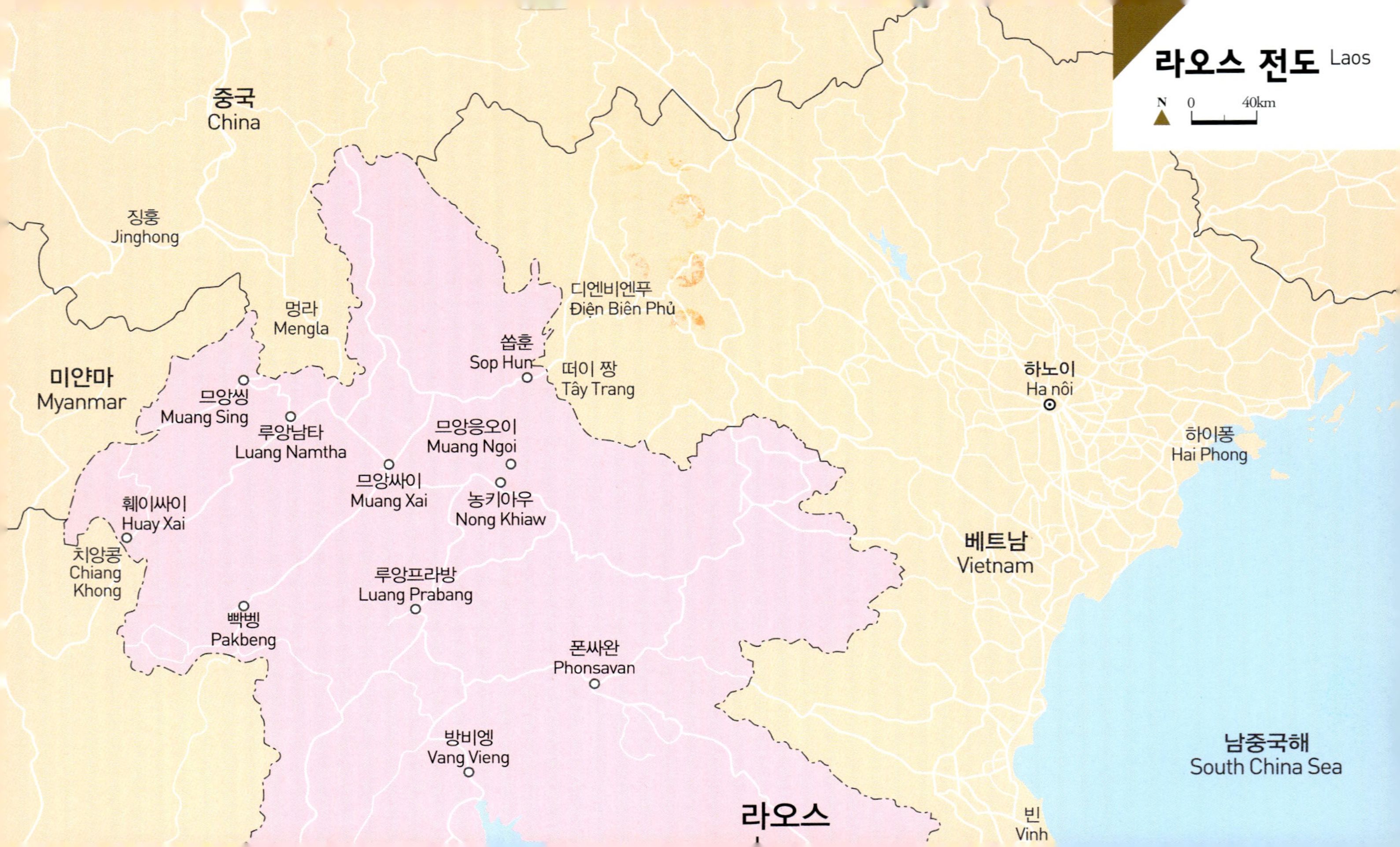
N
0
40km
중국
China
징훙
Jinghong
멍라
Mengla
미얀마
Myanmar
므앙씽
Muang Sing
루앙남타
Luang Namtha
훼이싸이
Huay Xai
치앙콩
Chiang Khong
빡벵
Pakbeng
므앙싸이
Muang Xai
루앙프라방
Luang Prabang
쏩훈
Sop Hun
므앙응오이
Muang Ngoi
농키아우
Nong Khiaw
디엔비엔푸
Điện Biên Phủ
떠이 짱
Tây Trang
폰싸완
Phonsavan
방비엥
Vang Vieng
라오스
하노이
Ha nôi
하이퐁
Hai Phong
베트남
Vietnam
빈
Vinh
남중국해
South China Sea

Vientiane
농카이
Nong Khai
우돈타니
Udon Thani
Nam Phao
짜로
Cha Lo
나파오
Na Phao
타켁
Thakhek
나콘파놈
Nakhon
Phanom
싸완나켓
Savannakhet
묵다한
Mukdahan
단싸완
Dansavan
라오 바오
Lao Bao
후에
Huế
태국
Thailand
빡쎄
Pakse
총멕
Chong Mek
짬빠싹
Champasak
버이
Bờ Y
씨판돈
Si Phan Don
원캄 Veun Kham
동 크랄로
Dong Kralor
스퉁트렝
Stung Treng
캄보디아
Cambodia
프놈펜
Phnom Penh
↓
시엠립
Siem Reap
방콕
Bangkok

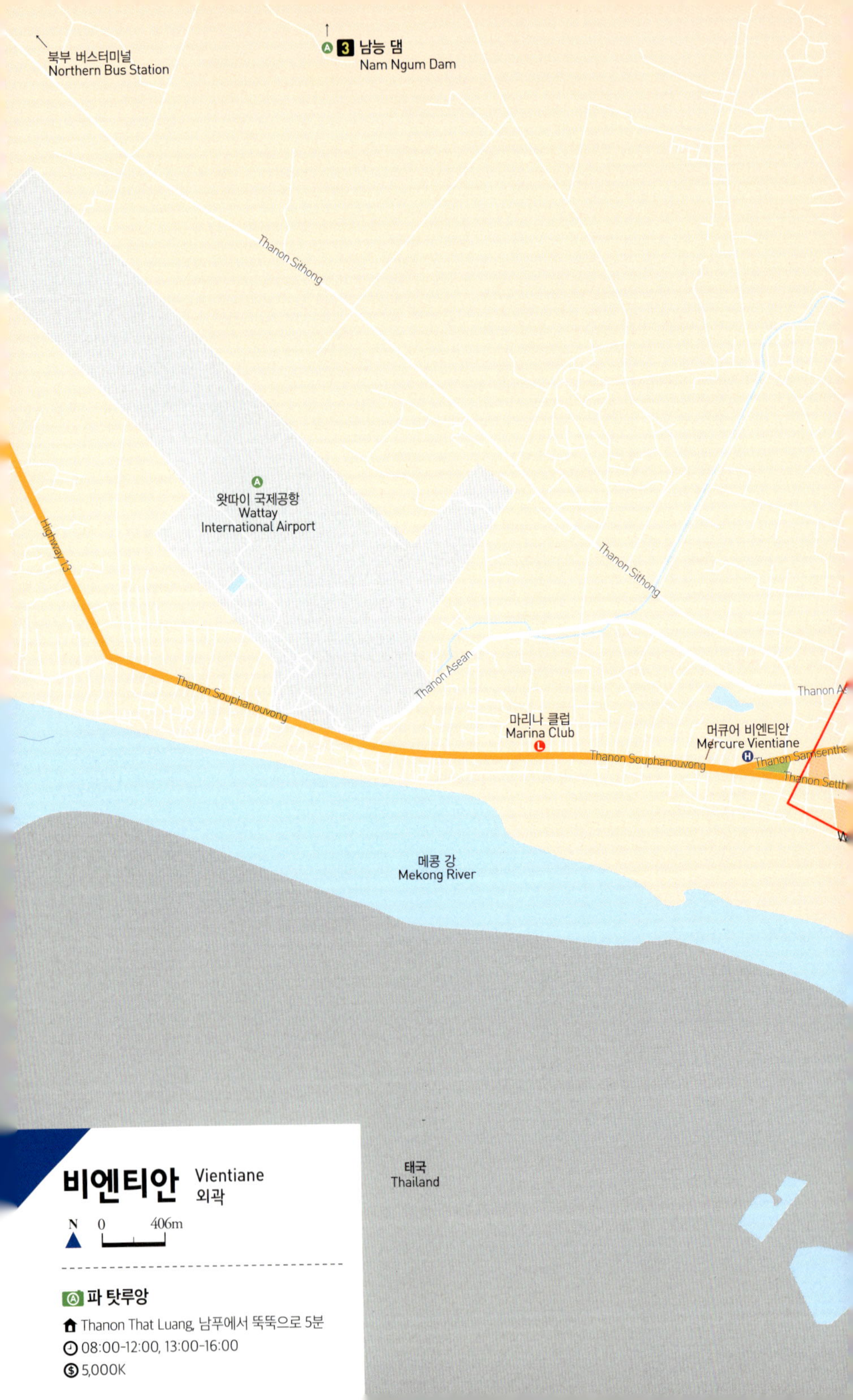
북부 버스터미널
Northern Bus Station
3 남능 댐
Nam Ngum Dam
Thanon Sithong
왓따이 국제공항
Wattay
International Airport
Highway 13
Thanon Sithong
Thanon Asean
Thanon Souphanouvong
마리나 클럽
Marina Club
Thanon Souphanouvong
머큐어 비엔티안
Mercure Vientiane
메콩 강
Mekong River
태국
Thailand

비엔티안 Vientiane 외곽

N 0 406m

Ⓐ 파 탓루앙

Thanon That Luang, 남푸에서 뚝뚝으로 5분
08:00-12:00, 13:00-16:00
5,000K

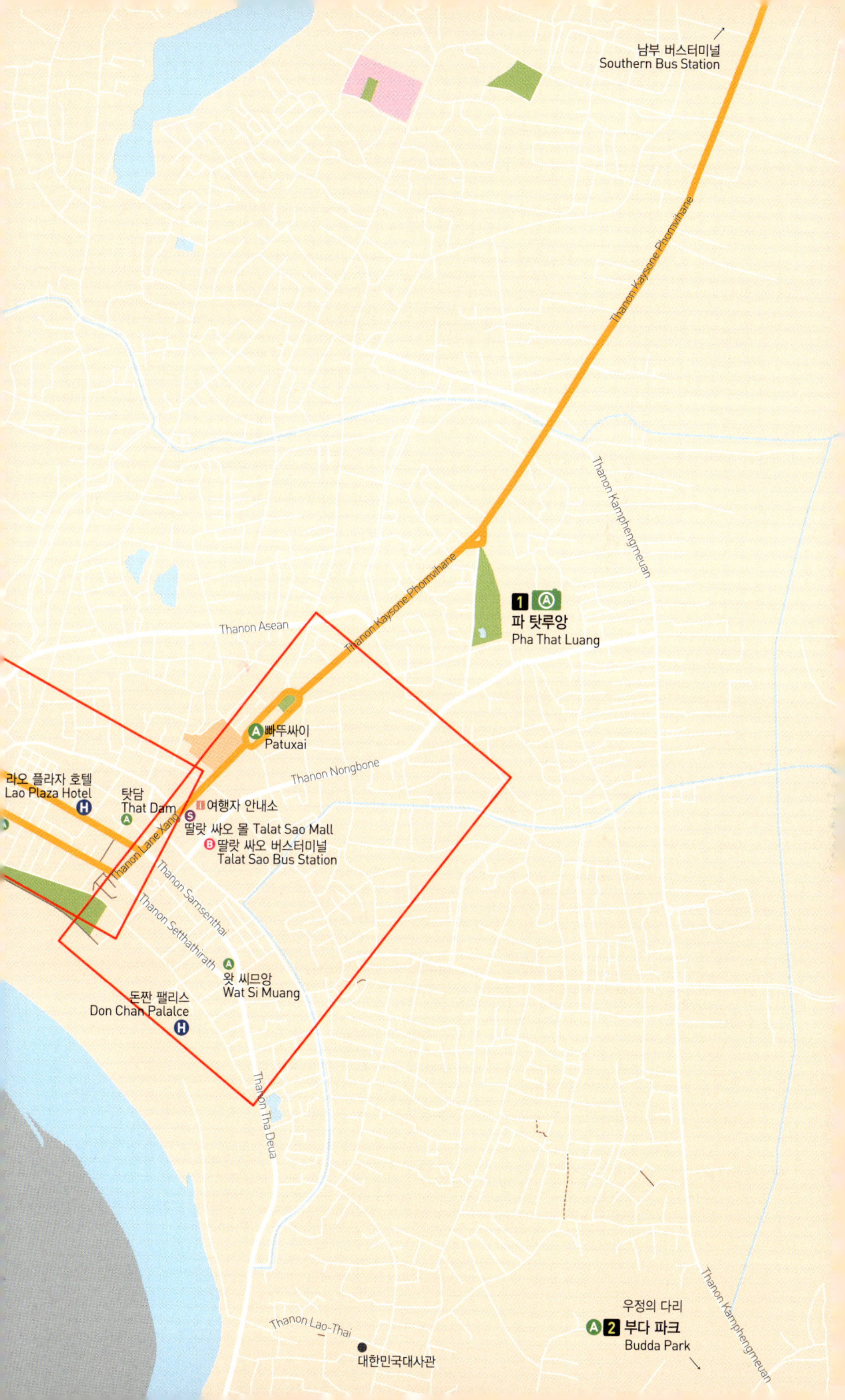
남부 버스터미널
Southern Bus Station
Thanon Kaysone Phomvihane
Thanon Kamphengmeuan
1 Ⓐ
파 탓루앙
Pha That Luang
Thanon Asean
Thanon Kaysone Phomvihane
Ⓐ 빠뚜싸이
Patuxai
Thanon Nongbone
라오 플라자 호텔
Lao Plaza Hotel
탓담
That Dam
여행자 안내소
딸랏 싸오 몰 Talat Sao Mall
딸랏 싸오 버스터미널
Talat Sao Bus Station
Thanon Lane Xang
Thanon Samsenthai
Thanon Setthathirath
왓 씨므앙
Wat Si Muang
돈짠 팰리스
Don Chan Palalce
Thanon Tha Deua
Thanon Lao-Thai
대한민국대사관
우정의 다리
Ⓐ 2 부다 파크
Budda Park
Thanon Kamphengmeuan

비엔티안 Vientiane 여행자 거리①

티숍 라이 갤러리
Thanon Wat Inpeng, 남푸에서 도보 20분
021-223-178
월~토 08:00-20:00 일 10:00-18:00

컵짜이더
Thanon Setthathirath, 남푸에서 도보 1분
021-223-022
08:00-24:00
40,000~150,000K

암폰
Thanon Wat Xiang Nyean, 남푸에서 도보 3분
021-212-489
11:00-14:00, 17:30-22:00

0 53m
Thanon Chao Anou
한국식당 35
Korean Restaurant
파출소
오페라 극장
먹거리 야시장
Thanon Phai Nam
Chao A
Thanon Du Puits
Thanon Toulan
Thanon Haiphong
Thanon Saigon
Thanon Nokeo Koummane
Thanon Khounboulom
Thanon Hanoi
Thanon Phanompenh
퐁싸완 은행
Phongsavanh Bank
Thanon Samsenthai
TMB 은행
밥집 Bob. Zip 38
대장금 37
홈 아이디얼 Home Ideal 17
라오 키친 Lao Kitchen
왓 방롱 Wat Bang Long
Thanon Hengboun
M Point Mart
26 위앙싸완 Vieng Savanh
하이쏙 게스트하우스 62 Haysoke G. H.
44 노이즈 프루츠 헤븐 Noy's Fruits Heaven
32 드라스덴 Dresden
BFL 은행
뉴 키친 도쿄 New Kitchen Tokyo
52 와이야꼰 Vayakorn
60 드림 홈 호스텔 2 Dream Home Hostel 2
아이 빔 29 I-Beam
왓 하이쏙 Wat Haysoke
미쏙 인 59 Mixok Inn
윈드 웨스트 펍 Wind West Pub
주유소
Thanon Setthathirath
왓 인뻥 Wat Inpeng
왓 옹뜨 Wat Ong Teu
왓 미싸이 Wat Mixai
아이 카포네 Ai Capone
← 왓따이 국제공항
살라나 부티크호텔 47 Salana Boutique Hotel
쑤파폰 게스트하우스 20 Souphaphone G. H.
프리코 카페 Pricco Cafe
킹 박스 39 King Box
16 티숍 라이 갤러리 T'Shop Lai Gallery
비에틴 은행 Vietin Bank
56
21 라드레스 퀴진 바이 티나이 L'Adress Cuisine by Tinay
42 반 라오 비어 가든 Ban Lao Beer Garden
펑키 몽키 64 Funky Monkey
자전거 대여 11
28 후지 Fuji
나짐 Nazim
안사라 호텔 46 Ansara Hotel
커먼 그라운즈 Common Grounds
14 폰 트래블
미싸이 63 게스트하우스 Mixay G. H.
61 RD 게스트하우스 RD G. H.
카페 씨눅 Cafe Sinouk 33
라오 오키드 호텔 51 Lao Orchid Hotel
36 독참파 레스토랑 Dok Champa Restaurant
한 쌈 으아이 농 Han Sam Euay Nong
M Point Mart
리버사이드
왓짠 Wat Chan
18 야시장 Night Market
인터시티 부티크호텔 53 Intercity Boutique Hotel
아마존 카페 Amazon Café
Thanon Fa Ngum

라오 텔레콤
Lao Telecom
대한민국대사관 영사과
(플라자 호텔 내)
왕통 마켓
Vangthong Market
Thanon Khounboulom
Khounboulom
사콤 은행
Sacombank
퍼블릭 은행
Public Bank
메이 은행
Maybank
JDB 은행
10 라오 볼링 센터
Lao Bowling Center
55 문라이트 참파
Moonlight Champa
12 비엔티안 수영장
Vientiane Swimming Pool
인터내셔널 커머셜 은행
International Commercial Bank
ANZ 은행
국립경기장
ational Stadium
포 쨉
Pho Zap
Thanon Phai Nam
48 시티 인 비엔티안 호텔
City Inn Vientiane Hotel
54
데이 인 호텔
Day Inn Hotel
13 트래블 라오
Travel Lao
Thanon Leky Huong
7 탓담
That Dam
Thanon Lane Xang
Thanon Pangkham
박물관
al Museum
4
라오 플라자 호텔
Lao Plaza Hotel
49
M Point Mart
방콕 은행 Bangkok Bank
Thanon Samsenthai
43 더 피자 컴퍼니
The Pizza Company
문화회관
Cultural Hall
25 쿠아라오
Kualao
57 폰 파쑤스 게스트하우스
Phone Paseuth G. H.
58 말리 남푸 호텔
Mali Namphu Hotel
다오 투어
Dao Tour
아시안 개발 은행
Asian Development Bank
스칸디나비안 베이커리
Scandinavian Bakery
15
34
Taj Mahal
컵짜이더
Khopchaideu
9 남푸 분수 Nam Phou Fountain
그린 디스커버리
Green Discovery
19
믹스 레스토랑
Mix Restaurant
50 호텔 이비스 비엔티안 남푸
Hotel Ibis Vientiane Nam Phu
라오 텔레콤(서비스 센터)
Lao Telecom
Thanon Setthathirath
5 왓 씨싸껫
Wat Sisaket
백패커스
Backpackers
31 조마 베이커리
Joma Bakery
41
재지 브릭
Jazzy Brick
22
암폰
Amphone
바네통
Banneton
8
대통령궁
Presidential Palace
6
왓 호파께오
Wat Ho Phra Keo
Thanon Chantha Khoumane
라오 적십자
Lao Red Cross
BCEL 은행
홀릭 비어
Holic Beer
40
왓 씨앙윤
Wat Xieng Yien
Thanon Fa Ngum
30
쏙디 카페
Chokdee Cafe
짜오 아누웡 공원
Chao Anouvong Park

비엔티안 Vientiane 여행자 거리②

0 110m

Ⓐ 빠뚜싸이

Thanon Lane Xang, 남푸에서 도보 20분

평일 08:00-16:00 주말 08:00-17:00

3,000K

Thanon Sibounheuang
Thanon Kayson Phomvihane
Thanon 23 Singha
Thanon Nongbone
말레이시아 대사관
베트남대사관
도요타 Toyota
Thanon Phonexay
왓 폰싸이 Wat Phonexay
영국대사관
라오 개발 은행 Lao Development Bank
르 랑슈 Le Ranch
65 빠뚜싸이 Patuxay
시청
주유소
카페 씨눅 Cafe Sinouk
Thanon Bourichane
서울가든
미니마트
태국대사관
UN 사무소
더 피자 컴퍼니 The Pizza Company
라꼬 게스트하우스 Lako G. H.
카페 노마드 Cafe Nomad
엄마네
델리 더르바르 Delhi Durbar
라오 건설 은행 Lao Construction
커피 투데이 Coffee Today
69 이레
왓 탓푼 Wat That Foon
BFL 은행
분남 미니마켓 Bounnam Minimarket
라오비엣 은행 Lao-Viet Bank
K Plaza
Thanon Dong Palane
라오골든 호텔 Laogolden Hotel
M Point Mart
왓 포네씨누안 Wat Phonesinuan
여행자 안내소
D Mart
쏙싸이 미니마트 Sokxai Minimart
라옹 다오 호텔 La Ong Dao Hotel
클라우드 나인 숍 Cloud 9 Shop
M Point Mart
딸랏 쿠아딘 시장 Talat Khua Din
왓 동 빨레인 Wat Dong Palane
Thanon Lane Xang
67 딸랏 싸오 몰 Talat Sao Mall
ACLE 은행
딸랏 싸오 버스터미널
Thanon Nongbone
Thanon Khou Vieng
그린 파크 부티크호텔 Green Park Boutique Hotel
낭 조이 레스토랑 Nang Joy Restaurant
우체국
돌껫 게스트하우스 Dorkket G. H.
70
74
프렌치 메디컬 French Medical
Thanon Khou Vieng
Thanon Mahosot
Thanon Samsenthai
68 PVO
ADB 은행
Thanon Sakarin
흐안 라오 게스트하우스 Heuan Lao G. H.
75
5 왓 씨싸껫 Wat Sisaket
프랑스대사관
혼다 Honda
왓 씨므앙 66 Wat Si Muang
109 병원
Thanon Setthathirath
씨므앙 미니마트 Simuang Minimart
8 대통령궁 Presidential Palace
6 왓 호 파께오 Wat Ho Phra Keo
씨싸왕웡 동상
왓 파포 Wat Phapho
72 만달라 부티크호텔 Mandala Boutique Hotel
약국
Thanon Tha Deua
Thanon Fa Ngum
마호솟 병원 Mahosot Hospital
왓 피아왓 Wat Phiavat
Thanon That Khao
왓 파싸이 Wat Phaxai
73 짠타쏨 게스트하우스 Chanthasome G. H.
위라싹 게스트하우스 Virasack G. H.
짜오 아누웡 공원 Chao Anouvong Park
Thanon Fa Ngum
왓 탓 카오 Wat That Khao
71 돈짠 팰리스 Don Chan Palace

방비엥 Vang Vieng 외곽

N 0 703m

Ⓐ 탐 푸캄 동굴

🏠 Ban Na Thong,
BECL 은행에서 뚝뚝으로 20분

🕘 09:00-18:00

$ 10,000K(다리 통행료 별도)

Ⓢ 재래시장

🏠 북부 버스터미널 건너편,
BECL 은행에서 자전거로 30분

🕘 06:00-16:00

Highway 13
탐쌍 동굴
Tham Xang
2 탐남 동굴
Tham Nam
남쏭 강 3
Nam Song
튜빙 시작
바 밀집 구역
10 오가닉 팜
Organic Farm
뜻 깽 유이 폭포 4
Tad Kaeng Nyui
5 파뎅 산
Pha Deng
북부 버스터미널
Northern Bus Station
재래시장
Local Market 8
루시 동굴 7
Lusi Cave
1 탐 푸캄 동굴
Tham Phoukham
튜빙 종료
라오 왈하라
Lao Valhala
9
여행자 버스터미널
Tourist Bus Station
탐짱 동굴 6
Tham Chang

방비엥 Vang Vieng 시내①

N 0 46m

남쏭 강 튜빙
Thanon Kangmuong, BECL 은행에서 걸어서 5분
09:00-16:00

씬닷 거리
Thanon Luang Prabang, 왓깡 인근
09:00-22:00

바게트 샌드위치 노점 거리
Ban Savang, K마트 건너편
07:00-20:00

사쿠라 바
Ban Savang, 폰 트래블 인근
030-537-0691
18:00-24:00

Highway 13
Thanon Luang Prabang
돈깡 섬
Don Kang
마운틴 리버뷰 게스트하우스
Mountain Riverview G. H.
블루 게스트하우스 42
Blue G. H.
38 짬빠 라오 더 빌라
Champa Lao The Villa
왓탓
Wat That
11
29 리빙 룸
Living Room
34 스마일 비치 바
Smile Beach Bar
39
애비 부티크 게스트하우스
Abby Boutique G. H.
씬닷 거리 20
Sin Dad Strret
버기카
Bugicar
15
41
주막
Juma
31
미스터 치킨 하우스
Mr. Chicken House
리버 뷰 방갈로 36
River View Bungalows
짠탈라 게스트하우스
Chanthala G. H.
아미고즈 25
Amigo's
44
아더사이드 레스토랑 27
Otherside Restaurant
23 바게트 샌드위치 노점 거리
그랜드 뷰 게스트하우스 37
Grand View G. H.
왓깡 Wat Kang
튜브 렌트
비엥빌라이 백패커스 호스텔
12 Viengvilay B. H.
루앙프라방 베이커리
Luang Phrabang Bakery
26
나짐
Nazim
21
K마트
바이크 렌트
35
46
룽나콘 방비엥 팰리스
Roung Nakhon Vangvieng Palace
Thanon Kangmuong
BECL 은행
14 17
13
그린 디스커버리
Green Discovery
남쏭 강
Nam Song
바이크 렌트
우체국
28
노께오 Norkeo
약국
센트럴 클라이머 스쿨
Central Climber School
18
호핑 버거
Whopping Burger
32
게리스 아이리시 바
Garys Irish Bar
22
45 센트럴 백패커스
Central Backpacke
24
푸반 커피
Phubarn Coffee
자전거 렌트
대나무다리
(무료/건기에만 운영)
사쿠라 바 30
Sakura Bar
19 폰 트래블
Phone Travel
40
바나나 방갈로
Banana Bungalows
16
마사지
마트
33 쌀국숫집 거리
Noodle Shop
V. L. T 투어
7마트
43 말라니 호텔
Malany Hotel
실버 나가
Silver Naga
ATM
농업 진흥 은행
Agricultural Promotion Bank

V. L. T 투어
7 마트
마트
비만 51
Viman
보리수
ATM
56 인티라 방비엥
Inthira Vang Vieng
실버 나가
Silver Naga
ATM
여행자 안내소
농업 진흥 은행
Agricultural Promotion Bank
52 더 문 펍
The Moon Pub
반 싸바이 바이 인티라
Ban Sabai by Inthira
병원
르 카페 드 파리
Le Cafe De Paris
라오 텔레콤
Lao Telecom
피자 루카 49
Pizza Luka
48
엘리펀트 크로싱 호텔 55
Eliphant Crossing Hotel
클라이밍 스쿨
바이크, 자전거 렌트
자전거 렌트
61 판즈 플레이스
Pan's Place
타원쑥 리조트
Thavonsouk Resort
50
카페 에에
Cafe Eh Eh
60
캄폰 호텔
Khamphone Hotel
학교
라오스 헤븐 호텔 & 스파 57
Laos Haven Hotel & Spa
7 Haven
58 품짜이 게스트하우스
Phoomchai G. H.
Highway 13
빌라 남쏭
Villa Nam Song
싸완 왕위앙 호텔
Savanh Vang Vieng Hotel
59 시실리 Sicily
위라이웡 호텔
Vilayvong Hotel
학교
주유소
탐 푸캄 동굴
톨 브릿지 (유료)
53 리버사이드 부티크 리조트
Riverside Boutique Resort
왓 씨쑤망
Wat Si Sou Mang
파라다이스 캠핑
Paradise Camping
54
빌라 방비엥 리버사이드
Villa Vang Vieng Riverside
Thanon Luang Prabang
여행자 버스터미널
쎙께오 게스트하우스
Sengkeo G. H.
호텔 & 리조트 타위쑥
Hotel & Resort Thavisouk
미니마트
남쏭 강
Nam Song
더 그랜드 리버사이드 호텔
The Grand Riverside Hotel
Highway 13
왓 씸싸이 아람
Wat Simxay Yaram
싸나짜이 게스트하우스
Sana Chai G. H.
47 허브 사우나
Herbal Sauna
잠미 게스트하우스
Jammee G. H.
탐짱 동굴
방비엥 Vang Vieng 시내②
N
0 75m

르 카페 드 파리

Ban Savang, 엘리펀트 크로싱 호텔 인근
020-5465-0451, 020-5653-8098
18:00-23:30

카페 에에

Ban Viengkeo, 엘리펀트 크로싱 호텔 인근
030-507-4369
07:30-19:00

루앙프라방 Luang Prabang 외곽

N 0 410m

땃 꽝씨 폭포

Ban Tha Pene
08:00-17:30
20,000K

땃쌔 폭포

Ban Aen Savane
08:00-17:30
15,000K(슬로보트 10,000K)

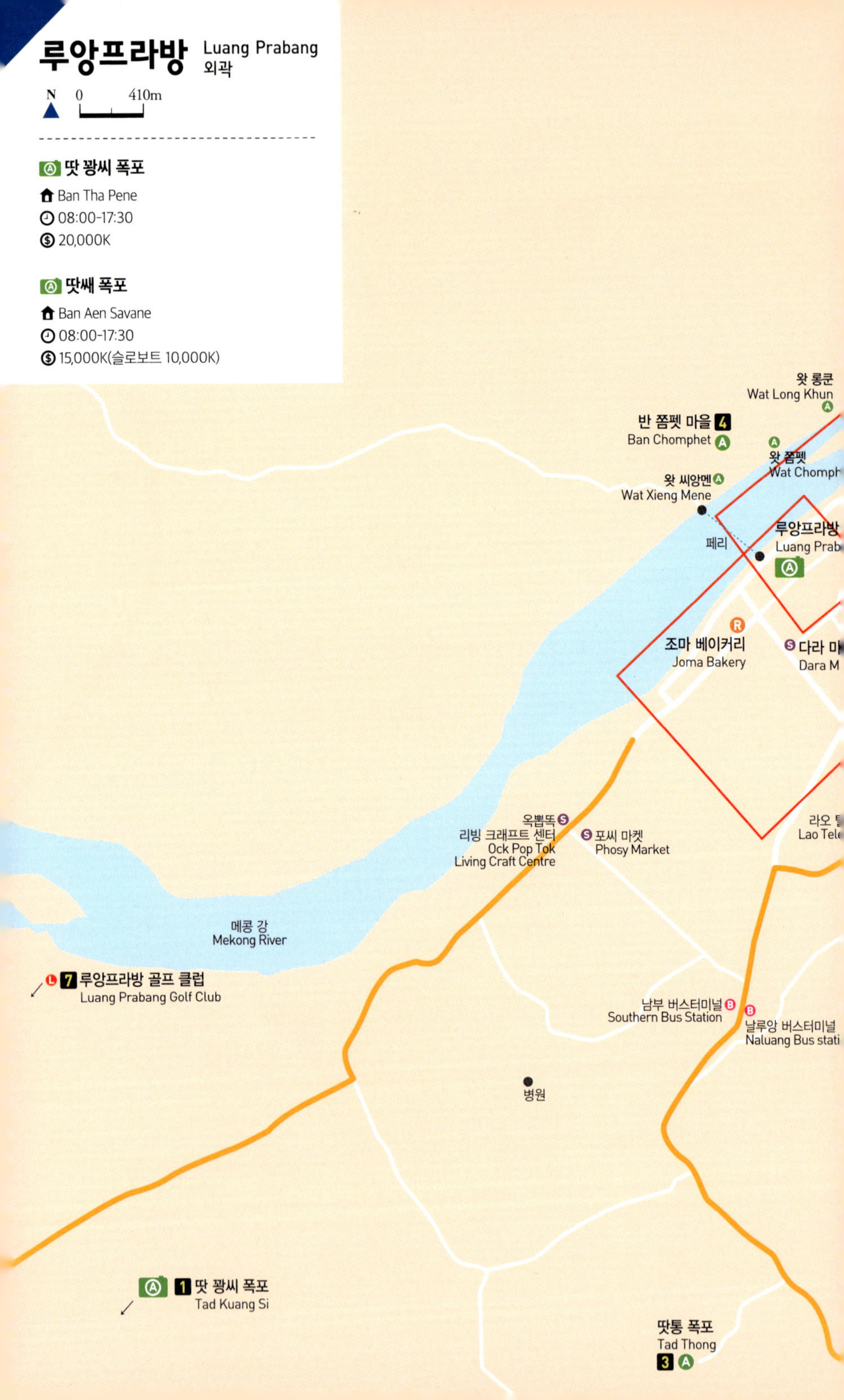

왓 롱쿤
Wat Long Khun
반 쫌펫 마을 4
Ban Chomphet
왓 쫌펫
Wat Chomph
왓 씨앙멘
Wat Xieng Mene
페리
루앙프라방
Luang Prab
조마 베이커리
Joma Bakery
다라 마
Dara M
옥뽑똑
리빙 크래프트 센터
Ock Pop Tok
Living Craft Centre
포씨 마켓
Phosy Market
라오 텔
Lao Tele
메콩 강
Mekong River
7 루앙프라방 골프 클럽
Luang Prabang Golf Club
남부 버스터미널
Southern Bus Station
날루앙 버스터미널
Naluang Bus stati
병원
1 땃 꽝씨 폭포
Tad Kuang Si
땃통 폭포
Tad Thong
3

뉴 북부 버스터미널
New Northern Bus Station
훼이싸이행
슬로보트 선착장
5
빡우 동굴
Pak Ou Caves
메콩 강
Mekong River
북부 버스터미널
Northern Bus Station
루앙프라방 국제공항
Luang Prabang
International Airport
al Museum
남칸 강 Nam Khan
6 샨티 체디(왓 폴파오)
Santi Chedi(Wat Phol Phao)
2
땃쌔 폭포
Tad Sae
코끼리 마을
Elephant Village

루앙프라방 Luang Prabang 올드타운①

0 51m

루앙프라방 국립박물관
Thanon Sisavangvong
071-7121-2470
수~월 08:00-11:30, 13:30-16:00 화 휴관
30,000K

옥뽑뚝
Thanon Phayameungchan, 더 창 인 루앙프라방 옆
071-254-761
08:00-21:00

디 압사라 레스토랑
Thanon Kingkitsarath
071-254-670
07:00-22:00

왓 씨앙통
Thanon Sakkalin
08:00-17:30
20,000K

타마린드
Thanon Kingkitsarath
071-213-128
월~토 11:00-16:00, 17:30-21:00

반 쫌펫 마을행 페리 선착장
26 씬닷 뷔페
Sindad Buffet
Thanon Manthatoulat
남콩 카페
Nam Khong Cafe
25
마사지숍
Thanon Manthatoulat
28
사프론 에
Saffron E
붕나쑥 게스트하우스 46
Boungnasouk G. H.
29 카이팬
Khaiphaen
쭘콩 게스트하우스 45
Choum Khong G. H.
31 쏜 파오
Son Phao
Thanon Xotikhoumman
왓 쭘콩
Wat Choumkhong
사요 게스트하우스
Sayo G. H.
빌라 짬빠
Villa Champa
41
라오 우든
Lao Woode
루앙프라방 국립박물관
Luang Prabang National Museum
43
푸씨 게스트하우스
Phu Si G. H.
44
싹까린 게스트하우스
Sackarinh G. H.
12
왓 씨앙무안
Wat Xieng Muan
왓 빠파이
Wat Paphai
Thanon Sisavangvathana
21 블루 라군
Blue Lagoon
호파방
Haw Pha Bang
코코넛 가든
Coconut Garden
약국
왓 마이
Wat Mai
11
8
아시장
Thanon Sisavangvong
32
필그림즈 카페
Pilgrim's Cafe
17
Thanon Sisavangvong
Thanon Sakkaline
노벨티 카페
Novelty Cafe
더 피자
The Pizza
33
아이콘 클럽
Icon Klub
쿨러 카페
Couleur Cafe
Joma
코끼리 트레킹 (여행사 거리)
Elephant Trekking
목조다리 (건기에만 통행 가능)
10
푸씨 산
Phu Si
덴 싸바이 30
Dyen Sabai
Thanon Kingkitsarath
왓 판루앙 14
Wat Phan Luang
남칸 강
Nam Khan
Thanon Ratsavong
아함 코너 게스트하우스
Aham Corner G. H.
남부 버스터미널/날루앙 버스터미널

반 쫌펫 마을
Ban Chomphet
메콩 강
Mekhong River
빡우 동굴
노바 투어
Nova Tour
18
암마따 게스트하우스
Ammata G. H.
Thanon Soulignavongsa
빡우 동굴행
보트 선착장
뷰 포인트 카페
View Point Cafe
렐레팡
L'Elephant
22
더 벨르리브 호텔
The Bellerive Hotel
가라웩 Garavek
15
37
빅토리아 씨앙통 팰리스
Victoria Xiengthong Palace
Thanon Kounxoua
왓 농씨쿤므앙
Wat Nong Sikhounmuang
40 로투스 빌라
Lotus Villa
9
왓 씨앙통
Wat Xieng Thong
38
메콩 리버뷰 호텔
Mekong
Riverview Hotel
스리 나가스 호텔
3 Nagas Hotel
더 창 인 루앙프라방
The Chang Inn
Luang Prabang
왓쎈
Wat Sene
13
39
19 42
27
왓 쏩씻카람
Wat Sop Sickharam
Thanon Sakkaline
Thanon Sakkaline
왓 빡칸
Wat Pak Khan
옥뽑똑
Ock Pop Tok
스칸디나비안 베이커리
36 Scandinavian Bakery
24
르 바네통
Le Banneton
국숫집 35
왓 쑤완나키리
Wat Souvannakhiri
16
Thanon Kingkitsarath
20 23
타마린드
Tamarind
디 압사라
레스토랑
The Apsara
Restaurant
리버사이드 게스트하우스
Riverside G. H.
Thanon Kingkitsarath
켐칸 씬닷
Khem Khan Sin Dad
옥뽑똑 헤리티지숍
Ock Pop Tok
Heritage Shop
부라사리 헤리티지
Burasari Heritage
남칸 강
Nam Khan
디 압사라 리브 드루아
The Apsare Rive Droite
Thanon Khoundouangchan
반 판루앙 마을
Ban Phan Luang
루앙프라방 국제공항

메콩 강
Mekhong River
쳉 백패커스 호스텔 1
Cheng Backpackers Hostel 1
77
75
LPQ 백패커스 호스텔
LPQ Backpackers Hostel
76
Thanon Manthatoulat
녹노이 란쌍 게스트하우스
Nocknoy Lanexang G. H.
73
74
니라씸 게스트하우스
Nirasim G. H.
71
싸요 나가 게스트하우스
Sayo Naga G. H.
조마 베이커
Jama Baker
57
남푸 분수
Namphu Fountain
Thanon Chao Fa Ngum
ATM
Thanon Phothisalath
66
메종 쑤완나폼
Maison Souvannaphoum
왓 프라마하탓
Wat Phramahathat
왓 호씨앙
Wat Hoxieng
67
메종 달라부아
Maison Dalabua
분짤른 게스트하우스
Bounchaleurn G. H.
78
79
꾼싸완 게스트하우스
Kounsavan G. H.
Thanon Bounkhong
빌라 말리
Villa Maly
65
Thanon Norrasan
Thanon Souvannaphoumma
왓 탓 루앙
Wat That Luang
레몬 라오 백패커스
Lemon Lao Backpackers
80
현지인 반찬 가게(노점)
아만타카 리조트
짤리야 게스트하우스
Jaliya G. H.
70
미싸이 게스트하우스
Mixay G. H.
왓 마노롬
Wat Manorom
경찰서
퐁싸완 은행
Phongsavanh Bank
라오항공
Lao Airlines
Thanon Manomai
소피텔 루앙프라방
Sofitel Luang Prabang
Thanon Phouvao

루앙프라방 Luang Prabang 올드타운②

0 58m

S 야시장
Thanon Sisavangvong
17:00-22:00

R 유토피아
Thanon Kingkitsarath
020-2388-1771
08:00-23:30

씬닷 뷔페 26
Sindad Buffet
반 쫌펫 마을행
페리 선착장
Thanon Manthatoulat
남콩 카페
Nam Khong Cafe 25
마사지숍
31 쏜 파오
Son Phao
싸요 게스트하우스
Sayo G. H.
72 루앙프라방 리버 롯지
Luang Prabang River Lodge
렌트
테라스
esso
왓 폰싸이
Wat Phonxay
루앙프라방 국립박물관
Luang Prabang
National Museum
왓 쫌콩
Wat Choumkhong
하우스
52 재래시장
Local Market
59
먹자골목
Thanon Sathotan
12
왓 씨앙무안
Wat Xieng Muan
라오 개발 은행
Lao Development Bank
21 블루 라군
Blue Lagoon
com
여행자
안내소
인디고 하우스
Indigo House
69
왓 마이
Wat Mai
11
8
호파방
Haw Pha Bang
32 필그림즈 카페
Pilgrim's Cafe
코코넛 가든
Coconut Garden
49
야시장
Night Market
Thanon Sisavangvong
17
약국
61
바게트
샌드위치 노점
Baguette Sandwich
Street Vendors
노벨티 카페
Novelty Cafe
더 피자
The Pizza
33
코끼리 트레킹
(여행사 거리)
Elephant Trekking
아이콘 클럽
Icon Klub
Thanon Kitsalat
푸씨 산
Phu Si
10
50 TAEC
목조다리
(건기에만 통행 가능)
53
다라 마켓
Dara Market
라오 라오 가든
Lao Lao Garden
더 하우스
The House
56
Thanon Kingkitsarath
하이브 바
Hive Bar
꼽노이 51 58
Kopnoi
60
싸바이디 바
Sabaidee Bar
Thanon Ratsavong
슈퍼
68
씨따 노라씽 인
Sita Norasingh Inn
바이크 렌트
남칸 강
Nam Khan
오지 스포츠 바
Aussie Sports Bar
왓 아함
Wat Aham
Thanon Phomathat
반 판루앙 마을
Ban Phan Luang
라오 개발 은행
Lao Development Bank
바이크 렌트
47 왓 위쑨나랏
Wat Visounnarat
Thanon Visounnarath
주유소
48
적십자 사우나 & 마사지
Red Cross
Traditional Sauna & Massage
유토피아
Utopia
54
마이 드림 부티크 리조트
My Dream Boutique Resort
빌라 메리 1
Villa Merry 1
콜드 리버 게스트하우스
Cold River G. H.
Thanon Vatmou-Enna
르 벨 에어 부티크 리조트 & 빌라
Le Bel Air Boutique Resort & Villa
왓 문나
Wat Mounena
나무철교
(자전거 & 바이크 통행 가능, 차량 불가)
선웨이 호텔
Sunway Hotel
Thanon Souphanouvong
63 김삿갓
베트남 총영사관

폰싸완 Phonsavan 시내

N 0 51m

Ⓐ 항아리 평원(1구역)_외곽
- 여행자 거리에서 약 10km 정도
- 08:00-16:00
- 15,000K

Ⓐ QLA
- Thanon Xaysana
- 061-211-124
- 평일 08:00-22:00 주말 10:00-22:00

씨앙쿠앙 버스터미널
씨앙쿠앙 공항
BCEL 은행
16 씨앙쿠앙 호텔 Xieng Khouang Hotel
ATM
우체국
라오 텔레콤 Lao Telecom
Highway 7(Thanon Xaysana)
ATM
8 QLA
7 MAG
슈퍼
쩬니다 게스트하우스 Jennida G. H.
13 씸말리 Simmaly
10 크레이터스 Craters
당구장
20 독쿤 호텔 Dok Khoune Hotel
12 폰싸이 Phonexay
17 아누락 켄라오 호텔 Anoulack Khenlao Hotel
화이트 오키드 게스트하우스 White Orchid G. H.
자전거 렌트
19 나이스 게스트하우스 Nice G. H.
9 뱀부즐 Bamboozle
국숫집
11 니샤 Nisha
14 칸 베이커리 Khanh Bakery
두앙짜이 미니버스 터미널 Duangchai Mini Bus Station
꽁 께오 게스트하우스 Kong Keo G. H.
주유소
Highway 7
쎙따완 게스트하우스 Sengtavane G. H.
주유소
15 딸랏 까씨깜 시장 Talat Kasikam
후아판 게스트하우스 Houaphan G. H.
21 싸바이디 게스트하우스 Sabaidee G. H.
18 남짜이 게스트하우스 Namchai G. H.
Highway 7(Thanon Xaysana)

농키아우 Nong Khiaw 시내
N
0 33m
탐 파톡 동굴_외곽
Ban Pha Thok
5,000K
델리아즈 플레이스
Ban Nong Khiaw
020-5439-5686
BCEL 은행
파이분 게스트하우스
Phayboune G. H.
짠다이 마사지
Chandai Massage
미니슈퍼
약국
델리아즈 플레이스 6
Deliah's Place
우체국
3 4
그린 디스커버리
Green Discovery
바이크 렌트
쎙다오 찌따웡 게스트하우스
Sengdao Chittavong G. H.
농키아우 뷰 게스트하우스
Nong Khiaw View G. H.
반 농키아우 마을
Ban Nong Khiaw
Highway 1C
노점
여행자 안내소
보트 선착장
남우 강
Nam Ou
농키아우 리버사이드 11
Nong Khiau Riverside
선라이즈 게스트하우스
Sunrise G. H.
13
ATM
파노이 게스트하우스
Phanoi G. H.
딘 레스토랑
Deen Restaurant
웡 마니 게스트하우스
Vong Mani G. H.
7 찐나이 Chennai
위낫 레스토랑
Vinat Restaurant
풀리싹 게스트하우스
Phulisack G. H.
농키아우 백패커스 & 돔
NK Backpackers & Dorm
싸이탄 게스트하우스
Sythane G. H.
반 쏩훈 마을
Ban Sop Houn
선셋 게스트하우스
Sunset G. H.
12
뱀부 게스트하우스
Bamboo G. H.
노이매니 레스토랑
Noymany Restaurant
미싸이 게스트하우스 14
Meexai G. H.
9
알렉스 Alex
8
싸바이 싸바이
Sabai Sabai
2 뷰포인트 View Point
왓 쏩훈
Wat Sophoun
남훈 게스트하우스
Nam Houn G. H.
암파이 게스트하우스
Amphai G. H.

2 탐 파노이 동굴
Tham Phanoi
왓 오깟 싸이아람
Wat Okad Sayaram
닝닝 게스트하우스
Ning Ning G. H.
9
펫다완 2 게스트하우스
Phetdavanh 2 G. H.
남우 강
Nam Ou
페니즈 바
Penny's Bar
여행사
랏타나웡싸 레스토랑
Lattanavongsa
Restaurant
파출소
랏타나웡싸 방갈로
Lattanavongsa Bungalows
6
보트 선착장
8
싸일롬 방갈로
Saylom Bungalows
OK 100
5 펫다완 Phetdavanh
바이크 렌트
7 레인보 게스트하우스
Rainbow G. H.
4 리버사이드
Riverside
께오마니
Keomany
탐깡 동굴
Tham Kang
1
반 하오
Ban Hao
11 알룬마이 게스트하우스
Aloune Mai G. H.
여행사
미니 슈퍼
닉싸즈 플레이스
Nicksa's Place
10
마사지
빡폰 싸바이
Pakphon Sabai
비타 Vita
리버뷰 방갈로
Riverview Bungalows
러께오 선셋 게스트하우스
Lerdkeo Sunset G. H.
밈 레스토랑 Meem Restaurant
쑤안 파오 방갈로
Suan Phao Bugalows
약국
3 비 트리 바
Bee Tree Bar
농키아우

므앙응오이 Muang Ngoi

N 0 34m

A 탐깡 동굴 _외곽

므앙응오이 메인 도로 따라 도보 40분

10,000K

므앙싸이 Muang Xai
N 0 113m
쫌옹 동굴 투어 & 트레킹
여행자 안내소
081-212-483, 020-214-8679
1인당 360,000K(8인 기준)
루앙남타
훼이싸이
Highway 13
퐁쌀리
Highway 2E
라오 개발 은행
Lao Development Bank
병원
비어 가든
Beer Garden
차밍 라오 호텔
Charming Lao Hotel
13
7
PMC
라오 텔레콤
Lao Telecom
우체국
마사지
약국
노점
라오 은행
Lao Bank
카이쏜 동상
경찰서
차이나 타운
라오 개발 은행
Lao Development Bank
4
여행자 안내소
루싸이 시장
Luxay Market
6 재래시장
Local Market
(Thin Market)
쫌옹 동굴 투어 &
트레킹
Chom Ong Cave Tour &
Trekking
단싸완 호텔
Dansavanh Hotel
위완 게스트하우스 Vivanh G. H.
8
마사지
BCEL 은행
미시즈 칸야
Mrs Kanya
슈퍼
주유소
라오 차이니즈 레스토랑
Lao-Chinese Restaurant
남코 강
Nam Kor
빌라 께오썸싹
Villa Keoseumsack
15
16
리타위싸이 게스트하우스
Lithavixay G. H.
바이크 렌트
위라웡
17
게스트하우스
Vilavong G. H.
왓 푸탓
Wat Phu That
1
9 미미 Meemee
적십자 5
마사지 & 사우나
Red Cross
Massage & Sauna
인다라 호텔
Indara Hotel
약국
피자 알로하
Pizza Aloha
12
인도차이나 은행
Indochina Bank
씨쏘 베이커리 10
Siso Bakery
쏙싸이 호텔
Xokxay Hotel
14 프렌드십 호텔
Friendship Hotel
싸녹폰
Sanokphon
폰메일 나이트클럽
Phonemail Night Club
쑤린폰 호텔
Sourinphone Hotel
북부 버스터미널
Northern Bus Station
우돔싸이 게스트하우스
Oudomxay G. H.
남부 버스터미널
Southern Bus Station
우돔싸이 공항
Oudomxay Airport
암폰 호텔
Amphon Hotel
왓 싼띠팝 3
Wat Santiphab
11
므앙느아
Muang Neua
미시즈 짠쎅
Mrs. Chansek
우돔싸이 박물관
Oudomxay Museum
3
주유소

루앙남타 Luang Namtha 시내
N
0 83m
L 남하 국립보호구역 트레킹 _외곽
$ 1박 2일 1인당 200,000K(8인 기준)
R 야시장
Ban Oudonsin
17:30-22:00
주유소
A 1 땃 남디 폭포
Tad Nam Dee
남타 강
Nam Tha
Highway 3A
L 5 마사지 & 사우나
Massage & Sauna
루앙남타 박물관 3
Luang Namtha A
Museum
H 우돔씬 호텔
Oudomsin Hotel
R 중국음식점
Chinese Restaurant
나요비 은행
Nayoby Bank
패밀리 뷔페
Family Buffet
11
R
푸이우 III
방갈로
Phou lu III
Bungalows
H 13
라오 텔레콤
Lao Telecom
KTF
R
약국
마니꽁 베이커리 10 R
Manikong Bakery 15 H
주엘라 게스트하우스 H
Zuela G. H.
우체국
i 여행자 안내소
R 8 야시장 Night Market
BCEL 은행
R 쿤싸이
Khounsay
인도차이나 은행
Indochina Bank
마니짠 게스트하우스
Manychan G. H.
H
R 9 뱀부 라운지
Bamboo Lounge
14
대나무다리
(건기에만 통행 가능)
S 슈퍼
툴라씻 게스트하우스
Thoulasith G. H.
H 16
L 독짬빠 호텔
Dokchampa Hotel
그린 디스커버리 4 6
Green Discovery
약국
R 라오 라오
Lao Lao
라이즈 플레이스 R
Lai's Place
타위싸이 게스트하우스
Thawixay G. H.
H
라오 개발 은행
Lao Development Bank
반 통짜이따이 마을
Ban Thong Chai Ta
로열 호텔
Royal Hotel
H 12
쿤썹 게스트하우스 H
Khounsub G. H.
라오항공
Lao Airllies
7 S
재래시장
R 칠 존
Chill Zone
허브 사우나 L
Herbal Sauna
로컬 정류장
(미니버스 & 썽태우)
B
R 투 시스터스
Two Sisters
병원
루앙남타 공항
메인 버스터미널

재래시장
Local Market
1 A
버스터미널
B
왓 씨앙인
Wat Xieng Inn
A
H 12
주유소
S
슈퍼
캄께오
게스트하우스
Khamkeo G. H.
왓 찌앙래
Wat Chianglae
A
농업 진흥 은행
Agricultural Promotion Bank
BCEL 은행
병원
라오 개발 은행
Lao Development Bank
라오 텔레콤
Lao Telecom
빤나
Panna
R
Highway 17B
H 쌩캄미 게스트하우스
Saengkhammy G. H.
주유소
부족 박물관
Tribal Meseum
2 A
아디마 게스트하우스 11
Adima G. H. H
13 단 느아 2 게스트하우스
H Dan Neua 2 G. H.
A
왓 씨앙짜이
Wat Xiengchai
왓 씨앙윤
Wat Xiengyun
A
7 R
R
8
쌀국숫집
따이 루 Tai Lu
여행자 안내소
남하 국립보호구역 트레킹
소수민족 마을 투어
4 5 L
R 6 야시장 Night Market
우체국
Highway 17B
H 10 쳉징 드 호텔
Cheng Jing de Hotel
푸이우 II
방갈로
Phou Iu II
Bungalows
H 9
씽두앙다오 방갈로
Singduangdao
Bungalows
H
H
H
씽싸이 게스트하우스
Singxay G. H.
씽싸완 펍 R
Singsavanh Pub
H
루오밍 호텔
Luoming Hotel
짬빠 댕 게스트하우스
Champa Daeng G. H.
Highway 17A
Highway 17B
루앙남타
므앙씽 Muang Sing
N 0 94m
L 소수민족 마을 투어
High Way 17B 따라 자전거/오토바이 이용

라오 개발 은행
Lao Development Bank
슬로보트 선착장
주유소
아리미드 게스트하우스
Arimid G. H.
B. A. P 가든 빌리지
B. A. P Garden Village
Highway 3
쑤싼 파이 가든
Susan Phai Garden
펫다캄 게스트하우스
Phetdakham G. H.
적십자
Red Cross
병원
넛 팝 레스토랑
Nut Pop Restaurant
퐁싸완 은행
Phongsavanh Bank
싸바이디 게스트하우스
Sabaydee G. H.
12
타놈썹 게스트하우스
Thanormsub G. H.
기번 익스피리언스 3
Gibbon Experience
11 우돔폰 게스트하우스 2 Oudomphone G. H. 2
7 바 하우 Bar How?
므앙느아 Mueang Nuea 5
타위신 호텔 Thaveeshinh Hotel
B. A. P 게스트하우스 13
6 다우 홈
Daauw Home
1
왓 쫌 카오 마닐랏
Wat Jom Khao Manilat
폰팁 게스트하우스
Phonethip G. H.
BCEL은행
게이트웨이 빌라 호텔 10
Gateway Villa Hotel
흐안 라오 게스트하우스
Heuan Lao G. H.
마이 라오스 4
My Laos
여행자 안내소
메콩 강
Mekong River
훼이싸이 리버사이드 호텔 9
Houay Xai Riverside Hotel
프렌드십 게스트하우스
Friendship G. H.
라오항공
Lao Airlines
14
껍짜이 게스트하우스
Kaupjai G. H.
슈퍼
우체국
노점 거리 8
약국
쏨분썹 게스트하우스
Sombounsub G. H.
프렌드십 게스트하우스 2
Friendship G. H. 2
포르 카르노 요새
Fort Carnot
2

훼이싸이 Huay Xai 시내

N 0 79m

기번 익스피리언스

Ban Houayxay

084-212-021, 030-574-5866

익스프레스 1박 2일 $180

클래식 투어 2박 3일 $290

워터폴 투어 2박 3일 $290

타켁 Thakhek 시내

N 0 119m

Ⓐ 탐 꽁로 동굴 _외곽

Ⓢ 공원 입장료 2,000K
동굴 입장료 10,000K(보트 대여료 별도)

딸랏 나보 시장
Talat Nabo
신닷 코리아 1
Cindart Korea 1
11
여행자 안내소
푸칸나 비어 가든 13
Phoukhanna Beer Garden
Thanon Vientiane
다오캄 게스트하우스
Daokham G. H.
19
싸이루디 호텔
Xayluedy Hotel
Thanon Vientiane
ATM
타켁 마이 게스트하우스
Thakhek Mai G. H.
무통 게스트하우스
Mouthong G. H.
니드 케이크
Nid Cake
약국
신발 수선
포네빠디스 호텔
Phonepadith Hotel
리베리아 호텔
Riveria Hotel
16
위니 게스트하우스
Winee G. H.
박물관 Museum
그릴드 덕 레스토랑
Grilled Duck Restaurant
왓 나보
Wat Nabo
인티라 타켁 호텔
Inthira Thakhek Hotel
9
캄무안 인터
게스트하우스
Khammouane
Inter G. H.
21
경찰서
ATM
약국
라오 텔레콤
Lao Telecom
우체국
쑥쏨분 호텔
Souksombounn
Hotel
미시즈 탕
Mrs. Thang
14
께쏜
Kesone
그린 디스커버리
Green Discovery
Thanon Kuvoranvong
애디 펍
Addy Pub
Thanon Nongbouakham
메콩 호텔 20
Mekong Hotel
르 부통 도르 17
부티크호텔
Le Bouton D'or
Boutique Hotel
18
12
자전거 렌트
쏭팡콩 타이 레스토랑
Song Fang Khong
Thai Restaurant
ATM
바이크 렌트
교회
Kyoto
쑤티다 게스트하우스
Suthida G. H.
15 광장 노점
Thanon Chao Anou
10
스마일 보트 레스토랑
Smile Boat Restaurant
Thanon Ounkham
팜싸이 레스토랑
Phamxay Restaurant
농 부아
Nong Bo
왓깡
Wat Kang
병원
메콩 강
Mekong River
파 탓 씨코따봉
↓

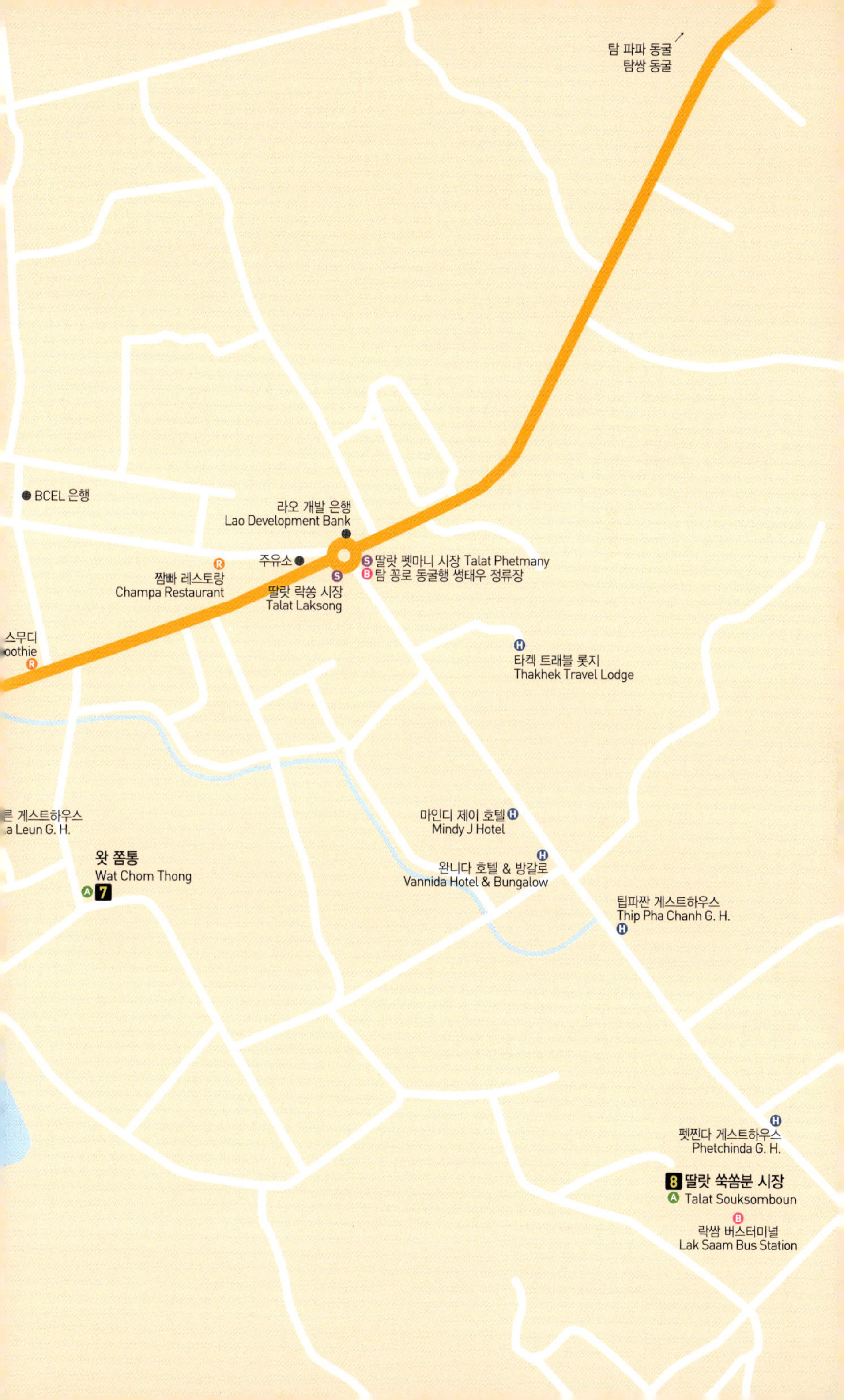

탐 파파 동굴
탐쌍 동굴
BCEL 은행
라오 개발 은행
Lao Development Bank
주유소
짬빠 레스토랑
Champa Restaurant
딸랏 펫마니 시장 Talat Phetmany
탐 꽁로 동굴행 썽태우 정류장
딸랏 락쏭 시장
Talat Laksong
스무디
oothie
타켁 트래블 롯지
Thakhek Travel Lodge
른 게스트하우스
a Leun G. H.
왓 쫌통
Wat Chom Thong
7
마인디 제이 호텔
Mindy J Hotel
완니다 호텔 & 방갈로
Vannida Hotel & Bungalow
팁파짠 게스트하우스
Thip Pha Chanh G. H.
펫찐다 게스트하우스
Phetchinda G. H.
8 딸랏 쑥쏨분 시장
Talat Souksomboun
락쌈 버스터미널
Lak Saam Bus Station

비다 베이커리 12
Vida Bakery
Thanon 12
21 폰싸완 게스트하우스
Phonsavanh G. H.
Thanon 24
22 싸바이디 2 게스트하우스
Sabaidy 2 G. H.
빡쎄 국제공항
Thanon 21
탈루왕 호텔
Thaluang Hotel
Thanon 13
세이 하이
Say Hi
재스민
Jasmine
쌍 아룬 호텔
Sang Aroun Hotel
라오 개발 은행
Lao Development Bank
베트남영사관
Thanon 21
아테나 호텔
Athena Hotel
17
미스 노이
Miss Noy
(바이크 렌트)
로열 빡쎄 호텔
Royal Pakse Hotel
11 란캄 국수
(란캄 호텔)
Lankham Noodle Shop
ATM
14 싸바이디 빡쎄
Sabaidee Pakse
왓 루앙 3
Wat Luang
Thanon 11
타이 마사지 & 스파
Thai Massage & SPA
델타 커피
Delta Coffee
중국회관 4
르 파노라마
Le Panorama
10 나짐
Nazim
독 마이 라오
Dok Mai Lao
쎄돈 강
Xe Don
BCEL 은행
20 쌀라 짬빠 호텔
Sala Champa Hotel
경찰서
Thanon 46
위앙싸완 씬닷
Viengsavanh Sindad
빡쎄 호텔
Pakse Hotel
5
그린 디스커버리
Green Discovery
카페 씨눅
Cafe Sinouk
8 19
9
ATM
Thanon 35
여행자 안내소
18
레지던스 씨쑥
Residence Sisouk
6
짬빠싹 플라자 쇼핑센터
Champasak Plaza
Shopping Center
Thanon 46
Thanon 24
Thanon 1
캐논
Canon
ATM
Thanon 10
Thanon 11
병원
찟빠쏭
버스터미널
Chitpasong
Bus Station
나 카페 Na Cafe
교회
Thanon 9
Thanon 1
15 강변 노점
Thanon 42
우체국
캄퐁 보트 레스토랑
Khamfong Boat
Restaurant
빡쎄 메콩 호텔
Pakse Mekong Hotel
Thanon 10
13
반라오 보트 레스토랑
Banlao Boat Restaurant
메콩 강
Mekong R
N
0
84m

빡쎄 Pakse 시내

Ⓐ 볼라벤 고원 _외곽

$ 180,000K 내외

Ⓛ 트리 탑 익스플로러

$ $200~

Ⓡ 카페 씨눅 _외곽

Thanon 9 & 11

020-956-6776, 031-214-716

07:00-22:00

쎄돈 강
Xe Don
싹 팰리스
mpasak Palace
H
왓 파밧
Wat Pha Bat
주유소
중국사원
도요타
Toyota
퐁싸완 은행
Phongsavanh Bank
Thanon 38
Thanon 42
Thanon 36
짬빠싹 역사 박물관
Champasak Provincial
Historical Museum
현대
인도차이나 은행
Indochina Bank
라오-비엣 은행
Lao-Viet Bank
쎙짤른 버스터미널 →
짬빠싹 경기장
Champasak Stadium
농업 진흥 은행
Agricultural Promotion Bank
ACLEDA 은행
Thanon 16W
Thanon 38
딸랏 다오흐앙 시장
Talat Daoheuang
7
라오 개발 은행
Lao Development Bank
비에틴 은행
Vietin Bank
다오 커피
Dao Coffee
끄리앙 까이 버스터미널 →
Kriang Kai Bus Station
Thanon 16W

버스터미널
싸완 와인숍
Savanh Wine Shop
퐁싸완 은행
Phongsavanh Bank
농쏘다 게스트하우스
Nongsoda G. H.
낭노이 14
Nang Noy
13
마사 Masa
Thanon Oudomsinh
시장
라오 개발 은행
Lao Development Bank
홍띱 호텔
Hongtip Hotel
BCEL 은행
태국 영사관
공룡 박물관 8
Dinosaur Museum
Thanon Chaimeuang
BFL 은행
10
카페 셰 분
Cafe Chez Boune
중국사원
Thanon Kouvolavong
17 훙흐앙 호텔
Hung Heuang Hotel
과일 노점
Thanon Sotthanou
Thanon Ladsavongseuk
18
싸완반하오
호텔
Savanbanhao Hotel
마트
약국
리나 게스트하우스 20
Leena G. H.
뭄 싸바이
Moom Sabai
중국
사원
적십자
Red Cross Lao
7 왓 싸이야품
Wat Xaiyaphoum
19
쑤안나웡 게스트하우스
Souannavong G. H.
Thanon Chao Kim
자전거 렌트
왓 라따나랑씨
Wat Lattanalangsy
노천카페
메콩 레스토랑 & 게스트하우스
Mekong Restaurant & G. H.
Thanon Phetsarath
교회
베트남사원
중국회관
화교학교
12
카페 짜이디
Cafe Chai Dee
린즈 카페 11
Lin's Cafe
르 셀렉트 카페
Le Sélect Café
16
뉴 쌘 싸바이 호텔
New Saen Sabai Hotel
다오 싸완 9
Dao Savanh
딸랏 옌 광장
Talat Yen Plaza
6
세인트 테레사 교회
Saint Theresa Church
여행자
안내소
15
쌀라 싸완
Sala Savan
에코 가이드 협회
Eco-Guide Unit
Thanon Tha Hae
왓 싸이야뭉쿤
Wat Xaiyamoungkhoun
메콩 강
Mekong River
우체국
싸완나켓 박물관
Savannakhet Museum
다오싸완 리조트 & 스파
경찰서
학교
싸완나켓 Savannakh
시내
N
0
78m

세인트 테레사 교회

Ban Lattanalangsy Tai

020-5564-0650

다오 싸완

Ban Xayaphoum

020-554-1999, 041-260-888

07:00-22:30

빡쎄
아누싸 게스트하우스
Anouxa G. H.
L
5
짬빠싹 스파
Champasak Spa
약국
타위쌉 호텔
Thavisab Hotel
프라이스 & 루재니 레스토랑
Frice & Lujanie Restaurant
6
짬빠싹 위드 러브
Champasak With Love
돈댕 섬
독짬빠 게스트하우스
Dockchampa G. H.
10
왓 므앙쎈
Wat Muangsen
선착장
8 켁캄 Khek Kham
ATM
여행자 안내소
경찰서
3
AOCT 극장
Théâtre d'Ombres de Champasak AOCT
12
짬빠싹 게스트하우스
Champasak G. H.
캄푸이 게스트하우스
Kham Phouy G. H.
ATM
11 씨암폰 호텔
Si Amphone Hotel
썽태우
탑승장
왓통
Wat Thong
13
7 싸이통 게스트하우스 리버사이드 레스토랑
Saithong G. H. Riverside Restaurant
노점(쌀국숫집)
쑤찌뜨라 게스트하우스
Souchitra G. H.
메콩 강
Mekong River
9 인티라 짬빠싹 호텔
Inthira Champasak Hotel
왓 암핫
Wat Amhat
웡 빠쑤드 게스트하우스 Vong Pasued G. H.
4 인터넷 & 복사
왓푸

짬빠싹 Champasak 시내

N 0 105m

A 왓푸 _외곽

Road 14, Ban Thong Khop

화~일 08:00-16:30

50,000K(외국인, 전동차 및 박물관 입장료 포함)

씨판돈 Si Phan Don 외곽

콘 파펭 폭포

Road 13, Ban Thakho
08:00-17:00
55,000K

이라와디 돌고래 투어

Ban Hang Khon

N
0
2.79km
빡쎄
Highway 13
캄보디아
Cambodi
메콩 강
Mekong River
돈싼 섬
Don San
쎄 삐안 국립생태보호구역
Xe Pian NBCA
돈 힌야이 섬
Don Hinayi
돈콩 섬
Don Khong
돈 카마오 섬
Don Khamao
Highway 132
반 므앙 콩 마을
Ban Muang Khong
반 핫 싸이쿤 마을
Ban Hat Xai Khun
반 므앙 씬 마을
Ban Muang Sean
반 훼이 마을
Ban Huay
반핫 마을
Ban Hat
돈쏨 섬
Don Som
돈 로빠디 섬
Don Loppadi
반 나까쌍 마을
Ban Nakasang
이라와디 돌고래 투어(탑승장)
Irrawaddy Dolphin
돈뎃 섬
Don Det
타 싸남
Tha Sanam 3
리피 폭포 2
Li Phi Falls
돈콘 섬
Don Khon
4
4
1
콘 파펭 폭포
Khone Phapheng
캄보디아
Cambodia
메콩 강
Mekong River

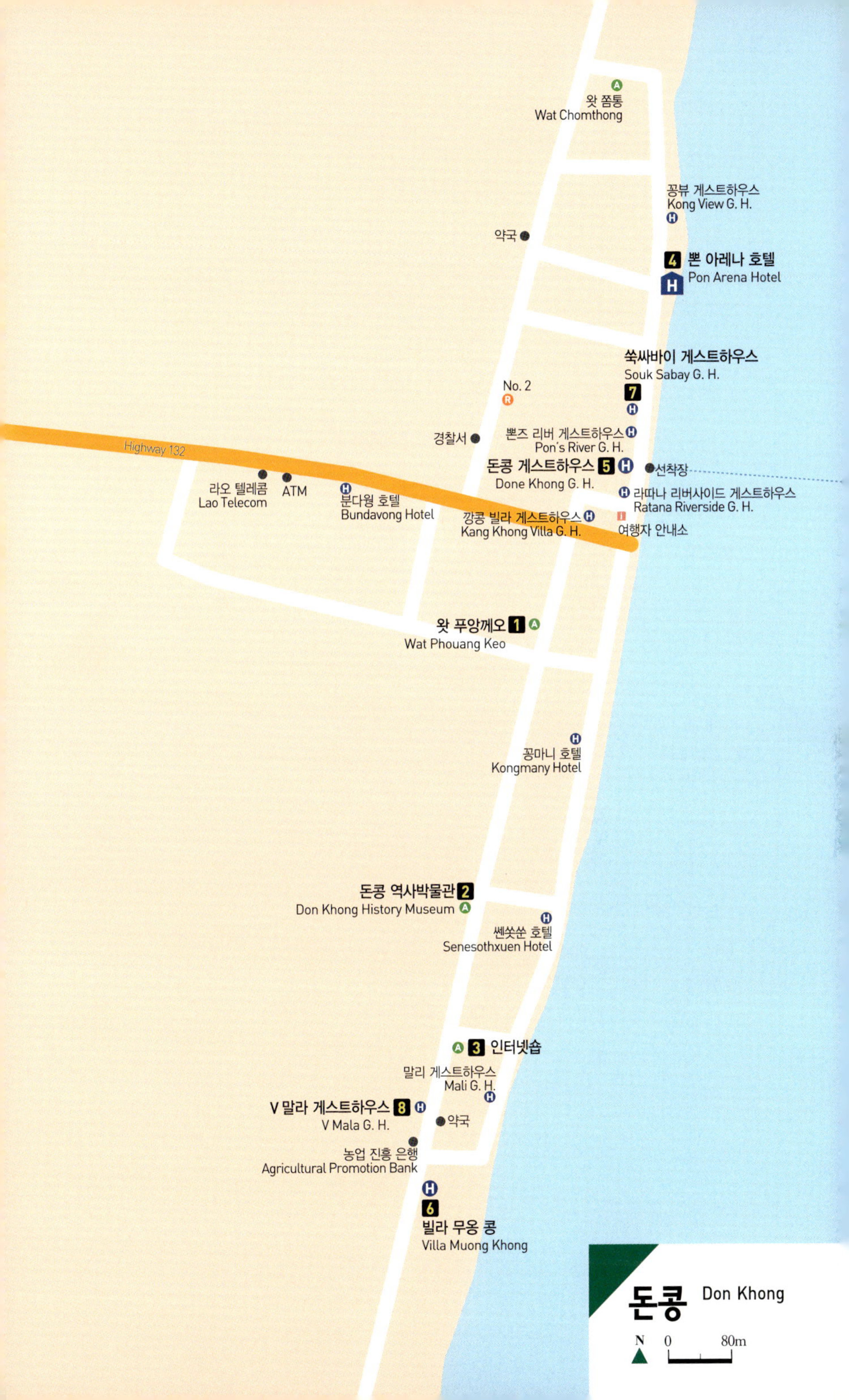

왓 쫌통
Wat Chomthong
꽁뷰 게스트하우스
Kong View G. H.
약국
4 뽄 아레나 호텔
Pon Arena Hotel
쑥싸바이 게스트하우스
Souk Sabay G. H.
7
No. 2
경찰서
뽄즈 리버 게스트하우스
Pon's River G. H.
Highway 132
돈콩 게스트하우스 5
Done Khong G. H.
선착장
라오 텔레콤
Lao Telecom
ATM
분다웡 호텔
Bundavong Hotel
라따나 리버사이드 게스트하우스
Ratana Riverside G. H.
깡콩 빌라 게스트하우스
Kang Khong Villa G. H.
여행자 안내소
왓 푸앙께오 1
Wat Phouang Keo
꽁마니 호텔
Kongmany Hotel
돈콩 역사박물관 2
Don Khong History Museum
쎈쏫쑨 호텔
Senesothxuen Hotel
3 인터넷숍
말리 게스트하우스
Mali G. H.
V 말라 게스트하우스 8
V Mala G. H.
약국
농업 진흥 은행
Agricultural Promotion Bank
6
빌라 무옹 콩
Villa Muong Khong
돈콩 Don Khong
N
0
80m

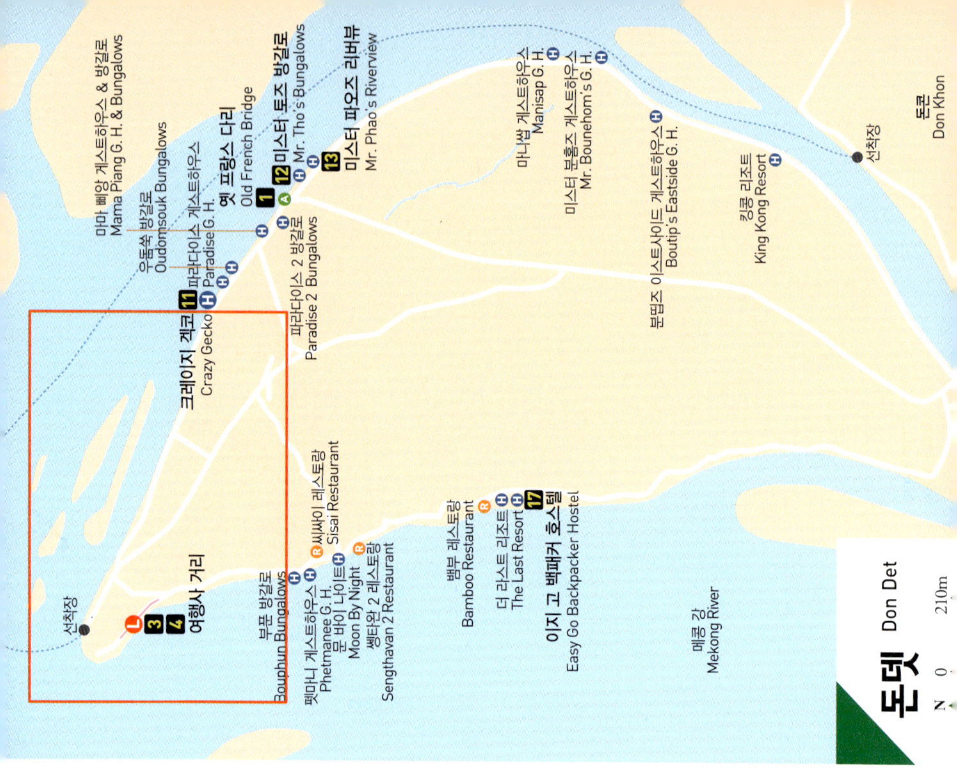

돈뎃 Don Det
N 0 210m
마마 삐양 게스트하우스 & 방갈로
Mama Piang G. H. & Bungalows
우돔쏙 방갈로
Oudomsouk Bungalows
파라다이스 게스트하우스
Paradise G. H.
1 옛 프랑스 다리
Old French Bridge
12 미스터 토즈 방갈로
Mr. Tho's Bungalows
13 미스터 파오즈 리버뷰
Mr. Phao's Riverview
마니쌉 게스트하우스
Manisap G. H.
미스터 분홈즈 게스트하우스
Mr. Bounehom's G. H.
분팁즈 이스트사이드 게스트하우스
Boutip's Eastside G. H.
킹콩 리조트
King Kong Resort
선착장
돈콘
Don Khon
파라다이스 2 방갈로
Paradise 2 Bungalows
11 크레이지 게코
Crazy Gecko
선착장
3 4 여행사 거리
부푼 방갈로
Bouphun Bungalows
펫마니 게스트하우스
Phetmanee G. H.
문 바이 나이트
Moon By Night
씨싸이 레스토랑
Sisai Restaurant
쎙타완 2 레스토랑
Sengthavan 2 Restaurant
뱀부 레스토랑
Bamboo Restaurant
더 라스트 리조트
The Last Resort
17 이지 고 백패커 호스텔
Easy Go Backpacker Hostel
메콩 강
Mekong River

돈뎃 Don Det
확대도
N 0 91m
캄퐁 레스토랑
Kham Fong Restaurant
선착장
8 아담즈 바
Adam's Bar
슈퍼
6 재스민 Jasmin
조니 방갈로 16
Johnny Bungalows
로그 5
Rogue
2 인터넷숍
14
리틀 에덴
Little Eden
버거 꽁 7
Burger Kong
미즈 닝
Ms. Ning
달롬 게스트하우스
Dalom G. H.
선라이즈 사이드
9 미스터 모즈 게스트하우스
Mr. Mo's G. H.
푸완 게스트하우스 Phouvan G. H.
쌩짠 게스트하우스 Saengchan G. H.
누빳 게스트하우스 Noupad G. H.
스마일 라오 레스토랑
Smile Lao Restaurant
선셋 뷰 방갈로 15
Sunset View Bungalows
말리나 게스트하우스
Malina G. H.
여행사 거리
돈뎃 방갈로 10
Don Det Bungalows
씨암폰 방갈로
Siamphone Bungalows
해피 바
Happy Bar
선셋 사이드
뱀부 아일란
Bamboo Isla
위싸이 게스트하우스
Vixay G. H.

돈콘 Don Khon
N
0 214m
1 콘 빠 쏘이 폭포 Khone Pa Soi
선착장
3 증기기관차 Locomotive
2 프랑스 다리 French Bridge
4 왓 콘따이 Wat Khon Tai
돈뎃 Don Det
리피 폭포
이라와디 돌고래 관찰 투어 선착장

돈콘 Don Khon 확대도
N
0 105m
콘 빠 쏘이 폭포
동쪽 강변 따라 도보 3km
돈뎃 섬 Don Det
독메이 Dork Meiy
14 선셋 파라다이스 Sunset Paradise
빠카 게스트하우스 Pakha G. H. 5
16
독짬빠 게스트하우스 Dokchampa G. H.
12
쌀라 돈콘 Sala Don Khon
왓 풍씨 Wat Phoung Si
뽀분판 게스트하우스 Por Boun Phan G. H.
리버 가든 방갈로 River Garden Bungalows
15 마사지
쏨파밋 게스트하우스 Somphamit G. H.
슈퍼
파싸이 Fasai 9
6 해피 숍 Happy Shop
메콩 드림 게스트하우스 Mekong Dream G. H.
선착장
쎙아룬 빌라 Seng Ahloune Villa
빤즈 게스트하우스 Pan's G. H.
자전거 대여
8 라오 롱 라운지 Lao Long Lounge
싼띠팝 레스토랑 Santiphap Restaurant
녹노이 Noknoy 10
싸이문트리 게스트하우스 Xaymountry G. H.
프랑스 다리 2 French Bridge
매표소
짠툼마즈 레스토랑 Chanthoumma's Restaurant
쎙아룬 게스트하우스 13 Seng Ahloune G. H.
플뢰르 뒤 메콩 Fleur Du Mekong 7
돈콘 섬 Don Khon
11 짠싸몬 Chansamone
3 증기기관차 Locomotive
4 왓 콘따이 Wat Khon Tai

자르는 선

자르는

Core Map Book

-

Hello Laos